后浪

厨艺的常识

理论、方法与实践

Ruhlman's Twenty

The Ideas and Techniques
That Will Make You a Better Cook

Michael
Ruhlman

[美] 迈克尔·鲁尔曼 | 著　[美] 唐娜·鲁尔曼 | 摄影　潘昱均 | 译

江西人民出版社
Jiangxi People's Publishing House
全国百佳出版社

前言

本书力图呈现今日厨房工作的基本技法。最重要的是，这本书也探讨食物的本质和烹调的原理。一切烹饪之事都基于一套基本技法，如果你知道这些技巧，就少有在厨房里做不出的菜肴。万幸的是，这些基本技法并没有成千上万，甚至连100个都不到。我列出20项，你只需要掌握这20项最基础的就可以举一反三，触类旁通。

迈克尔·鲁尔曼（Michael Ruhlman）

本书的目标显而易见：（1）定义并描述所有厨师都能用得到的基本技法，不论他们的技术如何，类别为何；（2）描述清楚这些技法的细微之处，包括如何运作、为什么重要以及到底是什么机制让它们被广泛接受，如此有用；（3）拍摄下这些技法，让大家更了解它们的本质、如何运作和为何有用；（4）设计食谱提供实际做法，展现这些基本技法影响深远之处。

当你看到我所列的技法清单，你会发现有些像是食材成分，而不是烹饪技术。然而与其说它们是食材，倒不如说是工具，而最好的工具总是多用途的。运用这些工具，如盐、水、酸、洋葱、鸡蛋、奶油、面粉、糖，其实就是技法所在。每项食材都有多种用途，了解单一食材的所有用法，就像是为你的厨艺肌肉注入类固醇。

其他章节则说明如何做出多变的风味，包括酱汁、高汤，以及增添风味的各种灵丹妙药。

最后由烹饪方法作结，也就是料理的用火之法，知道什么食物要用什么烹饪法，要烧多久，还有常见的何时关火问题。

我将厨艺的基础整理成20个技法，提供给现代家庭的厨房运用。而烹饪的起点则始于思考。

CONTENTS 前言

思考 THINK

烹饪的起点

厨房中的思考

它一向被人低估。如果你有食谱，还需要想吗？当你打开书，上面写着："混合 A 和 B，再加入 C，搅拌均匀，用 180℃（或 350 ℉）的温度烤 20 分钟。"你是否就只是照着指示做？

这样烹饪是行不通的。烹饪是无数细微的连串行动，结果根据无数变量而来。你能想到的最简单菜色是什么？就说黄油吐司好了。你可以为它写出一份完美的食谱吗？目前还没有确切的方法可以传达黄油吐司的做法并考虑所有的变量。做这类面包时，黄油的温度、切片的厚薄、烹饪的器具无一不对结果有巨大的影响。因为烹饪中无法将所有变量交代清楚，无论你是照着书做或跟着本能走，照理说，厨房里最重要的第一步就是思考，即便你只是做一道黄油吐司。

厨房中的思考被低估了。在开始之前，应该停一下，想清楚。

这个工具有难以置信的力量——也许是你在厨房最重要的工具和技法，但是我并没听到有哪位主厨或电视烹饪节目曾明确说过"思考"的重要。好好想一想"思考"这件事吧。你能否只靠"想清楚"就证明掉落物体的加速度比定速快？在伽利略证明这点之前，人们已经花了几千年去了解，其实这个问题只需做一个简单实验就能回答。

先在你的脑中想象有个水桶装了满满一桶水，有一块砖头从略高处掉下来，想想飞溅的水花。然后，再想象将砖头举到你能力所及的最高处。你知道会发生什么事，也理解为什么——在砖头击中水面前你就得跳开。为什么水花会溅得这么大？因为从高处掉落的砖头比低处掉落的砖头速度快。如此，你已想到了掉落物体是以加速度而非恒定速度降落的道理。重要的物理学定律只要思考清楚就能明白。

当你烹饪时，也该想一想会发生什么事，想清楚你到底要这个东西看起来像什么。就像锅中的那块肉，你要它煎到什么程度呢？肉下锅前，油是什么状况？如果和你脑中的想象不符，就要问问自己原因。告诉你把黄油减半，请试想要是黄油减半，水分就少了一半，出现的油泡又会像什么？请想清楚吧！如果黄油烧干了——黄油多半会烧干，而这又是什么意思？这是否意味着你的炉子将会一团乱？没错。但更重要的是，那表示锅里的油比你所需要的少，因为有一半都变成炉子上的烟了。请想清楚你在煮什么，先想清楚再做。

组织和准备是厨房中两项重要的行动，但只有思考后才会出现。任何工作只要事前做好这两项行动——组织及准备，之后就会得心应手。但如果忽视它们，就会让自己在还没开始前就陷入危局。要知道厨房里有95%的失败，都可归咎于开始时没做好组织和准备工作。

餐厅的厨房有个专指组织和准备的法文术语——**Mise en place**，对每个普通家庭厨房也一样适用。

Mise en place的字面意思是"就位，一切就绪"，但真正的意思是"组织与准备"。它表示所有东西都该各就各位，该在厨台上的要放在厨台，该在炉子旁的要放在炉子旁边，该在火炉上的就要放在火炉上。而最重要的是，该放在心上的，一定要放在心上。

Mise en place是厨师工作的餐厅用语，好比每个6号锅和9号锅都放上切碎的红葱头，青椒要烤好，四季豆也先煮透冰镇，分切好的牛羊猪肉都盛在托盘上放入矮冰柜，双层蒸锅里插着抹刀、酱汁汤匙和汤勺。这是一种设计好的安排，好让餐厅能够完成为众多客人料理及服务的不可能任务。这些事得同时做好，且在极短的时间内，日复一日地做，如此才行得通。

这一套工夫在自家厨房没有行不通的道理。你只要下定决心去做：在开始前停下来想清楚。

再三强调一切就绪的重要性一点也不为过。它不只是把所有食材放在烤盘上、拿到砧板上，或放在炉子旁（如果你正照着食谱的指示，最好先放下手边工作，请把食谱全部看完再说）。总归一句，一切都跟思考有关。组织你的"一切就绪"会让你把每个环节的工作从头到尾想一遍，在脑海中将一连串的动作计划好。

在"一切就绪"的内涵中，第二准则就是确认什么是你眼前需要的，什么又是不要的，哪些东西不该出现在你的砧板上、火炉边，还有你的脑海里，而这点很少有人明确指出。

成功的料理关键之一在于**去除过程中的阻碍**。烹饪是一连串无法打断的行动，一个动作接着一个动作再一个动作，因此很明显，只要会绊住行动的阻碍都得在开始前移除。去除障碍，你跌跤的机会就少一些。这意谓着所有食材都得备妥在面前，工作碗也要拿出来，这样就不必中断做菜去找这些东西。这也表示工作区不要放任何无关的东西。请拿掉购物单，移开空牛奶杯，把车钥匙放上厨柜。就算这些东西不在旁边，只要在你的视线内，也请拿开它们。

我永远无法忘怀那一刻。当时我正在写《大厨的诞生》(*The Making of a Chef*)，为此还在美国邦提餐厅 (American Bounty Restaurant) 的烧烤部门工作——这是美国厨艺学院 (Culinary Institute of America, CIA) 研习课程中实习的最后一家餐厅。而同期的学生"陈"正在煎烤台工作，那里也许是厨房里最忙的部门了。他简直一团乱，洋葱皮散乱各处，棕色抹布上沾满被小火烧过的碎屑，盐和胡椒撒了一地，工作台上到处都是结成硬块的酱汁。陈360°旋转似的想要赶上脚步，却被埋在一团废物中无法自拔，直到担任指导的大厨丹·图戎 (Dan Turgeon) 插手，强迫他停下来。

"当你身边都是废物，你就等于在制造脏乱。"他对陈如此说，目光扫过陈的工作台，上面正是一片混乱。"如果这些东西挡着你的去路，你的脑袋大概看起来也差不多了。"

我笑了，因为图戎说的正是废物的真相。当你工作多，速度又要快，一定要想清楚你在做什么，还要想清楚你做东西时该有的样子。在烹饪这件忙碌活中，事情不外乎你想象的东西和眼睛实际看到的互相对应。视线之内乱糟糟的一团，也会阻碍你的思绪，心智一旦受阻，就会慢下来，就得改过再重来。

于是陈停下脚步，把工作台擦过一遍，再回到烹饪岗位。

家庭厨师各种各样，有为了放松而煮饭的厨师，有把烹饪当嗜好的厨师，也有为了家人健康、口味、省钱等因素而做菜的厨师，还有人下厨是因为这是得到一日所需最不讨厌的选项。无论你是哪一种厨师，都适用于最基本的法则。第一且最重要的原则就是开始前请先思考，当你做了准备和组织，当你安排好所有工作，一切就绪，烹饪应该是容易、迅速、更有效果、更容易成功，也更有趣的事。

　　这不是额外的步骤，而是简单的动作，从烹饪开始到结束，反正这件事总是要做的。你只是在事前先做，好让你在碗柜、厨台、冰箱、瓦斯炉间少花点时间来回奔波。确定你的厨台或工作区完全干净，去冰箱把你需要的所有东西都拿出来放好，再到橱柜拿出你会用到的东西，把工具拿到砧板边摆好，把要用到的锅子放到炉台上，如果要用烤箱就先预热，想清楚连贯步骤后再开始工作。而当你烹饪时，手边做一件事时就该想到下一件事是什么，然后再下一件又是什么。

　　清除烹饪过程中的阻碍，永远在思考。

盐 SALT

最重要的工具

我分享过这个故事，但它值得再说一次，因为故事的真相再明白不过，对我有如一记当头棒喝。那是1998年的冬天，我刚开始和托马斯·凯勒一起撰写《法国洗衣店餐厅食谱》（*The French Laundry Cookbook*）。我们谈到很多关于食物和厨艺的事，我问了一个好像很明显，而主厨却不常被问到的问题："什么是厨师最重要的，一定要知道的事？"

他不假思索地说："调味。""调味的意思是……"我问。

"用盐和胡椒。"他说，然后更言简意赅地回答："盐，真的。要知道如何用盐。"

"如何用盐？"

"是啊。"他说："只要有新进厨师，我们教的第一件事，就是如何让食物有味道。"

我上过厨艺学校，那儿总是不断叮咛要我们学习调味。我第一次进厨房就学到这件事，那时我们正在做一道基本高汤。老师教我们先试试汤的味道，加一点盐再尝尝有何差别，然后要我们用醋做一样的事。老师说如果尝得出盐的味道，就表示太咸了，但他们从不会告诉我们用盐是厨房里最重要的事。我访问过多位主厨，也没有哪位曾提及厨房里最重要的事是用盐调味。然而，这是事实。

后来我写了一本有关熟食和烟熏肉品的书，内容涉及腌肉技巧，而这多半要靠用盐的功夫。在文明的历史进程中，明确可知盐是一种基本食材，因为它能保存食物。在冰储技术和交通运输使食物方便取得的数千年前，是盐让食物横越长途——无论被当作货物买卖，还是作为远洋航行、探索世界的存粮——它一度比黄金白银更有价值。人也为盐付出了代价，我不是第一个这么说的：盐是我们吃下的唯一岩石。

上述的一切我都知道，但当凯勒向我说他做了什么，我立刻心头一震，灵光乍现：**真是这样啊**，这太有道理了。调味的概念总在空气中。这是厨师做料理最普通的指令。如果某道菜出了什么差错，最常见的问题就是盐用得太少或太多。餐厅里甚至流传着一个关于调味的手势，就是手指捏在一起摇着，好像撒盐一般。如果你到了一家只有主动要求才会奉上盐的餐厅，当与服务生眼光交会时就可做出这个动作，服务生就会简单点个头，随即为你奉上盐。懂得用盐是厨房中最重要的知识，也是人们时常觉得餐厅食物较咸的部分原因。正因为主厨知道用盐的重要，更想将味道调得恰到好处，所以有时会下手过重，一旦下得过重，盐的味道太强，食物也就毁了。

身体需要盐才能存活，我们也因此变得对盐极度敏感。我们喜欢它，但它太多时我们也有感觉。盐太多对我们有害。现今饮食依赖加工食品到某个程度，其中藏着各种形式的钠，而舌头多半尝不出来。摄取太多盐会导致许多严重问题，例如高血压，这已是举世瞩目的焦点。有很多理由避免摄入加工食品，像是罐头食物，装在鲜艳袋子里的食物，或用可微波保鲜膜封存的食物，含钠量都很高。只要你没有高血压等疾病，也吃未经过高度加工的天然食物，你大可以随个人喜好在食物中加盐而不必担心健康问题。

可用的盐：犹太盐

在各种不同的盐中，我建议可以每天食用的盐是粗粒的犹太盐[1]，最好是钻石牌（Diamond Crystal）。如果买不到，可以选用莫顿牌（Morton's），不过这牌子的盐含有抗结剂。

使用粗盐的主要原因是它不需要用量匙，用手指和眼睛就可拿捏数量。粗盐比细盐好拿，也比较容易控制。用盐是不精确的技术，也就是无法以明确词汇说明在每份菜肴中到底要加多少盐，而是要看厨师，纯粹只是口味的问题。而且，每个人对盐的偏好不同，这取决于个人经验及对咸味的期待，所以一定要尝过再用盐。有的酱汁和汤品食谱上写出精确的用盐量，假设是一茶匙好了，但也只供一般参考，或是以度量级数为基准，如一茶匙，而不是一汤匙。你也许会加更多，谁知道呢？尝了才知道。

烹饪过程从头到尾都需要加盐，用手指拿捏盐量反而更有手感。如果每次加盐都得

---

1 犹太盐（coarse kosher salt），原是犹太教徒用来撒在肉上洗净血水的盐，因为含碘量低，深受厨师喜爱。

用到量匙，只会把自己逼疯。因为用盐是一种不精确的技术，做菜要用匙来量实在说不通。

学着用感觉和眼力调味会使做菜简单些。如果你用心，很快就可学会一眼看穿一茶匙盐量的技术。先用茶匙量好一匙粗盐的量，把它握在掌中，感觉一下一茶匙的量大概有多少，再试着用大拇指和四只手指抓起大约数量的盐，称出重量。然后再用大拇指和三根手指抓出大约的盐量，再称出重量，这样你就知道大概要加多少的盐而不必四处找量匙了。我说过，我最喜欢的厨房用具就在双臂的尽头。

使用同一品牌的盐很重要，否则无法训练自己调味一致。钻石牌的盐比莫顿盐细碎，莫顿盐比较密实，所以相同分量的莫顿盐比钻石盐咸，一汤匙莫顿盐也会重些。如果你以前都习惯用钻石盐调味，现在才开始用莫顿盐，食物就可能被你调得过咸。

再说一次，用粗盐的原因在于粗盐比较好控制。但如果你比较习惯用细盐，没有理由不行。我就遇到过一个喜欢用细盐的主厨，因为细盐溶在汤水里的速度比粗盐快。好的细盐通常是海盐，有很多上好细盐可供选择。我替鱼抹盐就偏好用细海盐。再说一次，善用你的感官。一汤匙细海盐是一汤匙粗犹太盐的两倍重，也就是说，如果食谱要你用一汤匙犹太盐，而你用了一汤匙细海盐，那就等于加了食谱要求的两倍盐量。

请勿用含碘的盐。它尝起来有化学味，对食物不好。盐业公司自20世纪20年代开始在食盐中加入碘化钾，以预防缺碘症，因为缺碘会引起严重的甲状腺疾病，但在发达国家已毋须担心这问题。只要你均衡饮食，就不必担心甲状腺问题，况且你一定不希望食物有怪味。基于同样的理由，请勿使用桌上摆着的颗粒状食用盐，它含有添加剂，味道不太好。

本书食谱的用盐状况有一点很重要：所有食谱都使用莫顿盐，所以盐的体积和重量相等，也就是 1 汤匙（15毫升）盐等于 15 克。

其他种类的盐

除了含有微量矿物质的普通海盐外，市面上还可买到数种"精制"盐，比如盐之花（fleur de sel，产自法国）、马尔顿海盐（Maldon salt，产自英格兰）、喜马拉雅山粉红岩盐（Himalayan pink salt，请勿与染色的腌制用粉红盐混淆）、印度黑盐，以及烟熏盐和加味盐（如李子、松露、番红花、香草和蘑菇）。我最喜欢盐之花和马尔顿海盐，它们有着清新干净的味道和甜美细致的嚼感，可以为食物增添风味、视觉美感和绝妙口感。这种盐往往很贵，你不会想在烹饪过程中使用，只会在盛盘时撒些点缀一下。这些纯属个人口味问题，如果你特别偏爱某种盐，尽可多多使用，但是装饰用盐和犹太盐应属两个不同范畴。

如何用盐

烹饪过程中的用盐

一般烹饪以用盐为第一要紧的事。盐在各种场合都可增添滋味，不论早中晚，从咸食到甜点。一旦你开始准备烹饪，第一件应该想到的事就是用盐。我做菜一开始就会用上盐。当洋葱一下锅出水[1]，我就立刻加入一点盐，既可以调味，又可以引出洋葱水分帮助烧软。而当主食材入锅，加入番茄做酱汁，这时候再加一点盐，不要太多，然后过一小时，再尝一下酱汁，就会发现酱汁比起没有加盐的时候多了一点深度和风味。当然，我可以一开始就全部调味好，也可以在烹饪结束时再调味，但风味会不太一样。

高汤、汤品、酱汁和炖菜都是早点放盐比最后加盐好，如果到了最后才加盐，盐就没有办法渗进食材里，要给盐一点时间才能完成魔法。

---

1 出水（sweating），指蔬菜脱水，西式菜肴多以慢火煎炒使蔬菜出水，而中式料理中的腌菜、泡菜，则会加入糖或盐使蔬菜脱水。

用盐腌肉

　　盐最厉害的用处是可以腌肉。盐对肉可产生什么样的效果，何时用盐可说是最有影响力的因素。多数情况下，你不可以太早就把盐加到肉里，但我建议你从店里买肉回家后就立刻用盐抹一遍然后擦掉，如此，盐会溶化渗透到肉里，肉的内外就会均匀入味。作风老派的法国人可能会告诉你别太早加盐，因为这么做会渗出肉汁。这不是什么有用观点。一直渗出的主要是水分，肉味因此浓缩，而不是遭到破坏。盐用得早，对于健康及风味有额外的帮助，可以抑制败坏肉品的细菌。如果你买了新鲜的猪排回家，拿出一块立刻上盐，另一块不上，放入冰箱一星期，没有上盐的那块猪排可能早有怪味，摸起来也黏糊糊的。而上过盐的那块猪排就没有这个状况，因为某种意义上，它已经稍微盐渍过或腌制过了。

　　越大的肉块，越需要及早上盐。如果你计划处理一大块肉，做烤肋排，烧烤前最好先腌上几天（可以不加盖放在冰箱里，让它变得比较干，也浓缩风味）。我唯一不会预先把肉腌好的情形是当我想让盐留在肉表面上的时候，这样做可形成某种脆皮。好比烤鸡，如果你在烧烤前就用盐把鸡抹好，或用盐水腌过，盐会让鸡皮脱水，而鸡皮在烤的时候就会变得光滑且透着金棕色光泽。如果你喜欢这种效果，这样做很好。但如果喜欢鸟禽烤来有咸香脆皮的效果，用盐就要比较大胆，大概用一汤匙盐抹在鸡上，再立刻送进极热的烤箱。

　　但是按照规矩，你不能太早就把肉用盐腌起来。

用盐腌鱼

　　鱼肉很细嫩，如果用大颗粗盐一定会把鱼肉"烧坏"。最好用细盐，且在烹煮前才上盐。如果处理的鱼肉很大块或是一整条鱼，你可以在鱼肉离火时再加点盐调味。假如要做水煮鱼，在泡鱼的水中调味就行了（参见第298—299页）。

用盐腌蔬菜水果

　　盐对于有机物具有强大的渗透力，以特定机制让细胞交换营养。这也是用浓盐水腌泡猪里脊，盐可以渗入猪肉中心的原因。盐会吸引水通过细胞膜，企图平衡细胞两侧的盐水浓度。因为蔬菜含水比例高，盐对风味及口感的影响相对更大且迅速。

盐可让蔬菜出水，盐渍茄子片就是很好的例子。细胞扁塌后，茄子吸油的能力降低，如此就完成一道简单小菜。盐也可以改变西葫芦的口感，让它每一口都更细致有风味。

想要了解盐对味道的影响，请试着比较用盐腌了十分钟的番茄片和没有加盐的番茄片，风味差异之大，让你永远记得番茄上桌前，一定要用盐腌过才好。同时也记得泡出的汤汁十分美味，可以加在醋里或和黄油拌在一起当作酱汁。

因为盐对含水量高的食物影响很大，请记得高含水食物不要太早加盐，不然会变得烂糊糊的。太多水分从细胞里冒出来让蔬菜又软又烂，口感就不佳了。事实上，软烂的蔬菜比高水分蔬菜更不好咀嚼。

水果加盐可以突显水果的风味和甜味，西瓜加盐就是最好的例子。撒一点盐花在西瓜切片上，再试试味道——嗯，真是美味。这就是哈密瓜为什么和羊奶酪或火腿等盐渍食材如此相配的道理。

盐水

很多食谱都写道："煮开一锅盐水。"这句话到底是什么意思？这就像在食谱上读到："取一块肉，给它上点底味。"

现在带大家认识盐水。盐水有两种：（1）用来煮意大利面、谷类和豆类的盐水；（2）用来煮绿色蔬菜的盐水。

我从10岁到33岁的这段人生，煮意大利面时会在一大锅水中放一小撮盐，相信它会起些作用。我到底在想什么？我当时真的有在思考吗？直到我去上了烹饪课，知道该怎么煮意大利面后才停止这种行为。天啊！我大概有一百万次被提醒要尝尝煮面水的味道。它尝起来应该味道刚刚好，烹饪老师说，我们评估煮面水的味道就像在试清汤的滋味。这么做，你的意大利面才会味道恰好。

一大锅水需要的盐分比一小撮盐要多，每1加仑（3.79升）的水要加2汤匙的盐，更精确地说，50盎司的水需要0.5盎司的盐，或说1升水要加10克盐，也就是1%的盐溶液。因此，无论你煮意大利面还是米饭，或是任何谷物，味道都是刚刚好。请尝尝你的煮面水，它的咸度也就是你的意大利面或是谷物的咸度。

虽然淡淡的盐水煮绿色蔬菜正好，特别是表面积很大的蔬菜，如烫好立刻就吃的花椰菜，它也可用浓盐水处理。浓盐水不但会让蔬菜美味，也会让蔬菜颜色鲜活，特别是当蔬菜需要预先烫好的时候。大多数的绿色蔬菜都可以先烫熟，再放到冰水里，这过程称为"冰镇"（shocking），而后蔬菜再稍微加热。这种情况下，蔬菜用浓盐水处理最好。

浓盐水是指1加仑的水加接近1杯量的盐，更确切地说，是1升的水加50克盐，就是浓盐水的最好咸度。

替油底酱汁加盐

盐不会溶解在脂肪或是油脂里，但所有的油底酱汁，如蛋黄酱、油醋汁、荷兰酱，在开始做时都会加水，而这些水会溶解盐。例如做油醋汁时，一开始就要在醋里先调味，让盐先溶解，然后再加油，这样油底酱汁才会调味均匀。

使用带咸味的食材

另一种使食物有咸味的方法是利用味道很咸的食材，这也是调味的一种形式，就像凯撒沙拉的酱汁就是最好的例子。凯撒沙拉的酱汁会加鳀鱼，加的分量比盐还要多，但是加鳀鱼就是加盐，还可增加酱汁的风味。

当你在配菜时，这件事很重要，请谨记在心。如果沙拉、汤品、炖菜还需要多点什么，不用去找装犹太盐的小罐了，可以考虑加点带咸味的东西，如坚果、橄榄，还可以加菲达（feta）或帕玛森（Parmigiano-Reggiano）等带咸味的奶酪，也可以加鱼露（泰国名是nampla，越南名则是nuocnam）或者培根。

不是只有泰国料理才可以加鱼露！

迈克尔·帕尔杜斯（Michael Pardus）是我的第一位主厨老师，现在也是我的好友。他用一句话改变我此生的调味态度："我用鱼露替意大利通心粉和奶酪调味。"

我并不惊讶他会这么讲，却真的吓了一跳。这也正好说明我们已被制约，只会自我设限地思考。鱼露是亚洲食材，所以我们用它做亚洲菜而不是西式餐点。事实上，鱼露是跨领域的厉害调味工具，就像凯撒沙拉中的鳀鱼，可以释放出咸味及发酵鱼类的酯味，而发酵鱼类正是鱼露的原料——不必怀疑，只要一点就够香了。所谓"酯味"有时又称为"第五味"[1]，或描述成"醍醐味"，有几种食材都有这样的味道，像盐、帕玛森干酪、蘑菇，但没有比鱼露更有味的。怎么会有闻起来如此腥臭、加在食物上效果却那么好的东西，这就是酯味，你绝对不会想直接来上一小口。但是像焗烤通心粉、沙拉酱汁或鸡汤等菜色，只要加上鱼露真的会大大不同。凌晨三点和帕尔杜斯喝了起来，你也许会在直接喝的时候发现鱼露质量竟然差异很大，所以请在亚洲商店购买质量较好的鱼露。

在面包、糕饼和甜点等甜食中加盐

大多数甜点和所有以面粉为主的甜食，都会因加入适当的盐而更增美味。在糕点厨房中，盐用得很广泛但也更小心。如果面包没有加一点盐，味道就很平淡，在派皮中放入一点盐可增加脆皮的风味，还有蛋糕、饼干、卡仕达和黄油都需要盐来增加风味。相较而言，比起咸食，甜点比较不需担心盐的问题，除非盐的功用在对比甜味。像焦糖或

---

1 其他四味是：甜、咸、苦、酸。

苏格兰奶油等酱汁，如果加上一点恰到好处的盐，它们的等级立刻从好变成棒。甜的东西加盐时，请务必要好好尝尝味道，确定咸味的程度，这和你评估汤品或酱汁的状况是一样的。

焦糖和综合巧克力等味道极甜的东西只要稍微撒一点盐当装饰，比如在最后盛盘时散点盐之花，或是粗粒犹太盐，就能恰到好处。这听起来好像有违常理，但是当你想到大家都会在巧克力圣代和布朗尼里放坚果，就不会奇怪了。因为正是这些坚果的咸味突显了甜味。

浓盐水的使用——液态的盐

浓盐水在厨房是最厉害的工具之一。可以用来腌渍肉类，把肉由里到外腌到透；还可传送香料[1]的香气（如果你怀疑它的力量，请参见第334页，用迷迭香盐水腌的鸡肉）；某种程度上，浓盐水也能改变肉的细胞让它们可以抓住更多水分，所以成品的肉汁就更多。

—————— Cooking Tip ——————

煮鲑鱼肉时为了不流出难看的白色乳状物，可以把鱼肉浸在5%的浓盐水中10分钟后再煮。

虽然浓盐水是强大的工具，但也会被滥用。盐水浓度太高，或是肉泡在盐水里太久，结果拿在手上的可能只是一块不能吃的蛋白质。

要做万用、效果强、使用后不留痕迹的浓盐水，我建议用浓度5%的浓盐水。也就是每20盎司水要放1盎司盐，或是1升的水要加50克的盐（如果你没有秤，可以在2.5杯的水中放2汤匙莫顿盐）。为了溶化这么多盐，你可以把水加热。如果想要浓盐水中带有香料的香气，可以把香草、辛香料或甜橙加入水里，再用小火煨一下。

最好等浓盐水完全冷却再放入肉，这样才不会把肉烫熟。想缩短冷却时间，可把全

---

1 香料（aromatic），有香味的蔬菜和香草，如洋葱、西芹、百里香等。

部的盐和香料加入一半的水中，用小火煮一下让盐溶化，称出另一半的水冷却用（如果你有秤，量出相当于另一半水重量的冰块，放在浓盐水里立刻可用）。请记得，使用香料需要时间，要浸在热水中30分钟，香气才会完全进到水里。

使用浓盐水的基本原则是：永远把浸泡浓盐水的肉放在冰箱。切勿重复使用——用过的浓盐水盐的浓度已不正确，里面还有肉块泡出的血水和残渣。如果需要，肉从浓盐水中拿出后，最好静置一下，让盐的浓度得以平均。

用盐保存食品

盐在历史上最重要的功能与风味无关，而是保存。盐从数千年前就被当作保存剂使用了。有些细菌会使食物腐败，肉里水分会助长细菌活动，在食物上加盐就可使这些细菌无法移动，也会降低肉里有利于这些细菌生长的水分活动。虽然我们不再需要用盐保存食物，但仍然用盐腌渍，因为腌渍让我们得到最广受喜爱的食物，如培根、火腿、腌渍鲑鱼。这些食物也很容易做，做法请见第34页和第38页的食谱。

糟了! 盐放太多该怎么办?

即使你的盐加得很正确，每次都加得很好，但总有失手的时候，就是会出现放了太多盐让食物难以下咽的状况。如果真的不能吃，抱歉，没有简单容易的补救方法，但还是有方法可以不浪费过咸的食物。假设失手的是一碗汤、一份酱汁或一道炖菜，请尽量捞去盐分，再加回到菜里。

如果你有时间也有食材，最好的解决方法是无论什么菜都再做一份，然后和过咸的那份混在一起。如果这不在考虑之列，可放入大块淀粉质食材,如马铃薯、米饭、意大利面、面包，这些食材需要大量盐才有风味，加入鲜奶油等脂肪则可稀释盐的浓度。

最重要的是，我们没有理由丢弃食物。即使你没有时间再做第二批，也可把食物冰到冰箱等可以时再做。

另一种太咸的状况也很常见，就是食材以浓盐水浸泡或用重盐干腌食物的时候，这种情形可以轻易修正。如果觉得把肉泡在浓盐水或放在盐里时间太久，赶快把肉浸泡在干净清水里，浸泡时间要和泡在浓盐水中一样长，盐分就会释出在水中。

　　如果某个东西用盐水或盐渍得太咸，然后你还把它煮了（就像培根或火腿），请把它们放在水中用小火煨煮，把水倒掉再完成料理程序就可以了。

　　再次重申，给食物加盐不该是食物上桌后再做的事，那时候的料理工作已经结束，用盐要从料理一开始到结束为止都要处理。请学习如何用盐，这件事只能自学，不断思考、尝试和比较，然后再试更多次，这会比其他技术更能增加你的烹饪功力。本书的食谱大多都要用到，请注意如何使用。这里，我设计了几道食谱来展现各种用盐技巧，从调味到保存，再到改变食物质地和口感，都是盐的厉害用法。

焦糖圣代佐粗盐 4人份

盐和焦糖直觉上凑不到一块，却是绝配。

告诉小孩你要在她的焦糖圣代上放一点盐，她一定瞪你，好像你在发神经乱搞，就像你要她吃菠菜一样。只要试试看，你就会发现盐的强大力量。焦糖带着强烈的坚果甜味，盐却能突显这甜味，带出清楚的风味和口感。在上好的咸奶油糖里，盐是关键食材，当然也可以加在焦糖酱汁里，放在焦糖味的糖果或软糖上也很好吃。而我喜欢用粗盐，入口时还吃得到些许口感。

材料

- 冰激凌（如果你想自己做，请参见第363页）
- 焦糖酱（请参见第190页）
- 半茶匙粗海盐，可用盐之花或马尔顿海盐

做法

冰激凌分装四碟，每份分别放上1/4杯（60毫升）酱汁，上面再撒约1/8茶匙的盐。

西葫芦沙拉 4 人份

用西葫芦（也称栉瓜）做沙拉，西葫芦的口感经过彻底转变，由开始的坚硬无味变得富有弹性和风味。这道菜是我向好友迈克尔·西蒙（Michael Symon）[1]学来的，而他则是从了不起的美国主厨乔纳森·韦克斯曼（Jonathan Waxman）[2]那里学来的。大多数蔬菜用盐腌渍后都会产生变化，其中速度最快、最容易看到剧烈改变的不外是腌渍瓜类。这里使用的酱汁只是事先泡过红葱头和大蒜的柠檬汁，再加上橄榄油。想要增加口感，还可以加入烤香的坚果，若是还想多点新鲜风味，就撒一点新鲜的香草嫩叶，如罗勒、虾夷葱、龙蒿或茴香。但是蔬菜才是真正的主角：不但清淡、回甘，而且令人心满意足，是极好的配菜，特别是夏末秋初西葫芦丰收之时。

材料

- 2个西葫芦，约680克，最好一绿一黄，以斜刀切成约3厘米宽的细丝，或者用刨刀刨成细条
- 犹太盐
- 1汤匙红葱头末
- 1瓣大蒜，切末
- 1汤匙柠檬汁
- 2汤匙橄榄油
- 少许现磨黑胡椒粉
- 1/4杯（40克）烤香的杏仁片或粗切核桃碎（自由选用）
- 1/4杯（30克）新鲜香草嫩叶，如欧芹、罗勒或虾夷葱，切细丝（自由选用）

做法

西葫芦放入漏勺均匀地撒上一茶匙盐，反复摇动后再均匀加上一茶匙盐（让盐散布均匀）。然后静置10～20分钟（西葫芦应该会变得比较软，但还是保留一些口感）。

用小碗装入红葱头、大蒜，倒入柠檬汁。西葫芦腌汁倒掉后试味道，如果太咸，用冷水将西葫芦略微漂去盐分后再用纸擦干。用中碗将西葫芦和橄榄油拌匀，舀入腌过红葱头的柠檬汁，再拌一下。再撒上胡椒，如果觉得需要，还可多加点柠檬汁和盐，也可以用坚果和新鲜香草做装饰。

---

1 迈克尔·西蒙（Michael Symon），知名厨师，美国饮食频道料理节目主持人，也是"美国铁人料理"（Iron Chef）节目中的守关主厨之一。

2 乔纳森·韦克斯曼（Jonathan Waxman），世界顶尖大厨，美国加州料理的先驱。

鼠尾草蒜味盐渍猪排 4人份

猪肉是最适合用浓盐水腌渍的肉类，因为浓盐水可以保留猪肉的肉汁。烹调猪肉时，大家常会犯的错误就是把猪肉煮过头。而用浓盐水腌肉不但可使猪肉在烹调时多留一些空间，也可让各种风味充分发挥作用。在这道菜里，加入的是红葱头、柠檬、胡椒和鼠尾草。

以下浓盐水的分量可依照猪排多寡而增加或减少，只要让盐水浓度维持在5%就可以了（正确比例请参见第22页）。去骨的猪腰肉也可用浓盐水处理，浸泡时间得增加到16～24小时。如果要腌里脊肉，需将肉泡在浓盐水中约8小时。

腌料

- 30盎司的水中加入1.5盎司犹太盐，或是用1升的水加入50克犹太盐，又或是在3又3/4杯的水中加入1.5汤匙的莫顿盐
- 1大颗红葱头，切末
- 10瓣大蒜，用刀背拍碎
- 1颗柠檬，对半切
- 1大汤匙新鲜鼠尾草叶
- 2片月桂叶
- 1汤匙黑胡椒粒，放入研磨钵里磨碎，或放在砧板上用厚锅底部敲碎

材料

- 4块带骨猪排，每份约225克

做法

腌制食材：取中型酱汁锅放炉上以高温预热，放入浓盐水、红葱头、大蒜、柠檬、鼠尾草、月桂叶和胡椒粒，小火煮到稍滚。从火上移开，让腌料温度降到室温，把腌料不加盖放入冰箱直到冷却。

猪排浸在腌料里，放冰箱冷藏6～8小时。

从腌料里取出猪排，腌料丢弃不用。猪排洗净后用纸巾拍干，先在室温静置1小时后再料理。这些排骨可以用煎的，或者裹上粉半煎炸，也可放进烤箱烤，或用BBQ烧烤。我觉得用半煎炸的方式料理最好。请参见第332页有关半煎炸的技巧。

1.准备腌料：盐、胡椒粒、大蒜、柠檬、鼠尾草和月桂叶。

2.用腌料腌猪排。

3.裹粉的标准程序：先蘸面粉，然后蘸蛋液，再上面包粉。

4.蘸好面包粉的猪排放到架子上，让猪排底部的面包粉不会粘黏。

5. 用筷子确定油温是否够热，如果筷子一插入立刻起油泡，就表示油温够热了。

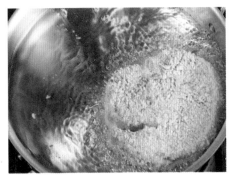

6. 锅里的油要够多，猪排全部入锅后，油最少要到猪排厚度的一半。

7. 用铲子和叉子小心地将猪排翻面，请注意不要把脆皮弄破了。

8. 猪排炸到半熟程度（起锅后猪排还会后熟）。

9. 趁猪排静置时，制作柠檬刺山柑酱（参见第341页）。

10. 酱汁淋在静置好的猪排上。

盐渍柠檬 5个

盐渍柠檬就是腌制的柠檬皮，是我用过最诱人的调味工具。无论你加在鸡汤、肉汁还是油醋汁里，人们都会惊呼："这是什么味道？"他们说不出来，但都爱极了。这风味很难形容，绝对是柠檬味，但多了复杂的深度，又少了点酸，有点像是水果的变奏，柠檬的花俏版本。

盐渍柠檬常见于北非料理，可以在特产店找到。但它们很容易就可以在家自己做，花上大把银子去买实在有点笨（除非你当天就需要，因为柠檬需要用盐腌三个月）。盐渍柠檬和很多食物都是绝配，凡是要用柠檬汁的时候，改用盐渍柠檬也会很合，搭配鱼、鸡、小牛肉都很棒，搭配猪、鸭、羊等较肥的肉类也很美味（参见第286页的盐渍柠檬炖羊膝，沙拉加一点就好吃，炖汤）。加一点味道就提升许多，还可作为焖炖菜肴的最佳装饰。无论怎么用，盐渍柠檬就是能将普通好吃的菜变成美味非凡的佳肴。

传统上，盐渍柠檬的做法是用盐包覆柠檬，但我会加一点糖平衡咸度。柠檬腌好后，去掉盐，再切掉腌得软烂的柠檬肉及中间心部，只留下皮。柠檬皮可切成碎末，切小块，切细丝，或干脆一大片放着。如果要直接拿来用，就得先把皮用水浸泡一下减轻咸味。记得试吃一点再看看如何。如果用这些皮制作料理，盐分会渗到汤汁里。

有些地方会把柠檬腌出的汤汁当作饮料，喝时混着苏打水或加点冰（若是这种情形，要用一整颗柠檬腌，而不是用对半切的柠檬）。腌渍柠檬可以无限期放在食物柜，随着时间过去，可以看到各种氧化状态或褐变。唯一要担心的是发霉，只要柠檬接触到空气，就会开始发霉，东西发霉就不要吃了。我想这不用我多说，把发霉柠檬丢了吧！

下列食谱可依照个人需求调整分量。唯一的要求是，柠檬必须完全覆盖浸泡，并请注意要用耐酸碱容器腌制柠檬。

材料

- 910克犹太盐
- 455克糖
- 5个柠檬，对半切
- 1杯（240毫升）水

做法

拿一个大碗，将盐和糖用汤匙或搅拌器拌匀，让糖和盐均匀分布。柠檬放在2升的非金属容器里，倒入盐糖混合物，摇摇容器，确定所有细缝都填满。再加入水（水分会使盐和柠檬更密合），密封容器，放进厨柜或冰箱三个月（腌渍时最好在容器外面贴上标签注明日期）。盐渍柠檬可以无限期保存。

手工培根 12~16人份

自己做手工培根其实和腌牛排一样容易。只要动手做，就会发现什么才是真正的培根，那和你在超市买到的用盐水腌渍的完全不同，彻底展现盐的功劳。传统上，美式培根都是烟熏口味，如果你有简易的烟熏炉或炉上型的烟熏锅具，只要不是烤箱，都可以拿来烟熏。在意大利，多数培根或咸肉都不用烟熏，而是风干，所以烟熏决不是做腌制品的必要选择。

做大部分的盐渍品，最关键的是盐和糖或某种糖精、甜味剂的平衡。我比较喜欢用红糖而不是糖精，用它来平衡咸味已足够。如果培根要烟熏，甜甜的味道对烟熏很有好处的，但这里，你也需要大蒜和香草做咸味的点缀。

传统培根都会以亚硝酸钠作腌渍材料，亚硝酸钠不是化学添加物，而是一种预防坏菌生长的抗菌成分，可以让肉的颜色鲜红，也让培根有特殊风味。我们身体中大半的亚硝酸钠来自蔬菜，而蔬菜里的亚硝酸钠则来自土壤。在这道菜的备料里，亚硝酸钠可用可不用，但事前先声明，如果你不用，培根的颜色会像煮过的猪排，猪肉的味道也比较浓，成果会比较像照烧肉排而不像培根（想知道哪里买亚硝酸钠，参见第368页）。

腌制五花肉需要一星期时间，而烹制它需要两个步骤。首先，五花肉得先慢烤或烟熏到熟透。然后，标准的做法是先冷却，再切片，再以小火煎，煎到油出来，就会有焦脆的效果。

下面提供两种很棒的腌渍配方：一种是咸的，做出来比较偏向意式咸肉；另一种是甜的，蜂蜜芥末酱口味。我觉得甜味的腌制配料和传统的烟熏培根很合，所以如果你想烟熏培根肉，用甜味的配方不错，其他就用咸味的。但只要你想做培根，两种配方都可以腌得很好。

胡椒盐培根腌料

- 3汤匙犹太盐
- 1茶匙亚硝酸钠（自由选用）
- 2汤匙红糖
- 4瓣大蒜，用刀背拍碎
- 1汤匙黑胡椒粒
- 4片月桂叶，捏碎
- 2茶匙红辣椒碎

蜂蜜芥末蒜味培根腌料

- 3汤匙犹太盐
- 1茶匙亚硝酸钠（自由选用）
- 2汤匙红糖
- 1/4杯（60毫升）第戎芥末酱
- 1/4杯（60毫升）蜂蜜
- 8~10瓣大蒜，用刀背拍碎再剁成细末
- 4或5支新鲜百里香（自由选用）

- 一整块，约2.3千克猪五花肉

做法

制作腌肉：视你的选择，将所有腌料放在大碗里混合。

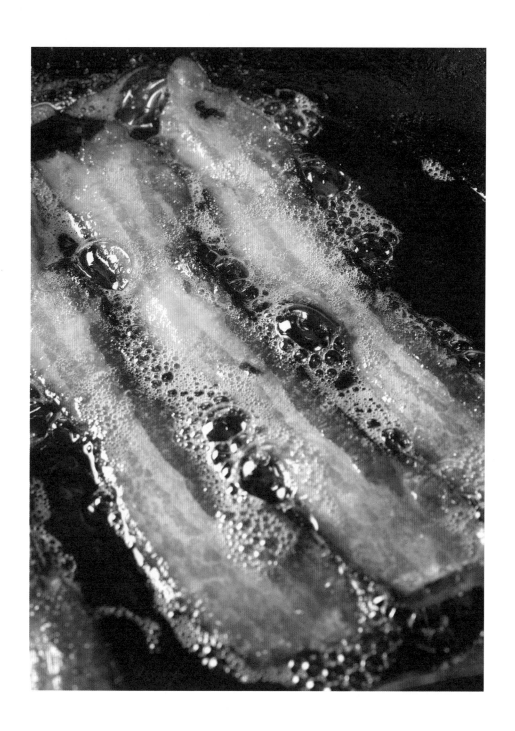

取9.5升的大号密封袋，或拿同样容量的保鲜盒，放入一整块五花肉，然后把所有腌料抹在五花肉上，封好密封袋或保鲜盒盖上盖子放入冰箱冷藏7天。隔一段时间将肉拿出来，把调味料再抹均匀，或者每隔一天就把密封袋整个颠倒放。

　　腌好后拿掉腌料，肉用水冲干净，再用纸巾拍干，腌料丢弃不用。五花肉用新的塑料袋装好，再放到冰箱冷藏几天，等想要料理时再拿出来。

　　如果腌肉想用烤的，先把烤箱预热到95℃（200 ℉），把肉放在烤架上，再整个移到烤盘纸或烤盘上，烤到肉中心的温度达到65℃（150 ℉），时间需约2小时。但大概烤了1小时就要检查温度(如

果腌五花肉时没有把皮去掉，可以趁猪肉还是热的时候赶快把皮切掉。切掉的皮可用来做高汤或炖汤，参见第78页的冬季卷心菜浓汤）。

　　如果你有烟熏锅，选一种木头将腌肉用95℃（200 ℉）的温度烤到肉中心温度达到65℃（150 ℉）。等培根冷却到常温，用保鲜膜将培根包好放到冰箱冷藏。腌好的培根可以在冰箱冷藏保存2个星期。或者切成片状或块状，包好放到冰冻库冷冻，就可保存3个月之久。

　　等到要吃时，再将培根切成3毫米厚的片状，或切成1.2厘米厚的条，然后用慢火煎（参见第264页），煎出油来，让培根变得香脆。

1.培根抹上犹太盐、粉红腌渍盐、糖和香料。

2.放在大号密封袋腌渍较容易。

3.亚硝酸钠会让肉的颜色鲜红且有腊味。

4.上方的肉经过烟熏，颜色带着铁锈般的黄橘色。
下方的肉则是直接烤的培根。

5.培根烤过，放凉冷却，就可以切了。

柑橘盐渍鲑鱼 1 ~ 1.25 千克的盐渍鲑鱼

我不是熟鲑鱼肉的迷，却很喜爱盐渍鲑鱼的深度及扎实口感。它比培根更好做，且材料比新鲜猪五花肉更容易取得。我喜欢鲑鱼带有新鲜的柑橘香味，但是一旦你知道如何腌渍鲑鱼，就可以加入茴香或莳萝等不同风味，也可以把糖改成红糖或蜂蜜。

盐腌鲑鱼最好切成近乎透明的薄片。如果你觉得很困难，切成小方块或小碎块也可以。

一片腌渍鲑鱼块足够做15 ~ 20人份的餐前小菜，也可以做成8 ~ 10人份的开胃菜或套餐的头盘。要做一份简易的餐前点心，可以将些许红洋葱碎或醋腌红葱头（参见第83页）拌入法式酸奶油，再涂在烤面包上，上面放上切片的鲑鱼，最后撒上一些香葱或柠檬皮做装饰。当然，如果底部改用涂上奶油奶酪的贝果也很棒。

材料

- 1杯（225克）犹太盐
- 半杯（100克）糖
- 1汤匙现刮橘皮末
- 1汤匙现刮西柚皮末
- 1茶匙现刮柠檬皮末
- 1茶匙现刮青柠皮末
- 一块1 ~ 1.5千克鲑鱼排，去掉骨头，切去太薄的地方

做法

小碗装入盐和糖搅拌均匀，再拿另一个小碗混合所有柑橘皮。

工作台铺上大张铝箔纸，长度要比鲑鱼的长度超出许多。把1/3搅拌好的盐糖腌料铺在铝箔纸的中央，放上鲑鱼，让鱼皮面朝下碰到盐。再均匀撒上柑橘皮，将剩下的盐全部铺在鱼上，完全覆盖。铝箔纸折起来包住盐，再拿一张铝箔纸整个包住，两张纸压得紧紧的。紧压的目的在于使盐糖腌料和鲑鱼表面可以完全接触到。

铝箔包放在烤盘或大盘上，上面再叠一个烤盘或碟子，压上几块砖头或铁罐，这样才可以让鲑鱼在腌渍时排出水分，然后放入冰箱冷藏24小时。

腌好后，打开铝箔包，拿掉鲑鱼上的腌料，这时铝箔和腌料都可以丢了。然后用水冲干净鲑鱼，再用纸巾拍干。如果要去掉鱼皮，可把鱼皮朝下放在砧板上，拿一把又利又薄又有弹性的刀，以30度角切进鱼肉和鱼皮之间，切到可抓起一点鱼皮时，就可以拿刀来回地切，将鱼皮和鱼肉分开。鲑鱼放在铁架上或放在铺了纸巾的大盘上，再放入冰箱冷藏8 ~ 24个小时，让盐的浓度更平均，水分也再排出一些。之后，鲑鱼就可用烘培纸包好，放进冰箱保存可长达两星期。

1.一整块鲑鱼排，鱼皮保留，去除鱼刺，腌料只需盐、糖和柑橘皮。

2.首先剪除鱼肉太薄的地方。

3.鲑鱼皮面朝下放在盐糖腌料上，再放上柑橘皮。

4.试着将柑橘皮均匀分布在鲑鱼每个地方。

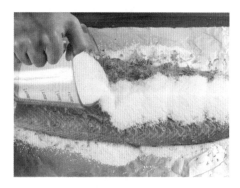

5.剩下的盐糖腌料铺在鲑鱼上。

6.用铝箔纸包起来。

7.鲑鱼会流出很多汤汁，所以要包两层。

8.捏紧铝箔纸，盐糖腌料会在里面溶化变成腌汁。

9.用两层盘子夹着鲑鱼，第二层放上用铝箔纸包好的砖头或很重的罐头，帮助鱼肉排出水分。

10.24小时后，鲑鱼会排出很多汤汁并完成腌渍。

11.用水冲干净鲑鱼上的腌料。

12.鲑鱼片得越薄越好。

3

水 WATER

厨房中变化莫测的奇迹

Recipes

在烹饪世界，**水随处可见，十分普遍**，以致很多书报杂志都不把水视为食谱里的食材——"我们假设读者已经有了足够的水。"《纽约时报》编辑尼克·福克斯（Nick Fox）如是说。这假设暗示，如果没有无限制供应的水，你做菜时绝对会陷入困境——十分正确的暗示。我喜爱"《纽约时报》假设"的原因在于，这说法既彰显了水的事实却又隐晦了水的真相，那就是水是厨房里最重要的食材之一。

水无处不在，它看似无限的本质，也是我们企图忽视的特性：水是我们每天使用的神奇食材。水就像盐一样，是维系生命的关键。而在厨房，水既可当食材，也可作为工具，两者同样重要。

H_2O 的化学特性与其他分子完全不同。例如，水结成冰时密度不会变大，而是变小，所以当冰融化时会浮在水面上。冰可以不经过液态而直接进入气态（这也是吊在绳上的湿衣服在冰冷的空气中也会干的原因）。你可在体积不变的情况下直接改变水的形状，体积不变则重量不变。水的浓度，也就是密度，两个氢原子和一个氧原子联结的紧度，也是水分子之间的强烈吸引力，使水成为高效率的烹饪媒介，具有大量热能，以极快的速度将温度传至食物。你可以试着把手放在95℃（200℉）的烤箱中，很长一段时间手才会不舒服，但你把手放到同样温度的水中试试看，只要一下你的皮肤就留疤了。

水的加热速度相对较慢，原因就在于水的密度。它蕴含极大能量，所以降温时也很慢。水的密度可以让油升到高汤表面，我们就可以从上面把油撇掉。另外，水在100℃（212℉）时会沸腾也是它的重要特性，且在0℃（32℉）时固态和液态同时存在，这就是冰镇时所需状态，水与冰同在。在冰块水里加入一点盐，冰点就会降低，冰块水越冷食物就降温更快，卡仕达酱就可快速结成冰激凌。冰块融化时会吸收能量，把滚烫食物丢到冰水混合物中冰镇，食物的热能会快速释入水中（请想象把很烫的东西丢进冷冰冰的油中，东西冷却的速度几乎就像你把它丢到同样温度的水中一样快）。水变成蒸气也需要能量，流汗时身体降温就是同样的道理，这就是在滤水箱中水温降低的状况。寒冷水面凝结成冰，热量就被释放了。

水有了足够能量就无法维持相同体积，一跃而升变成蒸气，而它所含的能量比液态水更大。因此水蒸汽，或说蒸气，它的温度可以比100℃（212℉）更高，是烹煮食物更有效率的工具。

一旦你了解水的特性，就更能控制水，也就有了无处不在的食材和烹饪工具，能成为更有效率的厨师。想了解烹饪，就要培养出对水属性的直觉，一面辨认，一面学习它的主要用途。

有三种特性使水成为厨房中最有力的家用食材：一是水的密度；二是它的化学组成——强大的氢键，使它擅长拉开其他分子；三是水在液态时，温度无法超过100℃（212℉）的特性。

水以五种独特方式作为烹饪工具：

1. 当成直接烹煮的媒介（如滚水煮、蒸、水波煮）；

2. 当成间接烹煮的媒介（如隔水加热）；

3. 用来降温和结冻；

4. 用来做浓盐水；

5. 作为萃取食物风味的工具，是味道的媒介。

直接烹煮

水作为直接烹煮的媒介，有多种运用方式。通常我们会用**滚水煮**两样东西：绿色蔬菜和意大利面。对，我们有时可以用滚水煮很多东西，但这两类食物需要最快速、最湿润的煮法。如果把意面和绿色蔬菜放进水里慢慢烫，在内里煮熟前，外层早就烂掉了。蔬菜也可以用烤的，但因为空气的密度比水小，用烤的要多花一些时间，温度也会烫一些，还会带着焦褐的效果。对绿色蔬菜来说，煮快一点，能多维持一些深绿色，会增加蔬菜的吸引力。

用滚水煮东西不需太多技巧，但有些技巧还是要知道的。人们最常犯的错误是煮东西时水放太少。当时间急迫，而厨房里有太多东西在忙，**未经思考下**，很容易就拿错锅子或水放太少。沸水煮物的关键在于充足的水，但重点是水的能量而不是水的容量。你给予水的能量越大，煮食物的时间花得越少，食物煮得越快，成果就越好。如果你放进水中的食物比水能量可以负担的还要多，煮食物的水必须得到更多能量来给食物。理想的状况是，你应该视食物的分量决定要用多少水，如此才不会东西一入锅水就不滚了。

托马斯·凯勒（Thomas Keller）大力提倡这种煮绿色蔬菜的方法，他指导"法国洗衣店餐厅"（French Laundry restaurant）的厨师们将一整批豌豆或蚕豆放到已经煮沸的水中，然后要求在水中加入很多盐，再煮到大滚（水加盐之后会比没有加盐的水更烫），这点在煮绿色蔬菜时必须牢记在心。如果你的锅子不够大，试着盖上锅盖让水温尽可能快速提升（当水煮滚，切记赶快打开盖子，如果来不及开盖，很容易就把蔬菜煮过头或煮到掉色）。煮意大利面也一样，要用充足的水，煮得越快越好。

我们也可以用滚水蒸蔬菜。蒸气温度比沸水高，但密度较小，因此用蒸的比用水煮的更说不准；再者，水煮的温度总是准确无误地在100℃（212 ℉）。蔬菜用蒸的和用水煮的几乎一样，但我发现用煮的比用蒸的状态更一致。面团和某些谷类产品用蒸的较好，因为强烈的湿热气不会完全浸润食材，就像中国人的馒头和饺子用蒸的最好。而传统的couscous[1]也要把汤汁全部蒸掉才算完成。

食物用**水波煮（poach）**[2]的好处在于有水分，却无法快速烹调，或者应该说不管是高温或是滚烫的沸水，对于细嫩食物都有害处。所以鱼、蛋、细致的绞肉团或海鲜丸子、根茎类蔬菜、豆子才会用水慢慢烫。水波煮是如此重要又独特的用水方法，我将用一整章来说明（第17章水《波煮：温和的热力》）。

---

1 couscous，是食材也是料理名，北非人将杜兰小麦粉及其他粉料拌匀，再慢慢揉成一粒粒比米稍大的颗粒，俗称北非小米，另加上肉、菜、干果蒸熟食用。

2 西餐的水波煮与中式余烫不同，水波煮是指食材放入温度低于100℃的汤水中以微火慢慢煮，烫煮食物的材料不一定是水，也可能是汤或酱汁。

间接烹煮

如果把水当成间接烹煮的工具，就要隔开水和食物，通常用可以放在热水中的容器。最简单的隔水加热只要一个烤盘和另一个装满热水的大锅。隔水加热利用水的力量温和加热，可让卡仕达固定，可以煮熟其他以蛋为基础食材的餐点，也可以做"陶罐法国派"（pâté en terrine，用陶罐模型做的肉糜派）。如果用可微波的碗盘做隔水加热，温度会达到83℃到95℃（180℉到200℉）。隔水加热的好处部分来自水持续蒸发，变成蒸气，热气也跟着走，因此即使用烤箱作隔水加热，也会因为水汽蒸发，让要煮的食物周围只有和缓的热气。隔水加热的温和力量证明：用烤箱烤出来的奶酪蛋糕冷掉后经常会出现裂痕，但是用烤箱隔水加热做出的奶酪蛋糕就不会。

降温和结冻

水吸收热能的能力让它成为有效的降温方式，厨师的主要工作不外是控制温度，而水是极佳的温度控制器。不只因为它可以把食物加热到某一特定温度，也可以让食物快速降温。我们经常需要冷却食物（第20章《冷冻：移除热度》），常常要让食物半熟。当我们从炉火上移开食物，藏在食物里的热能会让食物后熟。这就是为什么当烤牛肉或烤羊腿从烤箱拿出来后，插入的温度计最初可量到54℃至60℃（130℃至140℉），但10分钟内温度还会继续上升。这情形对四季豆、卡仕达、蛋糕等任何需要加热的东西也都适用。

有时候，我们控制温度的方法是把食物加热到某个特定温度再**很快**中止烹煮。就像我们把青豆煮到正好，绿得油亮，软硬适宜，再放到冰水里，用冰水留住鲜亮的颜色和柔软口感。我们把蛋、糖、黄油混和在一起，放在火上搅打，等它浓稠度均匀一致时，就把混和物倒入碗里，放在冰水上维持质地，不要让蛋煮到过熟。

水也可以用来冷冻食物。把盐加入冰水混合物中，冰点就会降低。如果不放盐，冰水混合物会保持在0℃（32℉）。加入大量的盐，温度就会降到比0℃还低很多。盐（或溶解在水中的任何东西）会抑制冰的形成。盐会形成阻碍让水分子更难附着在冰上。这也是我们将卡仕达变成冰激凌、让加味水和果汁变成冰沙和棒冰的方法。

浓盐水

水是盐的绝佳载体。当水含有足够的盐时，就会变成浓盐水。浓盐水可以腌透食物中心，也可以让食物更多汁。盐会改变细胞结构，让细胞抓住更多水分。盐水还可以增加食物风味，加入盐水中的香料会随着盐上演的渗透奇观将香味带入肉中。

Cooking Tip

真空低温烹饪法（Sous Vide）：崭新的烹饪技巧

这是还在发展初期的烹饪技术（相较于其他古老的技法），这种烹调技术使用另一种间接隔水加热法。Sous vide 是法语的"真空状态下"，意指把食物以真空状态封住，再以定温的水加热。例如，牛排用真空袋封住，温度定在54℃（130℉）烹煮，就会到达完美的五分熟，把牛排从真空袋中拿出来，用平底锅很快煎一下就好了。这种方法排除了煮东西时的臆测，而口感更是其他烹饪法做不到的。牛小排有牛筋等结缔组织，肉质较硬，所以要把牛小排煮到熟又入口即化，必须放在汤汤水水中煮很久才行。但如果用真空烹调，只要把牛小排定在低于60℃（140℉）的温度加热几小时，煮到结缔组织都软透，肉质还是保持三分熟。很多蔬菜都可以用这种定温的方法烹煮，只有绿色蔬菜不适用真空烹调法，因为绿色蔬菜如果用真空袋热封起来，颜色会变得不好看。

真空低温烹饪法在厨房扮演的角色有限，主要因为设备的关系，真空烹调低温循环机和高质量的真空包装机都十分昂贵。但当这些机器成为买得起又买得到的家电时，真空低温烹饪也许会成为家庭厨房必备的技术。

水浴法（Water Bath）：水浴法要准备烧烤盘或烤盘，甚至一口大锅都可以。里面要装足够的水，多到内层容器放进去时，水量至少要到容器的2/3。你可以先把空的容器放入底盘，再开始加热水，加到容器的2/3为止。然后把容器拿掉，把底盘慢慢滑进烤箱里加热，直到食物准备好再放进去。或者先把装好食物的容器放在底盘里，倒入非常烫的水，再把盘子滑进热烤箱里。如果你用的是很大的烧烤盘，要把它们从厨台移到烤箱而不洒得到处是水并不容易，如果担心，就把底盘先放到烤箱，用水壶或平底锅汲水装满烧烤盘。

冰水浴（Ice Bath）：冰水浴用的是冰水混合物——冰块用来维持冰凉温度，而水的作用在确保放入的东西被均匀包覆。重要的是冰的分量要恰到好处，水才会尽可能地冷。所以水要占50％，冰也要占50％，冰水浴才会有效率。

如果想要降低冰水浴的温度可以考虑加盐，就像你做冰激凌时要加盐一样，这会让冰水浴更有效率。想要葡萄酒迅速透凉，这是一个好方法。

最后，也可能是最重要的事，盐水会抑制引发腐败的细菌。我说"最重要"是因为浓盐水是文明进步的基础，探险者因此可做长途旅行。猪肉用浓盐水腌着可以无限期保存，牛肉也可以用腌渍法保存。而我们现在仍做盐腌牛肉（corn beef）和熏牛肉（pastrami），不是为了维持生存，而是因为它们真的很好吃。

浓盐水的关键在于盐，而不是水；而水有利于盐发挥作用。有关制作浓盐水的技法参见第22页。

萃取味道

水可以带出其他食材的味道将其保留在水里，却仍然维持水的状态。这也许是最重要我们却懂得最少的用水方法。

大多数食物放在水里加热，水就得到了食物的味道。这件事一想到就觉得神奇。同样的事情，油或其他非水为底的液体却做不到。水的这种力量来自那些强而有力的氢原子，它们努力结合，把东西拉开，溶解其他成分。如果你把切好的洋葱和胡萝卜倒进水里加热，由于这些根茎蔬菜带甜味，你就有一锅带着甜味又美味的水。把洋葱炒到深度焦糖化，再倒点水没过洋葱，加热20分钟，用盐和胡椒调味，再撒点雪利酒，你就有了美味的洋葱汤。在烤过鸡的平底锅放些洋葱，加点像是翅膀尖这种烤鸡剩下的碎料，把洋葱煎一下，再倒入水没过洋葱，一直煮到水烧干，再加一点水（参见第209页），就有了可以搭配烤鸡的美味酱汁。

将含水量多的食材浇在食物上，食物就会带着浇头的味道。煎过的牛肩胛肉，倒入一整罐的去皮番茄，加上一些洋葱和大蒜，慢炖几小时，就是一份简易的炖牛肉，和在面上就是浓厚丰盛的意大利面。煎几块培根，用培根煎出的油炒鸡块，放些洋葱片和大蒜，再倒入一半红酒一半水没过食材一起煮，不到一小时，你就有了一份简易的红酒炖鸡——这些都要感谢水。长久以来我一直劝大家别去买市售的汤品和高汤。家庭厨师用这些罐头产品对食物的伤害大于好处。就算有些菜肴，主要是汤，确实需要某种有风味的液体，只靠几升水是无法做出一道称心如意的鸡汤。但你往往只要用水加上一些普通的蔬菜做汤底，完成的菜肴就会既清澈又比用罐头高汤做出来的更令人心满意足。虽然这章的主菜食谱都不需要自制高汤，但我还是写下简易高汤的做法，以免你想自己制作高汤。

锅蒸甜豆 4人份

半蒸煮是一种用水技巧，也是软化蔬菜的独特方法。即在极热的锅子里简单放入蔬菜和少许水，用锅盖盖紧，高压蒸气就会将蔬菜快速蒸熟，只要花上几分钟时间。

材料

- 455克甜豆，去掉茎须和老筋
- 2汤匙黄油
- 犹太盐

准备大煎炒锅或其他锅缘较低且带盖子的锅子，用高温加热。大碗装入豆子加上半杯（120毫升）水。当锅子变烫，锅面会冒出一颗颗水珠，豆子和水倒入锅中，立刻盖上锅盖，一面压紧锅盖，一面晃动锅子让水蒸气蒸发。一分钟后豆子大概就蒸熟了，开小火到中低温，拿开锅盖，加入黄油，用盐调味。完成立刻享用。

腌熏辣椒番茄酱 制作2.5杯，600毫升番茄酱

材料

- 2汤匙植物油
- 1大颗洋葱，切细丝
- 犹太盐
- 约800克番茄，整颗去皮，汁保留
- 5瓣大蒜
- 2茶匙孜然粉
- 3条罐装墨西哥腌熏辣椒（chipotle chiles in adobo sauce），去籽
- 2汤匙红糖
- 2汤匙红酒，或者雪利酒或苹果醋
- 1汤匙鱼露（参见第21页）

做法

酱汁锅加热到中温，加入油，油热再加入洋葱拌炒，让洋葱都粘上油。撒入一撮盐（三只手指捏起的量）再继续煮，偶尔拌炒一下就可以，煮3～5分钟，直到洋葱变软变透明。

洋葱移入食物搅拌机，加入番茄、番茄汁、大蒜、孜然、辣椒、红糖、红酒和鱼露。高速搅拌直到混和物光滑均匀。再移入中型酱汁锅，用中低温或低温煮番茄酱，不用加盖，偶尔拌炒，炒大约3小时，直到分量浓缩到2/3，质地厚但又可散开。剩下的番茄酱放在冰箱冷藏可保存一星期，放冷冻保存期可长达一个月。

法式红酒炖鸡 4人份

红酒炖鸡（Coq au vin），就是用红酒煮鸡的意思，听起来像是很炫的法国料理，但其实是很质朴的一道菜。它原来是用老公鸡做的，是道很适合现代厨房的料理，好处在于使用普通食材一锅搞定，也不需要高汤，只要水和酒就行了。

做这道法国经典料理的方法有很多，但我尝试用极有效率的方式来做，只需要在炉子上花一点时间，没道理不能成为平日的主食菜色。红酒炖鸡可以在一小时内准备好，时间大多花在用烤箱炖鸡。这也是一道可以在3天前就提前准备好的菜，只要放在冰箱冷藏，拿出来只要5分钟就可完成。红酒炖鸡单独吃就很营养美味，也可以搭配简单的沙拉，我喜欢配着宽鸡蛋面或宽意大利面吃，配颗烤马铃薯也不错。

材料

- 4根鸡腿
- 155克条状培根，将培根切成1.2厘米宽的片状。或者用厚块培根肉155克切成长条块
- 1颗中等大小的洋葱，切细丁
- 4瓣大蒜，用刀背拍碎
- 犹太盐
- 3汤匙中筋面粉
- 1个胡萝卜
- 8颗红葱头，去皮，或8颗香烤红葱头（参见第82页）
- 2片月桂叶
- 225克白蘑菇，十字刀切为四份
- 1.5杯（360毫升）红酒
- 2汤匙蜂蜜
- 现磨黑胡椒粉
- 自选装饰配料：新鲜欧芹切段，盐渍柠檬切小条（参见第32页），柠檬皮末，意式三味酱（参见第294页）。

做法

烤箱预热到220℃（425℉或gas 7）。鸡腿放入大号烤盘，入烤箱烤20分钟。烤好后拿出，烤箱温度调至165℃（325℉或gas 3）。烤鸡的时候，在烤鸡用的大平底锅放入培根、洋葱和大蒜，也可以用铸铁锅或其他大深锅代替（我选择用大型铸铁锅，如果你也有这种锅子就可以使用）。烹煮容器必须够大，要让每支鸡腿平放在同一层又不会局促。用手指夹起两三撮盐撒入锅中，加水淹满食材，用高温烧大概5分钟，煮到收汁。再把温度调到中低温再烧，一面拌炒，炒大概5分钟，等洋葱开始焦糖化时，将面粉撒在洋葱培根上再炒，炒到全部均匀。

鸡皮朝下放进洋葱混合物里排成一层，胡萝卜塞进锅里，然后是红葱头（如果你用的是烤香的红葱头，可留到最后再放）、月桂叶、还有蘑菇（如果锅里放不下了，蘑菇可以铺在鸡的上面，也能煮熟的）。加入红酒和蜂蜜，用胡椒调味，再加入足够的水，水量要满到鸡的3/4处。用高温把整锅煮到滚，再把锅子放入烤箱中烤，请记得不要加盖。

鸡烤了20分钟后，从烤箱拿出锅子，把鸡翻面让鸡皮朝上，再搅拌一下食材确定受热均匀。尝一下

汤汁的味道，不够咸可以再加一点盐，再放进烤箱烤约20分钟，烤到整锅鸡都软了，再把锅子从烤箱里拿出来，鸡皮要烤到刚好从汤汁露出来（如果用的是香烤红葱头，这时候可以加入锅中）。如果这锅鸡要立刻上桌，请花3～4分钟时间用小烤箱或炭烤炉把鸡皮烤到香脆，然后拿掉胡萝卜和月桂叶，移到意大利面碗里上桌，再看个人喜好放上最后装饰。

如果这锅鸡不是马上要吃，可以放在炉上几小时，也可放到冰箱冷藏，保存期限可长达3天。你也许想要替这锅鸡撇油，这时候就是好机会。用汤匙把浮到表面的油撇掉，或者把鸡放到冰箱冷藏，凝结的油去掉后再把酱汁回温。等到上桌时，鸡用165℃（325℉或gas 3）的烤箱再热30分钟，然后再用小烤箱或炭烤炉把鸡皮烤香。

1.你也可以使用自己腌制的厚片培根，如此就可决定要怎么切。

2.切成1.2厘米宽的长条块。

3.大多数的肉类焖烧菜或炖汤都可以用厚片培根块增添浓厚风味。

4.用湿热法[1]煎出油并软化培根。

---

1 湿热法（Moist heat），加热的温度正好在水的沸点或低于沸点。焖烧、水波煮和蒸都属于湿热法。

5.加水让洋葱变软，加速焦糖化。

6.洋葱的颜色变得越深，汤汁的风味越浓厚丰富。

7.洋葱混合物里加入面粉，然后翻炒去掉面粉的生味。

8.烤好的鸡腿在锅里排成一层。

9.加入红酒、水和香料。

10.煮开汤汁，放入烤箱完成。

完美肉团佐腌熏辣椒番茄酱 4人份有余

法国有一道名菜，称为 pâté en terrine ——陶罐法国派，就是用绞肉或肉末压进陶罐，隔水加热后冷冻切片当冷盘食用。听起来十分花俏唬人，但那只不过是肉团子。隔水加热煮熟的原因是为了确保肉和油脂能够上下均匀分布，油脂不会脱离浮到上层，成为干干的肉冻。温和的煮法会完成高级的肉派：完全熟透却仍柔嫩多汁。

这道菜可以用各种肉来做，虽然我喜欢传统的牛猪混和。我总是建议绞肉要自己动手做——你可以控制肥瘦的程度。从避免细菌感染的观点看，自己绞的肉也比较安全。你可事先通知你认识的肉摊子，先预订好我下面建议的肉（要做美味多汁的肉派，成品的碎肉总是太瘦）。

这道食谱从陶罐法国派偷来隔水加热的方法，搭配其他为肉增加风味的技巧，像是用到出水洋葱（参见第69页），也用到用酒洗锅底收汁，还用了一种叫作panade的技法，就是加入用牛奶浸泡过的面包，这种做法会增加肉团子的湿润度，又不会让肉派质地太密实。

全部的拌料可以在4天前做好，然后包起来冷藏（放进去的盐就像温和的保鲜剂）。使用之前，肉团可以在一小时内做好，然后保温，直到你准备完成这道菜。肉团冷吃也很好吃——而我喜欢做肉堡排三明治。

如果你要自己做绞肉，请注意得把肉冻到冰透再放进模具里磨，这点很重要。我会把肉事先调味好，然后放进冰箱冷藏或冷冻库冰起来。在绞肉之前，肉刚好冰到快要结冻的状态，这时绞出的肉是最好的。

做这道菜你也需要一个陶罐，或是长21.5厘米、宽10厘米的肉派烤模。隔水加热没有焦糖化[1]的程序，我喜欢在肉派做好后在上面涂上带辣味的番茄酱，然后放到小烤箱或炭烤炉中烤一下。如果没时间做番茄酱，也可用传统的瓶装番茄酱代替（这是我孩子的最爱，哎）。

材料

- 1茶匙植物油
- 1颗中等大小洋葱，切细丁
- 犹太盐
- 1/4杯（60毫升）马德拉酒（Madeira），或者雪利酒或红酒
- 2大颗鸡蛋
- 1/3杯（75毫升）牛奶
- 2～4薄片法国长棍面包，或其他质量好的面包，烤过后切成块状
- 910克带油花的牛肩肉，切细丁，冰到透
- 225克带油花的猪肩肉，切细丁，冰到透
- 2大瓣蒜，切细末
- 1茶匙新鲜现磨黑胡椒
- 1.5汤匙新鲜马郁兰，切碎末
- 1汤匙新鲜百里香叶
- 半杯（120毫升）冰红酒

---

1 焦糖化（caramelization），也指褐变（browning），食物中的糖分受热分解成为另一种化合物，焦糖化的食物会带有焦香，就像洋葱炒到出水或肉煎到焦香。

- 2汤匙伍斯特辣酱油

- 腌熏辣椒番茄酱（参见第52页）

做法

中温加热酱汁锅，加入油。油热后把洋葱放进去炒，让洋葱均匀粘上油，撒入一大撮盐（三只手指捏起的量）。炒3～5分钟，洋葱炒到透明变软（如果看起来要炒焦了就把火关小一点）。然后把火调大，倒入马德拉酒，酒烧掉大部分，接着把洋葱移到盘子上放进冰箱冷藏，不加盖子冰到透（如果赶时间，放入冷冻库也可以）。

中碗加入牛奶和鸡蛋打匀，放入面包，吸饱蛋液至完全变软（如果绞肉不是自己做的，烤面包就要切得很细，甚至要放入食物料理机打碎）。

如果自己做绞肉，两种肉全放进碗里，加入一汤匙盐，还有大蒜、胡椒、马郁兰、百里香和浸饱的面包。这些食材压进装有中号刀具或搅细丁刀具的绞肉机，用大碗盛接（如果绞肉机附有碗，用那个也可以）。加入洋葱料、红酒和伍斯特辣酱油，用木勺子或铁汤匙把这些食材搅拌均匀（或者用搅拌器搅拌直到全部食材完全混和）。

绞肉团子填入陶罐或长21.5厘米、宽10厘米的肉派烤模，再用铝箔纸封好。如果担心切开肉派烤好的肉时会刮伤模具，也可以在填入肉馅前先用铝箔纸把模具包起来。烤好的肉可以放在冰箱保存长达4天。

烹煮肉团前，烤箱先预热到150℃（300℉或gas 2）。模具放进烤盘，烤盘里倒入足够的水，至模具高度的2/3到3/4才够。再拿掉模具，烤盘移到烤箱。隔水加热的水要够烫（温度要到82℃或180℉，如果想快点达到温度，可以把烤盘放在炉火上很快热一下）。模具用铝箔纸包起来，放进烤盘。

烤一个半小时左右，烤到用即显温度计插进肉里时，温度为65℃（150℉）。从烤箱里拿出隔水加热的器具，模具也从水盘中拿出。

打开小烤箱或炭烤炉，拿掉铝箔纸，在肉团上涂一层番茄酱，用小烤箱把上层烤上颜色，再把肉团切成片状就可以吃了。模具里应该还留有汤汁，舀出来浇在肉派上，或者再加点番茄酱调在一起就是酱汁。

腌熏带骨牛小排 4人份

这道菜在两方面用到水：作为传送盐和味道的工具（浓盐水），也当传送热的工具（蒸）。牛肋排是做这道菜最好的选择，因为要经过长时间的慢烧口感才会精致软嫩，而牛肋排的价钱又比那些肉质软嫩的牛肉便宜。坚硬的结缔组织转化为胶质需要用湿热法，焖烧是最常用的技巧，这里用的是蒸的方法。

一般做腌熏牛肉（Pastrami）的肉都是牛胸肉。牛胸肉用浓盐水腌过，撒上黑胡椒和香菜，然后烟熏出味道再蒸过。同样的方法也适用于牛小排。这道菜的做法是将牛小排碳烤出烟熏的味道。如果你有炉上型烟熏炉，就像传统培根和咸牛肉的做法。腌熏牛肉也需要用到粉红盐，就是亚硝酸钠，这种腌制用盐可以使肉保持鲜红色，又能产生独特的腊肉味（这种盐和喜马拉雅粉红盐完全不一样）。想知道何谓亚硝酸钠，参见第376页。这道菜并没有强制一定要用亚硝酸钠，但如果不用，肉煮熟的味道就会有点不同，看起来也更像是全熟的牛肉，呈灰色而不是红色。

腌熏牛小排最好的配菜是香炒甘蓝、德国酸菜或烤马铃薯。你也可以把肉切片夹黑麦面包和coleslaw[1]，做成新版的瑞秋三明治（鲁宾三明治[2]的变形，只是用腌熏牛小排取代咸牛肉）。

---

1 coleslaw，源自荷兰语的koolsla，就是蛋黄酱拌卷心菜做成的沙拉。

2 1920年起盛行于美国的三明治。标准的鲁宾三明治（Reuben sandwich）是用黑麦面包夹咸牛肉、德国酸菜和奶酪。姊妹版瑞秋三明治（Rachel sandwich）则是用火鸡肉取代咸牛肉，用coleslaw取代德国酸菜。

这里的食谱用的是带骨牛小排，但你想用无骨牛小排也可以，看什么方便就用什么。如果你喜欢牛胸肉，用牛胸肉也行。做出来的效果也一样好。

腌料

- 7.5杯（1.8升）水
- 6汤匙（90克）犹太盐
- 1茶匙粉红盐（亚硝酸钠）
- 2汤匙红糖
- 5瓣大蒜，用刀背拍碎
- 2茶匙黑胡椒粒
- 2茶匙芥菜籽
- 1汤匙香菜籽
- 1汤匙红辣椒碎
- 2茶匙多香果[3]（allspice），或半茶匙多香果粉
- 1茶匙肉豆蔻粉
- 2根肉桂，每根长约5厘米，压碎，或用1茶匙肉桂粉
- 6片月桂叶，捏碎
- 1茶匙丁香粒，或半茶匙丁香粉
- 2茶匙生姜粉

材料

- 8块带骨牛小排
- 1/4杯（30克）黑胡椒粒
- 1/4杯（20克）香菜籽

---

3 多香果（allspice），又称牙买加胡椒，闻起来有肉桂、丁香、豆蔻、胡椒等香料的香气。

做法

腌制食材：所有腌料混和在一个中型酱汁锅，开火煮到小滚后关火，让腌料温度降到室温，放入冰箱冷却。

牛小排放进密封袋，腌料倒入没过牛小排，然后密封袋子。袋子用碗装着放入冰箱5～7天。每隔一天就把袋子从冰箱里拿出来动一动，让每块牛小排都能接触腌料。

牛小排准备好要煮时，把它们从腌料里拿出来冲干净，用纸巾拍干。炭烤炉开中火，因为之后这道菜要烟熏，也可以加些木屑放到煤炭里。

用煎锅以中高温干煎黑胡椒粒3～4分钟，炒出香气。用咖啡豆研磨器或香料研磨器把胡椒粒磨碎，然后以同样的过程制作香菜籽，这里需要的是粗粒，不需要磨成粉状。然后将胡椒粒、香菜籽粒混在一起，放入牛小排让它粘满香料。

准备煤炭，如果使用木屑也在这时候加入。牛小排直接放在烤架上在炭上烘烤。盖上烤炉盖，牛小排每一面都要烤到，烤20～30分钟，直到牛小排全部均匀粘上浓郁的烟熏味道，再从烤炉上移开。

还没蒸之前，牛小排可以放在冰箱冷藏5天。如果要立刻现做，先预热烤箱到110℃（225℉或gas 1/4）。牛小排放进附盖子可炉烤的锅子，锅子必须够大，可以把所有牛小排一层平铺。锅子里加水，水要到牛小排侧边2.5厘米高。水烧滚后，盖上锅盖，放进烤箱烤约4小时，直到牛小排用叉子一拨就开，烤到一半时记得翻面，烤好后立刻食用。

烤鸡配蒜苗鸡汤 4人份

主厨都知道这个秘密，但总犹豫着是否要和家庭厨师分享。那就是：如果你没有自做鸡汤，用水要比用罐头高汤好。一流大厨绝对不会想用罐头高汤，你也不应该。如果你用好食材做料理，就不需要仰赖市售的辅助高汤，反而该在煮菜时延伸食谱骨干。这里介绍一个绝佳例子，我用苏格兰蒜苗鸡汤向你展示水的王者地位和无上力量。

我知道大家对于我说烤鸡很容易这件事有多么不满，所以如果你想先把鸡烤好（请参见第274页），可以用那一道而不要用市售的烤鸡，你的汤也会获益良多。但是对那些觉得做高汤太难，超出他们能力范围的人，我想让这道"无高汤"的汤越简单越好。

做苏格兰蒜苗鸡汤（Cock-a-leekie soup）通常需要用到大麦。如果你想试试，也可以加入其他淀粉类，如米粒状意大利面orzo、米、马铃薯丁或者为了浓度和口感使用面包丁或切碎的烤面包。这道汤干净无油，十分美味，充满鸡和蒜苗的香味，配上酥脆的法国长棍面包就是一道营养满足的大餐。

材料

- 1大颗洋葱，切片
- 2根胡萝卜，切片
- 2片月桂叶
- 6杯（1.4升）水
- 4瓣大蒜，用刀背拍碎
- 1汤匙番茄糊（番茄泥）
- 1只1.8千克烤鸡，肉剥成丝状，保留骨头鸡皮
- 犹太盐
- 3～4根蒜苗
- 2汤匙黄油
- 新鲜现磨黑胡椒
- 2汤匙白葡萄酒醋，如果需要分量还会再多
- 自选装饰配料：柠檬皮、新鲜欧芹、几片盐渍柠檬（参见第32页）、初榨橄榄油、面包丁

做法

汤锅里倒入洋葱、胡萝卜、大蒜、月桂叶、番茄糊（泥）混合，再加入留下来的鸡骨、鸡皮和水，水的高度要没过食材。高温煮到水滚，再温度降低让汤汁维持小滚。用三根手指抓一撮盐撒入，来回两次，然后不盖锅盖煮45分钟到1小时。

此时，切掉蒜苗须根，修掉叶子尾端破损部分，先划直刀将蒜苗剖半，用冷水冲洗干净，检查叶片中是否还有沙子，再一刀分开蒜白和蒜绿，蒜绿放到小滚汤锅中，蒜白部分则横切成1.2厘米宽的段。

容量4.7升的荷兰锅或大汤锅放在炉上中温加热，放入黄油融化，再把蒜段放下去煸炒2分钟，熟透后，再关至小火。高汤直接滤到有蒜苗的锅子，滤出的东西都丢掉。尝尝味道，再加盐调味，如果觉得要加点胡椒，这时也一起撒入。想要汤汁干净清亮、味道刚好，这时倒入白葡萄酒醋，但不该尝到醋的味道。加入鸡肉，汤煮到小滚，一边煮一边搅拌，约3～4分钟汤就会大滚。如果你喜欢，最后撒上装饰配料即可上桌享用。

水的另项技法：高汤

高汤制作可以说是用水提炼食物味道最纯粹的形式。水倒进肉、骨、蔬菜里加热，最后，不管是肉和菜里的风味，还是硬骨软骨里的蛋白质全部溶进水里，简单容易。这可能是餐厅料理和家庭料理间唯一，也是最重要的不同处。高汤制作通常也是餐饮学校教的第一项技术。

如果高汤是这么重要的必杀绝技，怎么不是本书列出的主要技法呢？

有几个理由。大多数人不会在家特别制作高汤，也没有足够动力改变这情形。在料理过程中直接制作高汤比较简单，萃取风味无论鸡骨在大汤锅或小炖锅都会发生。我主要希望高汤制作成为一种潜在的技巧，而不是强制的主要技巧，因为每次我们使用以水为底的液体，都在制作高汤。认识到这项事实才是真正的必杀秘技。

一般说来，高汤制作的名声并不太好，人们谈论此事的热情似乎与……这样说吧，就跟谈论清排水沟这事一样。这是错的。

真不知我们从哪里得来的观念，以为制作高汤需要巨大的锅子和超长的时间。它可能如此，做很多高汤放在冰箱随时可用实在很不错，但也没有理由不可以只做少量的汤。烤鸡剩下的骨头大概可做出4杯（960毫升）令人吃惊的汤，你甚至可以不用全部骨架，只用一部分就够了。如果需要，光靠一个鸡块也可以让水施展它的魔力。这不是太美了吗！想要做真正的好汤吗？早晨，取一颗中型洋葱、一个胡萝卜和一只鸡腿放入锅中，加水盖满，放到炉子上用低温慢炖。到了晚上要做汤时，只要把这锅汤水过滤到你的汤锅，这锅汤会比你买的市售高汤好到无以复加。

我无法忍受喜欢做菜的人说自己受不了做高汤，因为它太难或有太多麻烦事要做。但其实，这些人也许一直在做高汤却不自知。

你需要的有关高汤的全部基本知识就在这了。无论你用的是什么料，水会把所有的美味萃取出来。如果你把炭烤牛排或BBQ的烤肉丢进水里，水最后尝起来的味道就会像炭烤牛排。倒6杯水（1.4升）没过烤鸡剩下的骨头，你就会有一锅滋味好、用途多的烤鸡高汤。加入洋葱和胡萝卜赋予高汤甜味，番茄糊（泥）也是，它们还可加深高汤的颜色。大蒜使甜度与味道更重，黑胡椒粒敲碎后会散发温和的微辣，月桂叶增加咸味的深度，欧芹和百里香点缀着花草香，你是否该把所有东西都加进来？不用，光是鸡骨架就会让汤头带着清淡的好味道。洋葱在高汤里是十分重要的食材，所以我熬汤至少会用到鸡和洋葱。除此之外，没有什么是绝对必要的。

水要花上多少时间才会将味道萃取出来，这要看你煮的是什么东西。蔬菜只需要在水里一小时，所以长时间熬煮的肉汤到最后再把蔬菜放进来是不错的想法。骨头会释放结缔组织，而结缔组织会变成胶质，这种蛋白质会增加汤的浓度，这过程需要多花点时间。禽类骨头重量轻、孔隙多，可以在数小时内完成，而牛骨或小牛骨头重量重，需要花8小时或更多时间才能确保煮出最多的胶质。

另一个关键因素是你煮高汤的火有多大。如果高汤已经热到小滚了，油脂会乳化到水里，如此高汤就会浊浊的，连味道也浓浊。除此之外，水滚时，水剧烈搅动会把蔬菜煮散，蔬菜四分五裂的，过滤时就会把汤汁吸走，你的汤就会变少了。要做最好的高汤，最好让水煮到还没有滚却依然温度很高，77℃～82℃（170℉～180℉）是最好的温度。我最喜欢煮高汤的方法是把锅子不加盖放进低温的烤箱82℃～95℃（180℃～200℉）。这样的温度很热，但蒸发的冷却效果不会让高汤变得过烫。高汤就这么熬着。

当高汤完成，过滤之后请立刻享用，或者放进冰箱。我喜欢用棉布过滤高汤，棉布可去除所有细碎部分。从上层撇去油脂，或者冰过之后再拿掉凝结的油。（你可以用棉布或细纱布过滤高汤，而我都用All-Strain厨用棉布过滤4～5次，品质很好又不贵。参见第368页《参考数据》。）

你看，熬高汤多简单！如果简单就是你要的。把鸡骨架和一颗洋葱放入锅里，水要淹过食材大概2.5厘米左右，放在低温的烤箱里3～12小时就成了。真正花掉你多少时间？3分钟而已！所以我一点都不相信那些说自己没时间熬汤的人。

高汤基本原则

● 肉带给高汤风味。

● 骨头和软骨提供浓度。

● 蔬菜增加甜味。

● 其他食材（如大蒜、番茄、香草、胡椒）可贡献好味道，增加高汤的深度。

● 红肉或骨头最好先氽烫或烤过之后再用来做高汤。

● 第一次把水煮热时，捞掉浮起来的浮渣泡沫。

● 熬煮肉和骨头时温度要够高，但不能让汤水煮到明显的沸腾，大概在82℃（180℉），要煮数小时（水面要看来平静，但用手碰锅子的温度仍然是烫的）。

● 最后再加入蔬菜和香草（它们只需在汤里煮一小时左右）。

● 为了让高汤完成时有最清澈的效果，要用厨用棉布过滤高汤。

● 汤放凉冷藏，去掉表面凝结的油脂。

简易鸡高汤 4杯（960毫升）

如果不想用烤鸡骨架做高汤，可以用整只煮熟的鸡或烤过的鸡，做法一样。但最有效又经济的方法是用前一餐的剩菜做少量高汤。如果你烤了鸡，主食材就有了，只要加颗洋葱，让汤水保持高温几小时，你就有了美味高汤。

材料

- 1副烤过的鸡骨架（所有剩下的部分或没有丢掉的骨头）
- 1大颗洋葱
- 2根胡萝卜
- 2片月桂叶
- 1茶匙黑胡椒粒
- 1汤匙番茄糊（泥）
- 自选其他食材：一些蒜瓣，几片新鲜香菜和百里香

做法

敲碎鸡骨架，鸡和剩料放进约2.8升的酱汁锅，确定锅子可放入烤箱，然后加水没过食材，水大概需要6杯（1.4升）。

如果是在炉子上熬汤，锅子用低温煮几小时，记得不要盖上锅盖。汤水表面必须静止，但用手碰锅子的温度仍然是烫的。

如果用烤箱做高汤，锅子放在预热温度82℃ - 95℃（180℃～200℉）的烤箱里，最少煮4小时，最长可煮到12小时（我只是简单把锅子放进烤箱，让高汤煮过夜）。

加入其余食材，高汤重新煮到高温，然后再开小火，或把锅子放入烤箱，再煮1小时。用细网的过滤器过滤高汤，或最好用棉布、纱布或厨用棉布过滤。然后把汤放入冰箱，保存时间可长达1星期，放进冷冻库可放3个月。

洋葱 ONION

大厨的秘密武器

如果洋葱和松露一样稀有，主厨恐怕也会为它付出沉重代价。洋葱是厨房最厉害的调味工具，用法有千百种，但因为又多又便宜，所以就像盐或水一样，真正的价值往往被忽视：世界各地的每种美食形式，洋葱都是神奇食材，以各种方式改变食物。我只要到市场买菜一定会买洋葱，不是因为我需要它，而是害怕要用时刚好没有。身处没有洋葱的厨房，就像工作时断了手又缺了脚。

想运用洋葱的力量，第一件事就要确认洋葱不是一成不变的食材，就像柠檬汁，柠檬汁就是柠檬汁，加多加少它还是柠檬汁。而洋葱就像装了音量调控钮，操控的关键在于你给它多少火力、多久的加热时间，放入什么食材要它支持。生洋葱对汤品、酱汁、高汤特别有效；稍微炒一下，不要炒到焦黄会呈现一种面貌；煮久一点却还不到上色的程度又是另一种；再炒久一点，炒到洋葱深褐焦香则又是一种；还有把洋葱水波煮的做法，效果又是全然不同。如果用烤的，洋葱就是单独的一道菜，还可以用醋腌，腌出来的效果却又不同。

洋葱既会带来甜味也会贡献咸味，我们总以为这个令人满足的味道深度是肉的酯味，其实甜咸各种程度取决于你加热的方法。

是的，作为一种食材，洋葱无疑是明星。我喜欢炖汤里的大块洋葱，或整颗煮到软烂的小洋葱，洋葱圈则是我最喜欢的东西。如果要放在汉堡或牛排上，炭烤洋葱最棒。洋葱作为工具更加可贵，能让多种菜肴更令人满意。洋葱onion的字源是拉丁文unio，意思是"一、统一、一致"。洋葱对食物的冲击应该不是名字取作onion的理由，但它的确在菜肴上具有统一的效果，就像结合各种味道的网络，统一各种味道呈现于成品。

就洋葱作为工具或技巧的观点来看，有三点需确认：洋葱本身的特性、出水，以及焦糖化。

洋葱本身特性

基本的白色和黄色洋葱是洋葱的主力，手边应该随时准备好。去买菜时，你该注意的是洋葱的质量而不是特定的品种，西班牙洋葱、黄洋葱、白洋葱，甚至红洋葱的作用都一样。要选洋葱球茎结实外皮干燥紧密的，我更喜欢大颗的，所以通常会选西班牙洋葱。大颗的洋葱用起来更有效率，连剥皮的时间都花得比较少。如果洋葱切开用了一半，可以把另一半包起来放冰箱。

洋葱带有辛辣味，因为它从土壤吸收硫化物并储存起来。在自然界这是一种保护机制，也是你切太多洋葱眼睛会受到刺激的原因。硫化物分解成硫化氢、二氧化硫和硫酸，令人欣慰的是，经过热和酸的作用，这些硫化物在进入我们嘴里前会迅速挥发消散（如果要生吃洋葱，事先最好冲洗或浸泡过）。

有种洋葱叫作"甜洋葱"（sweet onion），味道不那么辛辣，是因为它种在不含大量硫化物的土壤里。这种洋葱也可以用来烹调，因为一旦加热，它的特性就和正常洋葱一模一样。所以如果它们比白洋葱或西班牙洋葱贵，拿来做菜就没什么必要了。

出水

这是厨房里非常重要的技巧，几乎可以独立成一章讨论。但因为烹调洋葱基本上都要出水，不管是单一出水或是和其他食材一起出水，所以这可说是烹调洋葱的另项技巧。

出水是指用少许油或黄油，把洋葱（或其他蔬菜）用小火加热，但不能煮到褐变[1]，这就是出水。因为出水正是洋葱呈现的状况，洋葱的水被火逼到洋葱表面，产生许多小水珠。水排走了，洋葱味道就浓缩了，也因为加热，糖转为复杂的味道，变成美味的化合物。如果你想尝试两种洋葱的差异，用少量的水加入一些洋葱加热10分钟煮滚，然后用一些已经出水过的洋葱照样做一遍，用出水洋葱做出来的汤会特别甜。有时候你也需要生洋葱的效果，就像在许多汤里我都喜欢放生洋葱而不是煮过的洋葱，因为放煮过的洋葱汤会变得太甜，特别是如果汤越煮越少，甜味就更浓缩了。但对大多数的菜色，我们还是希望把洋葱先加热，而出水就是最常见的步骤。

---

1 褐变是指将食物过油煎炒到颜色焦黄有香味，而蛋白质及碳水化合物的焦化褐变又称"美拉德反应"，若指糖类的褐变反应则是焦糖化。

关于出水，有几个关键点要了解。最重要的是，你让洋葱出水越久，洋葱就越甜，味道也越复杂，这就是所谓的音量调控钮效应。如果只是把洋葱出水几分钟，看到颜色透明，质地也软了，洋葱是一种味道。如果出水两小时，炒到没有颜色，洋葱的味道会更有深度、更浓郁、更甜。所谓"没有颜色"这部分很重要，一旦洋葱去掉大量水分，承受一定热度，就会开始褐变，味道就会与出水洋葱完全不同，这种截然不同的处理叫作"焦糖化"。

地中海料理有自己的术语来称出水。在意大利，出水称为soffrito，字面意思就是"炒过之后"，且通常会和其他食材一起炒，如意大利培根pancetta、大蒜、胡萝卜和番茄，往往就是洋葱变成金黄或焦糖化的前期，取决于你要做什么菜。对于多数的汤、酱汁、炖饭，soffrito是绝对要做的第一步，因为持续地温和加热对成品有极大的影响，而这主要是洋葱的功能。

只要把洋葱炒久一点，炒得更软一点，每个家庭厨师都可大大提升自己的厨艺，尤其是做冬季卷心菜浓汤（参见第78页）。这道菜烹煮洋葱的方式是放在培根硬皮下面，如此炖汤不但充满风味，也让洋葱保持湿润不会褐变。这个绝赞的技巧是我向戴夫·克鲁兹（Dave Cruz）学来的，他是加州扬特维尔（Yountville）"艾德哈克"（Ad Hoc）餐厅的主厨。

再说一次，花几小时让洋葱出水并不一定是你一直想做的事，但确认出水的影响且评估你要的效果是什么才是重要的。也许你要的效果是让洋葱温和出水，用来做高汤或做肉丸，这样洋葱还会保留些许口感，或者让洋葱长时间出水，用来做蔬菜炖物的汤底。先想清楚，看自己想要做什么再拟定计划，利用洋葱来帮你到达目标。

焦糖化

把火开大，煮掉洋葱大部分的水分，就会变成褐色，称为"焦糖化"（caramelizing）。热力会让蛋白质释放氨基酸，氨基酸与糖作用散发出结合了甜、咸和坚果的香味，这是厨房里最奇特的反应，也因此有道料理因为焦糖化的特性而声名大噪，那就是：法式洋葱汤。

要做一道不以高汤调味的洋葱汤，就要好好留意洋葱焦糖化的过程，你会理解焦糖化的洋葱如何转化汤料炖品的各种味道。在简易红酒炖鸡这道菜里（参见第53页），鸡不只是用水煮，而是用焦糖化的洋葱和鸡汤煮。事前将洋葱焦糖化再加入水做成汤或高汤，焦糖化的洋葱将贡献强烈的甜味。

焦糖化的关键是时间，你无法在短时间内将洋葱焦糖化，分解洋葱的特殊成分要花一段时间，它需要一步一步来，如果你的火用得太大，洋葱可能在还没有褐变前就烧焦了。然而你可以借由盖锅盖加速进行，在一开始煮洋葱时就盖上锅盖，在焦糖化的过程中，洋葱以蒸煮的方式受热就会比开盖时快。或者，你也可以加水没过洋葱，再加一点黄油，然后把水煮掉，如此做会迅速将糖提炼出来且软化洋葱。但最后，洋葱还是需要时间才能适当地焦糖化。

很棒的是，洋葱很耐煮，如果温度够低，可以放在那里完全不用管它，还可以把火先关掉，等一下再完成。只是事前要先想好，如果要先顾其他锅子，你也可以在极短时间内先完成小量洋葱，但要做大量的焦糖化洋葱还是需要时间才可炒得均匀。

准备一个厚底平底锅，有柄可拿，导热均匀，这样的锅子才好用。我最喜欢拿来做洋葱焦糖化的锅子是珐琅铸铁锅，它很重，但食物却不会粘黏，所以焦糖化会集中在洋葱上而不会集中在锅子的表面。

要焦糖化洋葱，需先把洋葱去皮，切丝切得越细越好。在厚底锅或平底锅加一些黄油或芥花油，再加入洋葱，用小火慢煮，不时拌炒。首先，洋葱会出水，然后释放大量的水，好像在洋葱汤里炖，最后水会烧干，洋葱持续煮得越来越散，最后褐变。洋葱95%是水，所以一大锅洋葱会变很少，但高度浓缩后就是好东西。

焦糖化有无限的层次，实际而言，分为两类。第一，轻度焦糖化：洋葱虽然有褐变反应，但仍保有洋葱的形状；第二，重度焦糖化：一大锅洋葱浓缩到只剩深褐色的糊状物。你要让洋葱焦糖化到什么程度，全凭你最后要让菜看有什么味道。请好好想想。

1 洋葱切丝，先取掉蒂头。

2 如果不拿掉洋葱蒂头，根部的地方就会连在一起。但如果洋葱要切丁，可留着蒂头。

3 从外侧开始切，斜角朝向中心。

4 洋葱切成大小形状一致，如此才会一致地焦糖化。

5 最好用珐琅铸铁锅做洋葱焦糖化。

6 洋葱有95%水分，烹煮时会释放液体。

7 水没有煮干前不要让洋葱褐变。　　　　　　　　8 褐变开始后不要剧烈翻搅洋葱。

神奇的红葱头

　　市面上除了洋葱外，还有很多葱类，多以食用球茎为主。还有一些，就像我最爱的食材之一，青蒜，是以食用叶部为主，而不是球茎。我也喜欢可全部食用的葱类，就像红葱头或珠葱，还有虾夷葱、野韭菜以及其他野生的葱。它们都是很棒的食材，但就数红葱头在厨房的功能及效果值得特别关注。

　　在洋葱之外，红葱头是至今最宝贵的葱类，可帮助家庭厨师将菜品提升至新境界。它集洋葱的各项好处于一身，却没有辛辣味。虽然生红葱头是有点呛，但很快就消散了。

　　红葱头和洋葱的作用一样，只是生的红葱头味道比较呛，但煮过或用酸腌过，它的葱甜和香味就更强。红葱头的好处可说比洋葱更多一倍。红葱头切末放些醋或柠檬汁，再加入油醋汁或蛋黄酱，撒在煮熟蔬菜上，就成了绝妙的配菜。红葱头也可以出水，用在同样的菜式里。在出水红葱头的用法里，很多咸食的酱汁几乎都是因加入出水红葱头开始变得美味的，就像蘑菇中放入生的红葱头一起煎炒，红葱头会提升蘑菇的味道。红葱头焦糖化则会让酱汁、汤品或炖物充满浓郁的香气。如果整颗使用，就是炖物里的重要成分。我喜欢让它们烤到焦糖化，最后加到需要焖煮的菜肴里炖（就像红酒炖鸡的煮法）。

传统法式洋葱汤 4~6 人份

水与洋葱的力量合二为一，也许是西方世界最好的一道汤。备受赞誉的理由不只是因为美味并令人满足，而是因为经济实惠。这是农家的汤，原料只是洋葱，几片硬面包，一些碎奶酪和水，调味料就用盐，手边有什么酒就用什么酒，再加一些醋就够了。千万别用高汤！即使很好的自制高汤都很容易让这道汤过于厚重油腻而有损平实的风味。请勿添加罐头高汤，有多少洋葱汤就是因为加了市售高汤而毁了。直到我学到水的妙用后，在我的厨房用水就绰绰有余了。

我从来没看过一道洋葱汤的食谱不用到高汤或罐头高汤，这会完全改变汤的味道，变成牛肉洋葱汤或是洋葱鸡汤。我以前找不到历史基础来支持我的信念，直到我开始研究法国里昂小酒馆称为bouchon的特殊风格。现在这样风格的餐厅在里昂只剩20家，它们的菜色非常独特，是有乡村风格的家常菜。有时候你坐在公用桌，盘子就从这桌传到那桌。我喜欢bouchon的地方在于他们供应本质单纯有效率的食物，往往是丈夫或妻子经营的地方。我曾经和一位里昂记者谈过，他是lavrai bouchon（真正里昂酒馆菜）的专家，他肯定了我长久以来的怀疑，所谓的bouchon，实际上多是农村夫妇经营的店，耗时间花大钱的高汤是不会用在洋葱汤上的。洋葱撒上几滴酒调味，用几块硬面包融化在奶酪里——这就是散发单纯焦糖洋葱味的好汤要用的所有材料了。

做这道汤要事先做好准备，因为洋葱煮软要花时间，至少也要几小时，如果你一直开小火煮甚至

要花到5小时，虽然你只要在开始和结束时注意它。洋葱焦糖化前会释放大量的水（一定要尝尝这种液体），这些水要先全部煮干。如果你想缩短烹煮时间，可以先把洋葱煮到大滚，这样就要照顾锅子，时常翻动洋葱，以免洋葱粘锅或烧焦了。你可以在一天或两天前就把洋葱焦糖化，放到冰箱等要用再拿出来。这样做，洋葱汤最后就只要花时间在热汤和融化上层奶酪上。

材料

- 1汤匙黄油
- 7 ~ 8颗西班牙洋葱，约3.2 ~ 3.6千克，切细丝
- 犹太盐
- 新鲜现磨黑胡椒
- 6 ~ 12片法国长棍面包或任何乡村风格面包（面包宽度最好可盖住最后盛盘器具）
- 1/3杯（75毫升）雪利酒
- 红葡萄酒醋或白葡萄酒醋（自由选用）
- 红酒（自由选用）
- 225 ~ 340克格鲁耶尔（Gruyère）奶酪或埃曼塔（Emmenthaler）奶酪，刨成碎屑

做法

拿一个可装下全部洋葱的大锅子，容量大概7.1升，如果用珐琅铸铁锅会更好。锅子放在炉子上用中温预热，并融化黄油。加入洋葱撒入2茶匙盐，盖上锅盖煮到洋葱热了冒出蒸气。掀开盖子，转小火继续煮，不时搅拌（只要它开始出水，就可以把

洋葱放着不管几小时）。撒一点胡椒调味。

　　烤箱预热到95℃（200℉），面包片放入烤箱烤到完全干燥（只要烤箱温度不会把面包烤焦，你可以把面包片就这样放在烤箱一段时间）。

　　当洋葱完全煮化，水也煮干了，洋葱就会变得带有琥珀色，这需要花几小时的时间。加入6杯（1.4升）的水，开大火把汤煮滚，再转成小火。加入雪利酒，尝尝味道，看看是否需要用盐和胡椒调味。如果汤汁太甜，加入一点醋。如果想让汤尝来更有

深度，可以撒几滴红酒。加6杯水是我喜欢的洋葱和汤水的比例，但如果你喜欢细致的汤多一些，再加1杯（240毫升）的水。

　　预热小烤箱或炭烤炉，把部分洋葱汤舀入可放入烤箱的大碗中，放入面包浮在上面，再铺上奶酪，烤到奶酪融化变成美丽的焦黄色，即可上桌享用。

1.正确褐变的洋葱应该是均匀的焦褐色。

2.一旦洋葱褐变，加水萃取风味。

3.奶酪需均匀盖住碗，所以请刨丝而不要切片。

4.热汤舀进碗里，再放入面包盖上奶酪。

5.洋葱汤里应该有浓厚的洋葱，让面包可以站在上面。

6.上桌时小碗铺上奶酪，就是很棒的菜品了。

冬季卷心菜浓汤 6人份

冬季卷心菜浓汤（Garbure）的材料丰富，多到几乎是一道炖菜。基本食材包括卷心菜、培根和某种腌制鹅肉。这里的版本只用冬季蔬菜，培根条提供调味及恰好的浓度，而出水过的大蒜和洋葱则是风味及深度的来源。

材料

- 2根青蒜
- 2汤匙黄油
- 1大颗洋葱，切成中等丁状
- 2～4颗红葱头，切片
- 4～6瓣大蒜，大致切碎
- 犹太盐
- 1片培根，可覆盖锅底，长约20厘米
- 8杯（2升）水
- 4根芹菜，2根完整不切，2根切成一口大小
- 4个胡萝卜，2个完整不切，2个削皮切成一口大小的块状
- 2片月桂叶
- 2汤匙番茄糊（泥）
- 2颗马铃薯，约455克，去皮切成一口大小
- 1/8茶匙卡宴辣椒粉[1]
- 455克白色卷心菜，切成一口大小
- 1茶匙鱼露（自行决定但建议使用）
- 1.5汤匙红葡萄酒醋或雪利酒醋
- 2汤匙新鲜虾夷葱，切碎

1 卡宴辣椒粉（cayenne pepper），用法属圭亚那产的卡宴辣椒提炼，是西餐常用的辣椒粉。

做法

切掉每根青蒜根部，叶子末端破损的地方也修掉。青葱划直刀切成两半，用冷水冲洗干净，检查每层叶片中有无藏沙。切开蒜白和蒜青交接处，蒜白切成长宽约1.2厘米的片状，蒜叶部分用厨用棉线绑在一起。

荷兰锅或其他厚锅用中火加热，加黄油融化，放入切好的青蒜、洋葱、红葱头、大蒜，煮5分钟左右煮到变软。煮蔬菜时记得加入几撮盐调味（一撮约是三根手指捏起来的量，大约1茶匙）。开小火，调到低温或中低温，培根片叠在蔬菜上，再煮1小时左右。中途把培根片拿走，翻搅蔬菜。经过1小时炖煮，蔬菜应该煮到很软但颜色依旧很淡，不是褐变过的焦黄色。

蒜叶束、整条芹菜、整条胡萝卜、月桂叶、番茄糊（泥）加水烹煮，开大火煮到略滚，然后调小火，降到低温再煮约1小时。

蒜青、芹菜、胡萝卜和月桂叶从锅中拿走丢掉，培根也拿掉（培根还可刮去多余油脂保存起来，然后切成条状，煎成培根渣）。试试蔬菜汤的味道，是否需要加盐调味。再加入马铃薯，温度调高到中温，滚10分钟。拌入辣椒，再加入切块的芹菜、胡萝卜和卷心菜，汤煮到小滚，再煮10分钟让蔬菜煮透。最后用鱼露调味（如果家中备有）和醋，请记得搅拌汤，尝味后再调整，最后撒上虾夷葱即可食用。

甜豆玉米洋葱沙拉佐油葱酱 4人份

我喜欢把蔬菜煮熟做成冷沙拉吃，吃起来让人满意又营养，主菜配菜皆宜。这里的甜豆是衬托其他甜味蔬菜的基底。洋葱汆烫过甜豆会更突出，这甜味将所有味道结合在一起。只要用简单的油醋汁来调味，放入任何甜味蔬菜都不会出错。这道沙拉展示单纯的洋葱可以用不同方式来处理，汆烫可做沙拉，烤过之后可做油醋汁。只要了解洋葱的作用就可以让你的厨艺更多元化。

这道沙拉用Espellete[1]调味，这种红辣椒产于法国西南靠近西班牙边境的地方，便以法国产地Espellete命名。它就像卡宴辣椒一样，须经过风干磨粉当作调味料使用，味道却不像卡宴辣椒粉那么辣，而且有着水果的香气。Espellete辣椒粉要在特定店家才有得卖，如果你买不到，就用卡宴辣椒粉代替。

材料

- 犹太盐
- 1大颗洋葱，切成细条
- 455克甜豆，去掉须茎及荚中硬梗
- 2颗香烤红葱头（参见第82页）
- 2根玉米
- 1/4杯（60毫升）好的红葡萄酒醋或雪利酒醋，视需要调整分量
- 新鲜现磨黑胡椒

---

1 Espellete辣椒，法国西南巴斯克区最有名的辣椒。传说是与哥伦布同行的西班牙水手将辣椒从南美洲带来Espellete地区种植，称为南美长青椒。

- 半杯（120毫升）芥花油，视需要调整分量
- Espellete辣椒粉或卡宴辣椒粉（可自由选择）
- 盐渍柠檬（参见第32页），切丝（自由选用）

做法

大锅装满水加点盐煮开烫蔬菜（参见第19页）。先烫洋葱，再烫甜豆，然后是玉米，全部放在同一锅烫，所以你需要一个滤网或漏勺把洋葱捞起来。

洋葱烫1分钟后，用滤网捞起冰镇（参见第49页），放凉两分钟。再用一个碗垫上纸巾把洋葱移到纸巾上。甜豆烫5分钟烫到软，捞出冰镇放凉3～4分钟，再把甜豆移到垫着纸巾的碗上。然后是玉米，玉米烫两分钟后，浸到冰块水中5分钟，完全凉透。如有需要，冰镇用的冰水可再加一些冰块。

准备食物料理机，红葱头、1/4杯醋、一撮盐（三根手指捏起的量）和少许黑胡椒粉放入混合。迅速搅拌一下，机器还在运转时，慢慢倒入半杯油。尝尝油醋汁味道，如果太呛，再拌入少许油，如果太甜则多加些醋。

从玉米上切下玉米粒，切深一点，切下来的玉米粒呈现一片一片的片状。

拿掉甜豆碗里的纸巾，拌入一半的油醋汁，尝尝味道，看看是否需要用盐和胡椒调味。甜豆放到最后盛盘或放在个人餐盘上。甜豆上摆上洋葱，撒上剩下的油醋汁。上面再放上玉米，如果有多的玉米粒可撒在沙拉四周。如有需要，可用Espellete辣椒、盐渍柠檬或黑胡椒调味。

香烤红葱头 1颗红葱头可做1颗香烤红葱头

红葱头烤过就会很软很甜，可以做食材，也是极佳的配菜，加在汤里、炖菜里、酱汁里，或者磨成泥加在油醋汁中。不管是烤牛肉、烤猪排、烤鸡，香烤红葱头都可以放在旁边当配菜。剁成泥，加点水和黄油，用火加热，加醋调味，就是一锅快速酱料，准备起来再简单不过。

材料

- 红葱头，不用去皮，根切掉
- 黄油、芥花油或橄榄油
- 犹太盐
- 新鲜现磨黑胡椒

做法

烤箱预热至200℃（400℉或gas 6）。用一大张铝箔纸把红葱头包起来，也可以把红葱头放进铸铁锅。1颗红葱头要加1茶匙黄油。撒一点盐和少许黑胡椒，如果用铝箔纸包着烤，要将红葱头封得紧紧的。

红葱头烤1小时，至完全变软，刀可以没有阻力直接插进去。晾凉到可以用手处理时，再去掉皮，放在冰箱冷藏可保存3天。

1. 红葱头可用铝箔纸包住烤，也可以涂一点油放在平底锅里烤。

2. 用热烤箱烤红葱头，烤到刀尖可轻易插入。

3. 红葱头放凉再剥皮。

醋腌红葱头 约两汤匙的量

使用红葱头最厉害的方法之一，就是用酸来腌渍它们，这里使用的是柠檬汁或醋。醋腌红葱头可加在任何酱汁或油醋汁里。酸味中和了红葱头的呛辣，却没有改变它的质地，还给红葱头注入酸香。蔬菜煮熟后，可用1汤匙醋腌红葱头加上半杯（120毫升）蛋黄酱，就变成轻盈的蔬菜蘸酱。醋腌红葱头加到相同分量的法式酸奶油或马斯卡朋奶酪里，这奶油状的乳制浓缩品会提升到新的层次；涂在烤面包上，是搭配腌渍鲑鱼的完美选择（参见第38页）。只加入雪利酒醋和油的简单组合，摇身一变成为精致的油醋汁，从生菜到熟菜，从放凉的豆子到幼嫩的马铃薯，搭配各种蔬菜都合适。学着使用红葱头，你的厨艺就会愈加精进。在酸性食材的选择上，要选最能搭配食物的：如果要把红葱头加进蛋黄酱，就选柠檬来腌；如果要拌成鳄梨莎莎酱，就要用青柠汁；要做沙拉的淋酱，则用醋腌是最好的。

如果使用前腌渍红葱头，效果最好。

材料

● 1颗红葱头，去皮并切碎

● 柠檬汁或青柠汁，也可用红葡萄酒醋、白葡萄酒醋或雪利酒醋

做法

剁碎的红葱头放入小碗，加入适量的柠檬汁或醋，分量要淹过红葱头，就这样放10～15分钟，直到红葱头的呛辣味完全消失。红葱头加到酱汁里，你可以倒掉腌泡用的果汁或醋，也可以留着，就看你想要完成的酱汁或油醋汁要多辣。

苏比斯奶酪洋葱酱烤通心粉 6人份

苏比斯酱（Soubise）是法式经典白酱，在现代厨房也占有一席之地。它的制作材料简单，主材料是洋葱。这里不但用上洋葱还用了红葱头，一起拌入白酱中。苏比斯酱无论冷吃热吃都好吃，是多功用的酱汁，搭配烧烤的肉和蔬菜最好吃。这里，我把它们变成搭配丰盛通心粉和奶酪的料底，可以作为绝妙的配菜或素食主义者的主菜。法国名厨埃斯科菲耶[1]把洋葱先汆烫过再加到白酱里，但我认为用焦糖化的洋葱更能增添酱汁味道的复杂性。无论哪种方法，这酱汁都非常适合配上烤过的洋葱、爆香过的红葱头及煎过的鸡肉。也可以用在切达奶酪舒芙蕾(Cheddar Cheese Soufflé，参见第127页)中，取代白酱当酱底。

苏比斯酱

- 4汤匙黄油
- 1颗中型洋葱，切丝
- 犹太盐
- 1颗红葱头，大致切碎
- 3汤匙中筋面粉
- 1.5杯（360毫升）牛奶
- 1汤匙白葡萄酒醋
- 3汤匙雪利酒
- 1汤匙鱼露
- 1～2茶匙芥末粉

---

1 埃斯科菲耶（Auguste Escoffier），19世纪末20世纪初法国名厨，以"套餐"（course）概念重新设计饭店菜单和用餐形式，并将厨房工作分门别类，以适应现代大饭店的供餐方式。

- 1/4茶匙新鲜现磨黑胡椒
- 新鲜肉豆蔻，磨出6或7下的量
- 1/4茶匙卡宴辣椒粉（自由选用）
- 1/4茶匙匈牙利烟熏红椒粉（paprika，自由选用，可用卡宴辣椒粉代替）

材料

- 340克通心粉（macaroni），也可用斜管面（penne）或螺旋管面（cellentani）
- 3汤匙融化黄油
- 455克奶酪，可用孔泰奶酪（Comté）、格鲁耶尔奶酪、埃蒙塔尔奶酪（Emme-nthaler）、切达奶酪或综合口味奶酪，磨碎备用
- 1/4杯（30克）帕马森奶酪丝，拌入2汤匙融化黄油（自由选用）
- 半杯（55克）面包粉

做法

制作苏比斯洋葱酱：用中型平底锅中火融化一半黄油，加入洋葱和一大撮盐（约四只手指捏起的量），拌炒洋葱直到洋葱漂亮地焦糖化。

剩下的黄油放入小型酱汁锅以中火融化，加入红葱头和一撮盐（约三只手指捏起的量），加热约1分钟，煮到黄油里的水已经部分烧干。加入面粉拌炒几分钟，直到面糊散出焦香。慢慢加入牛奶，用扁平木匙或抹刀搅拌，确保面粉不会粘在锅底，炒到面糊煮开变稠，再炒几分钟，陆续加入一撮盐（三只手指捏起的量）、雪利酒、鱼露、芥末粉、黑胡椒、

肉豆蔻、卡宴辣椒粉和匈牙利烟熏红椒粉（自由选用）。洋葱加到酱汁里煮到透，再把洋葱酱移到食物料理机或搅拌器里搅成泥，用手动搅拌器绞成泥也可以。低温加热让洋葱酱保持热度，这时的分量应有2杯（480毫升）左右。意大利面煮到弹牙，滤干水分，把面移到锅里。拿一个宽23厘米长33厘米的烤盘，先抹上一汤匙融化黄油。容器也可用其他适当尺寸，能放入烤箱皆可。意大利面放入大碗中。

一半的孔泰奶酪撒进苏比斯酱中搅拌至融化，酱汁离火倒入意大利面，拌匀后再一起倒入烤盘，在上层放入剩下的孔泰奶酪。此时的意大利面可立刻送进烤箱，也可食用当天烤，盖上盖子放入冰箱，可保存3天。

烤箱预热到220℃（425℉或gas 7）。帕马森奶酪撒在意大利面上（如果使用）。再将面包粉和剩下的融化黄油拌匀，撒到面上层。用铝箔纸盖住烤盘，入烤箱烤30分钟左右直到煮透（如果放在冰箱冰过可能要烤更久）。拿掉铝箔纸，烤到上层奶酪出现漂亮的焦黄色，或者将小烤箱或炭烤炉打开，烘15 ~ 20分钟，把上层烘到金黄。

立刻上桌享用。

1.将拌入苏比斯酱的煮熟意大利面放入烤盘中。

2.放上奶酪丝。

香柠红葱蛋黄酱或香柠红葱法式酸奶油

1 杯（240 毫升）

搭配煮熟放凉的蔬菜，我最喜欢的蘸酱是自制蛋黄酱配上用柠檬汁腌渍的红葱头，尤其适合搭配芦笋、豆类或朝鲜蓟。加入红葱头的法式酸奶油配最适合搭配腌渍鲑鱼（参见第36页）。一餐结束时再来颗烤马铃薯，也很有格调。

材料

- 2汤匙红葱头碎末
- 1汤匙柠檬汁
- 1杯（240毫升）蛋黄酱
  或法式酸奶油（参见第121页）

做法

用小碗装入红葱头柠檬汁，静置10 ~ 15分钟，然后拌入蛋黄酱或法式酸奶油即可食用。加盖放入冰箱，可保存1天。

5

酸 ACID

对比的力量

酸性液体可提升风味。不管煮汤炖菜，这技巧就像一个关键杠杆，放在食物下面就能将食物高高抬起。善于用盐和控制火候的能力是烹煮食物必备的技巧，许多食谱一再仔细讨论，家庭厨师也总是奉为圭臬。较少提及的则是以酸作为调味工具的重要性，它提升菜肴风味的潜在力量仅次于盐。

刚上厨艺学校时，我对酸味力量的体会是许多"啊——哈"时刻串成的。那时我们在做奶油浓汤（花椰菜浓汤），练习重点是奶油浓汤的技巧，但老师教给我们的最后一招却是在我精心照料的汤中滴入醋！奶油浓汤放醋！我走向帕尔杜斯主厨，就像奥利弗走向班布尔先生[1]。他坐在桌子后面，厨师帽从他的眉角高高升起，成绩单和试吃用的汤匙摆在面前。我把汤放下，帕尔杜斯把汤匙伸进汤里，舀了点出来再让汤流下——他在评估浓度。很好。然后他尝了点汤，他在评断调味。这汤里的盐分拿捏准确，但少了什么东西。"我要你把这锅汤拿回去工作台，先试试味道，再拿个汤匙，放一整匙的白葡萄酒醋在里面，然后再试味道，再告诉我你的想法。"

我照他的指示做了，加了一整匙醋，显然味道更好，更有深度，更有趣味——味道更**亮**了。所谓"亮"是一种风味元素，需要一些想象力才懂。我不是指字面上的"亮"，而是联想后的"亮"。醋给人一种更亮的风味——清晰、干净、爽口。我真的碰到过一些人，他们无法"看到"此项特征，但放几滴白葡萄酒醋在奶油汤里再试试味道，味道有了变化，便出现了这个字：亮。

学习用酸替食物调味，在奶油淡汤里放醋是重要的一课。所有菜肴都必须以酸味程度来衡量，它是五种主要味觉中的一味。凡是料理菜肴，从一餐开始的奶油浓汤到餐点结束时的咸味黄油焦糖酱（butter scotch sauce），都可以用酸来增味。在我看来，要做一个好的咸味黄油焦糖酱，重要的两个元素不是黄油和糖，而是盐和苹果醋，是它们让黄油和糖在口中鲜活了起来。在上述情况下，你不需要尝到醋味，如果在咸味黄油焦糖

---

1 引自狄更斯的小说《雾都孤儿》（*Oliver Twist*），取自其中的一幕：奥利弗抽中签必须代表饥饿孤儿去向院长班布尔先生（Mr.Bumble）乞食。

酱中尝到醋的味道，那就是醋放太多了。就像你不需要在汤里喝到盐味一样，你也不想喝到醋的味道。

　　评估你的食物，想想它需要什么酸度。为什么三明治和酸黄瓜是绝配？重点不在酸黄瓜的味道而是它的酸度，是酸度让其他食材更好吃。下次你做三明治时想想这个道理，尝尝你的三明治，然后问问自己，加一些酸度会不会让味道更好。不管品尝什么料理，都问问自己，还有什么东西会让它更好，答案通常会是酸。

　　所谓**"酸"**是所有酸性食物的通称，你可以在烹煮的食物里加醋或是柠檬汁。这和在锅里加鳀鱼增加咸度是同样的道理，所以某道菜需要一些酸味，那就加……加个德国酸菜(sauerkraut)吧！以下是酸性食材的主要类别，可以让你的食物产生对比，增加亮度。

- 醋（红葡萄酒醋、白葡萄酒醋、雪利酒醋、苹果酒醋，都很宝贵）
- 柑橘汁（柠檬汁、青柠汁）和其他水果汁（如酸葡萄汁，这是没熟的葡萄做成的果汁，或蔓越莓汁）
- 腌渍水果或蔬菜（如酸黄瓜、刺山柑、泡菜）
- 酸味水果（如刺山柑、酸樱桃、绿番茄等）
- 葡萄酒类（请使用你会买来喝的酒，不要用"料理用酒"）
- 芥末酱
- 有酸味的叶子（如酸模），或酸性蔬菜（如大黄）
- 发酵的乳制品（如酸奶、酸奶油，还有山羊奶酪）

　　有些东西的酸度需要特别注意。首先，不可或缺的是柠檬汁。柠檬汁是厨房最宝贵的调味工具之一。多数食物都可以靠柠檬汁提升风味，永远将柠檬汁准备在手边。盐、洋葱、柠檬汁，没有这些东西的厨房，什么也不能做。

　　第二个重要的酸性食材是醋。重点不在于你用哪一种酒醋（白葡萄酒、红葡萄酒、雪利酒），而在于酒醋的品质。醋的质量越好，对食物影响越大。相较于其他食材，醋加入的比例越大，质量越重要。就像油醋汁，好坏全在醋的品质。

一分钱一分货，太便宜的醋就是便宜味。最好的醋总是美味的，不是只有呛酸味。从西班牙买一瓶上好雪利酒醋，试试味道，再想想它的风味。在我看来，雪利酒醋是最好的醋，质量佳的雪利酒醋到处都买得到。从调味的角度看，葡萄酒醋基本上可以互换，如果红葡萄酒醋会改变菜肴的颜色，就用白葡萄酒醋代替吧！但是，再次重申，酒醋的质量比它是从哪来的何种酒要重要多了。

有的醋暗藏玄机，必须多加留意。有些醋浸泡了香草和水果，我不是说它们一定不好，只是要小心它们可能华而不实。就如普罗旺斯香草醋，也许味道很好，但再想清楚点吧。如果你想在食物里加入香草味，为什么不用香草，加香草醋干什么？只要花一分钟想想，假使那味道适合你，很棒，但这种加味醋的作用有限，最好还是把钱花在质量好的红葡萄酒醋或雪利酒醋上。

自成一格的是意大利黑醋（Balsamic Vinegar）。这个特殊的意大利万灵丹因其独特风味和酸甜平衡度而备受赞誉，有时也直接用作为餐后酒。如果把它归为调味品的范畴，请把意大利黑醋想成最后画龙点睛的味道，而不要把它当成全方位的调味料。

可以替菜肴带来酸度的成分还有腌渍蔬菜和芥末。挖一点芥末放入肉酱中，肉酱的味道就变得有趣又有深度。还可以将腌泡辣椒撒一点在炖排骨炖牛肉这种焖炖菜上。

当然，咸牛肉三明治配上德国酸菜更是天下美味，你也可以切一点德国酸菜拌入冬季卷心菜浓汤里（参见第78页），它的酸味配上新鲜卷心菜和腌熏培根的风味会产生有趣的对比。

酸味可以是菜肴中的主要特色。北卡罗来纳州的特色菜"手撕猪肉"（pulled pork）就是以醋底酱汁做的烤肉酱，这种美味与慢烧猪肩肉的浓郁油腻产生对比。不要与美国西部或更远的西部和南部的手撕猪肉混淆，那里的特点是番茄酱为底的糖醋烤肉酱。和得克萨斯州的也有所不同，得克萨斯州的口味是用番茄酱混着烤肉酱，BBQ的食材也换成腌熏烤猪胸。但所有这些的共同点是烤肉酱里都加入了健康而适量的醋。

还有一道海鲜料理叫作"柑橘渍海鲜"（ceviche），就是用酸来"煮"鱼的菜。做法是将鱼用柠檬汁或青柠汁浸泡，再配上其他提香食材，食物不冷藏，而是以室温入口。

酸性食材可以抑止造成腐败的微生物的生长，因此还有保存食物的功能。泡菜是其中最常见的例子。另外有道传统名菜，现在称为escabèche，则是将鱼煮熟后再用温醋浸泡。

在某些奶酪的制作过程中，酸是一种基本成分。在温热牛奶里加入酸，会让牛奶中的固体集中在一起结成凝乳，经过挤压及熟成后就成为奶酪。

但在这里，我们需要关注酸性食材对食物的一般影响，要知道，掌握好每道菜的酸度控制就是当厨师最重要的技巧之一。

印度柠香豆子浓汤 4~6 人份

这是一道浓稠的豆子料理，做法源自印度，只是在印度多用红黄豌豆或白扁豆。而此处，我混合了绿豆和黑眼豆。因为我特别喜欢豆类的质朴风味，刚好有一次撰写印度化学家转行开餐厅的故事，把从他那里拿来的食谱做了一些改变。这道菜在我们家算是主食，豆子浓汤（印度木豆）要煮1小时，而备菜时间只要5分钟。完成时加入大量的酸，这里用柠檬汁。如果你有机会拿到刺山柑，可以用它代替柠檬。我喜欢黑孜然（kalajeera）的烟熏香气，它也叫作黑小茴香（black cumin），可以在印度市集买到，但豆子汤就算没有放黑孜然也很美味。除了要展示酸的作用，这道菜在加入豆子前要先用黄油将香料和提香料爆香。一旦你看过这技巧的用处有多么强大，也就等于让你看到许多诠释和各种不同层次的香料。传统的印度豆子浓汤要用到印度酥油，也可以用澄清奶油（clarified butter，参见第142页）替代。印度豆子浓汤是一道丰盛的素食料理，可以搭配印度香米、烤面包或是印度烤饼。

材料

- 1杯（200克）绿豆，清洗干净
- 1/3杯（50克）黑眼豆，清洗干净
- 1茶匙孜然粉
- 半茶匙黑孜然（自由选用）
- 1茶匙姜黄
- 1/2茶匙卡宴辣椒粉（依个人喜好）
- 1块新鲜生姜，约1.2厘米，磨碎
- 1瓣大蒜，用刀背拍扁剁碎
- 犹太盐
- 3汤匙黄油
- 2汤匙柠檬汁，依需要斟酌
- 1/4杯（20克）新鲜香菜叶，撕开剁碎（极好的最后装饰，可自由选用）

做法

中型酱汁锅倒入豆子，加入3.5杯（840毫升）的水，大火煮开，盖上锅盖，转到小火，煮45分钟，煮到水和豆子一样高，豆子也都软烂。

小盘子放入孜然、黑孜然、姜黄粉、卡宴辣椒粉、生姜、大蒜，和1.5茶匙的盐混合。用小号平底锅以中火融化黄油，烧到泡沫消散，黄油变成褐色，将混合香料倒入爆香20秒左右，再全部倒在豆子汤中。让豆子汤煮到滚（这时候的豆汤应该要有很多水分，如果太干，加一点水再煮开）。煮滚之后关火，拌入柠檬汁，试试看味道，如果需要就再加一点柠檬汁或盐。最后撒上香菜就可以吃了。

法式香煎鸭胸佐橙莓酱 4人份

Gastrique在法文中指加入任何酱料中的糖醋浓缩汁，也就是糖醋酱。有时候为了获得不同甜度，糖还需要焦糖化。酱汁的复杂性来自浓酸重甜间的互相抵消，味道和油腻的家禽、野味特别合。例如，只要在小牛高汤里加一点点gastrique，立刻就是搭配香煎乳鸽或鸽子的酱汁。这里的糖需要焦糖化，还要加入甜橙和蔓越莓的浓缩汁——酸来自蔓越莓，甜来自甜橙，是搭配浓郁鸭胸的经典风味。如果你买到magret（精选鸭胸肉）最好，这是从养来取鸭肝的鸭上拿到的鸭胸肉，这种鸭胸肉最高级，因为比一般饲养鸭要大上两倍，油脂丰厚的程度就像条状牛排。但这里的重点还是在于酱汁与鸭肉的搭配。

这道菜也是个提醒，提醒大家不常使用的鸭肉有多美好。这道食谱简单美味，应该列为你的拿手菜。关键在于皮要脆，煎鸭子要皮朝下，用小火煎，煎到油出来，水分都烧干，然后用大火一下把鸭皮烤到酥脆。

分量多少可视需求增减，这里的分量是每份需要1/4杯（60毫升）酱汁。你可以用烤马铃薯搭配鸭肉，如果有熟的冰镇甜豆，也可回温搭配，某种程度上甜豆可解鸭子的油腻。

材料

- 1杯（115克）新鲜蔓越莓
- 1杯（240毫升）新鲜橙汁
- 1小片月桂叶　· 犹太盐
- 新鲜现磨黑胡椒
- 1/3杯（65克）糖
- 4块无骨鸭胸肉，或2块精选鸭胸肉（magret）
- 1～2汤匙植物油
- 1汤匙雪利酒醋或红葡萄酒醋
- 1汤匙黄油

做法

中火预热小型酱汁锅，放入蔓越莓叶、甜橙汁、月桂叶煮到滚，再以小火将酱汁煮到剩一半。加入一撮盐（1/4茶匙）和少许现磨黑胡椒。另取小锅放入糖，加入几汤匙水，用中火烧到糖融化并变成焦糖色。把焦糖化的糖加入酱汁中，搅拌均匀（它也许会结块不匀，但持续搅拌糖就会溶解）。拿出月桂叶，酱汁搁在旁边放凉（酱汁可以提前做好，放在冰箱可保存两天）。鸭胸皮划十字，用盐和胡椒调味。小火预热煎锅，放入刚好盖住锅底的油。鸭胸肉皮朝下放锅中煎15～20分钟，煎到油出来，皮变金黄焦香。火开到高温，煎3～4分钟把皮煎脆，再把鸭胸肉翻面煎1～2分钟（鸭胸肉应只有三分熟），移到垫着纸巾的盘子上。

当鸭子静置，回温酱汁，加入醋，拌入黄油。试试看酱汁的味道，确定它的盐、胡椒、酸度、甜味是否都够？如果需要请再次调整味道。端上桌时，鸭胸可以整片或切片，而酱汁则淋在上面，也可点缀在一旁。

手撕猪肉佐北卡罗来纳东部烤肉酱 8~10 人份

我进入杜克大学才知道BBQ这个词是动词。杜克大学位于北卡罗来纳州的达勒姆（Durham）市，我刚从俄亥俄州的克里夫兰去那里时，发现这个词是要在后院的炭烤炉上才会完成的动作。若BBQ作为名词，意思则是指吃炭烤炉烤出食物的聚会。在这个陌生的新环境，这花了我两年光阴才想清楚这个词的涵义。BBQ的意思是把猪肩肉放在炭火上烤，烤到肉可以撕开，再拌上醋酱。你可以就这样吃，也可以用白白软软的汉堡面包夹着吃，还可以配油炸玉米饼（hush puppies）、甜香的卷心菜沙拉（coleslaw），再来杯冰茶。如果嚷着要把某一种番茄酱加进醋酱里，就会赫然发现自己被一群暴徒包围着。

这样的经验让我对猪肉的感情逐渐加深，猪肩肉变成我最喜欢烹煮的肉，它普及、量多又不贵，大理石油花分布良好又有无限用处。在大型聚会，猪肩肉可以切开分食（这里的食谱要用带骨猪肩，因为带骨的肉比较好料理，但如果你喜欢，也可以用去骨的肉）。经过炭烤，肉带着高温烟熏的风味，然后拌上北卡东部的经典烤肉酱，再放在低温烤箱里烘到软烂为止。有些传统的人也许会说这道酱汁不需要红糖，但我还是认为酸味需要一些平衡。在传统的北卡东部酱汁里，你一定找不到鱼露，可它会增加味道深度。

虽然炭火给予的烟熏味让这道菜风味绝佳且正统，你也可以把它放在220℃（425℉或gas 7）的烤箱烤20分钟，然后如食谱所写，放在低温烤箱继续烘烤。

材料

- 2.3千克带骨猪肩肉

烤肉酱

- 1杯（240毫升）苹果醋
- 1/4杯（50克）红糖
- 1汤匙干辣椒
- 1汤匙鱼露
- 新鲜现磨黑胡椒
- 犹太盐

做法

在烤炉的一边升起炭火或柴火（参见第18章《烧烤：火的味道》）。猪肉直接在炉火上烤，大约每面烤5分钟，视炉火大小，烤到每面都有烤痕。猪肉移到没有炉火的那一边，盖上烤炉盖子，让猪肉在里面继续烘，大约每30分钟翻一次。如果你想加点木屑增加烟熏味，要在你把肉移到没有炉火那一边前先处理。如果你用的是瓦斯烤肉炉，就只能在每面烤出烤痕。

制作酱汁：拿一个小酱汁锅，放入醋、红糖、辣椒、鱼露，再以1汤匙黑胡椒和1.5汤匙盐调味。酱汁煮到小滚，搅拌一下确定红糖和盐融化了。

烤箱预热到110℃（225℉或gas 1/4）。拿一个可以容下猪肩肉的大锅，放进猪肉。加入一半酱汁，盖上锅盖，放入烤箱烤6～8小时（此时肉会释出大量汤汁），烤到猪肉用叉子一插就开。骨头

拿掉丢弃，然后把猪肉撕成猪肉丝，加入酱汁拌匀。如果你喜欢，可以把烤肉剩下的汤汁也加入。试吃味道，评估一下，上桌前如有需要，还可再加一点醋、辣椒、盐或红糖。

1 带骨猪肩肉要先经过炭火或柴火烧烤。

2 经过长时间加盖子在烤箱低温烘烤后，肉已变成用两支叉子就可轻松撕碎。

3 烤过的肉会释放大量油脂，肉汁变成酱汁。

4 骨头可以轻易拉开去除。

5 烤好的烤肉应有炭火烤过的烟熏香气。

6 再次加热猪肉丝。可放在冰箱冷藏3～4天，下次略微加热即可。

酸辣柑橘渍石斑鱼 4人份

这也许是我最喜欢的吃鱼方式，柑橘渍十分好做，上桌时更是令人印象深刻。它也是展现酸味力量的最佳例子。新鲜的鱼只有煮熟了才会带着鱼腥气，生的鱼却有着温和干净的美味。我喜欢用石斑鱼做柑橘渍，但任何种类的鱼都可以用这种方式料理，其他的好选择还有比目鱼、鲽鱼、鲈鱼和红鲷。食用时配着脆口的东西一起吃———像是酥脆的扁面包或是撒上面包丁。这是一道很棒的开胃菜，如果你不喜欢香菜，可以改用薄荷，或者干脆不用。

材料

- 455克石斑鱼片，去皮，切成6毫米宽条状
- 半杯（50克）红洋葱，切细丝
- 半杯（120毫升）新鲜现挤青柠汁，需用到3 ~ 4 个青柠
- 1汤匙墨西哥红辣椒（Jalapeño），去籽切碎末
- 1汤匙弗雷斯诺红辣椒（Fresno chile），去籽切碎末
- 1/4杯（20克）新鲜香菜叶，切碎末或切细丝
- 细海盐
- 2汤匙特级初榨橄榄油

做法

用一个耐酸的碗，放入石斑鱼、洋葱、青柠汁搅拌均匀，腌至少10分钟后加入辣椒和一半香菜，再搅拌，加盐调味，并添加橄榄油。可分成4盘，上桌前再把剩下的香菜摆上点缀。

苹果醋挞 10~12 人份

我很想把这道甜点叫作"派"，但我无法抗拒与派相关的"双关语"。这道食谱明显源自"派"的做法，我所找到的多数版本似乎都来自美国中心地带，在这些以平原为主的各州中，曾有一段难以找到柠檬的时期。这是以前用来做 tarte au citron（法式柠檬挞）的方法，至于"派"的成功与否，最关键的因素是用好醋———用不好的醋做，一切就枉然了。不然，也该用柠檬汁来做。这道甜点是非常典型的例子，说明酸的力量如何平衡甜味，创造非凡的美味。

挞皮

- 2 杯（280克）中筋面粉
- 170克黄油，切成小块
- 1/3 杯（65克）砂糖
- 4 汤匙（60毫升）冷水
- 1 茶匙香草精

材料

- 1.5 茶匙吉利丁粉
- 2 汤匙温水
- 2 大颗鸡蛋，另加 3 个蛋黄（蛋白可以留下做威士忌酸酒，参见第126页）
- 3/4 杯（150克）砂糖
- 2 汤匙高质量苹果醋
- 半杯（115克）黄油，切成6块
- 1/4 茶匙豆蔻粉 ● 糖粉

做法

制作挞皮：取可装在食物搅拌器上的搅拌盆，倒入面粉、黄油、砂糖，搅拌到松散均匀（如果没有搅拌器，也可以用手做）。水和香草精撒入面粉，继续搅拌直到成团。面团压进底部可脱模的9寸（23厘米）派模或馅饼模里，边缘收干净，放进冰箱冷藏至少1小时，甚至长达1天。

烤箱预热到180℃（350℉或gas 4）。派模放到烤盘上，锡箔纸垫在面团上再放上干豆子或烘焙石，入烤箱烤30分钟后，拿掉锡箔纸、豆子（或烘焙石），继续再烤10 ~ 15分钟，烤到派皮底部呈现金黄色，再拿出来放凉。

小碗倒入温水和吉利丁粉。取隔水加热用的双层锅（或用一锅一盆的隔水加热器具，参见第365页《附录》），将全蛋、蛋黄、砂糖和醋放入双层锅的上层，隔水加热并用打蛋器搅打5 ~ 10分钟，打到蛋糊浓稠拉起成流状。将容器从热水中拿开，拌入黄油，一次一两块，搅拌到所有黄油都均匀融化，蛋糊也开始乳化。试试看味道，如果你喜欢还可以多加一些醋，而且要加就只能在这一步加，一次加1/4小匙。加入化开的吉利丁粉和豆蔻粉，搅拌均匀，再试试味道，如果需要还可再加豆蔻粉。

倒入挞皮中，放到冰箱冷藏定型，时间至少要2小时。最后上桌前再撒上糖粉就可以了。

蛋 EGG

烹饪奇观

Recipes

如果你只能选择精通一样食材，没有比选择蛋更能让你在厨艺上获益良多的了。蛋本身就是目的，是多功能的食材，也是全能的装饰配菜，更是无价的运用工具。它让你的手艺更精湛，帮助你的手臂更有力量更具耐力。它展现出蛋白质的特性，让我们知道只要在热度及强力作用下，可以用物理原理改变食物。它是擎天一柱，支撑着让其他食物变得更好。将蛋的各种使用方法学到极致，你的厨艺必定大增。

你可以很粗鲁地煮蛋，而蛋还是蛋。但是蛋最好用细腻的方式处理，细腻则优雅，细腻会精致。所谓细腻，就是对所煮食物的深度思考，同时设想要达到的成果。料理蛋，让你知道蛋的特性，也强化你运用这些特性的能力——用你的手、你的眼和你的心。

再说，没有食材可以像蛋一样，虽然渺小地到处皆是，却让厨师满怀敬意。蛋是完美的食物，便宜的外表下内里尽是营养和精致美味，准备起来方便简单，实际上在厨房里有无与伦比的功能。

最后，蛋这美丽的物体颇值得玩味。坚硬却细致的壳护着一个生命，椭圆曲线是生命和多产的象征。

蛋，无比神圣。

想要了解蛋，身为厨师的你该如何着手努力？首先，认识蛋料理的关键：蛋需要小火烹煮及渐进的温度变化。当然，你可借由温度急骤的转变而达到有趣的效果（例如，用煎的或用炸的），但是用小火处理，蛋的变化最多元。就像你用隔水加热可做卡仕达，钢盆垫在热水上打蛋黄，在温水中做水波蛋，甚至放点黄油温火煎蛋（黄油里的水可让油温降低）。

蛋从流体变固体的关键在于蛋白质，是全部绑在一起还是各自分开，是受热而分解还是锁在一起。烹调肉类时就是如此，蛋白质会锁在一起且固定，因此，湿黏的生牛排一经煮熟就变得又韧又硬。这也说明了为什么蛋白在 63℃（145 ℉）的温度下煮一小时后，虽会变成不透明状，却还是非常非常细致，部分还保持流动状态，但经过强烈的滚煮，蛋就变得硬梆梆。 变化在高温下急遽展开，蛋白质受热后流失水分，分子紧紧锁在一起，变得又硬又干。但如果温度缓慢改变，分子不会卷在一起，而是有余裕地勾在一起，间隙中仍有大量水分。这也是为什么卡仕达经过隔水加热，口感如天鹅绒般平滑顺口；这也是为什么很多大厨连炒蛋都要用隔水加热双层锅，因为用这这种方式炒蛋，蛋会出乎意料地多汁。和缓的温度造就温柔的口感。

当你认识到这一点，就可以对料理蛋这回事想得更清楚也更有效。既然蛋喜欢和缓的温度变化而不爱剧烈升温，把它们从冰箱里拿出来放几小时再烹煮也就合乎道理，这样做是会有小小不同但无太大作用。你如何料理还在蛋壳里的蛋？你可以丢进滚水里，但一开始放在冷水里让温度缓慢升高可能更好控制。

举例说吧，要做水煮蛋，就该把蛋放在大小适当的平底锅用大量冷水淹盖（煮一颗蛋不用大汤锅）。先把水煮滚，再将锅子离火，盖上锅盖，让热水持续把蛋烫熟。如果是大颗的蛋，我觉得应该放在热水里15分钟，再放入冰块水中冰镇一段时间，蛋黄就不会变成绿色并有怪味，而是完全煮透但颜色仍然鲜黄。煮带壳的蛋，方法不过是水完全滚了之后计算煮蛋的时间。煮溏心蛋，一旦水煮开，要赶快把锅子离火，火开到低温，再煮1.5分钟就会有软嫩的溏心蛋。这其中还有分别，如果你喜欢蛋黄还会流出来的那种，泡2.5分钟就会有蛋白固定蛋黄流动的蛋；如果要蛋黄稍微凝固但不凝结就要泡3分钟，这种蛋有时叫作mollet（沐乐蛋）。然而综观料理大小事，结果都在小变化，最后，所有的小变化都起于开始的小变化。蛋的大小和冰凉状态会影响烹煮时间，所以最好注意蛋的状况再确定如何料理。持续留心需要多久才会把蛋煮成你喜欢的样子，然后记下来。

接下来，最重要的是认识和拥抱熟蛋的威力，看它如何变换成一道菜：蛋的至高力量在作为最后盘饰。很多菜看只要多加了一颗蛋就会改头换面，沙拉只要放了一颗蛋，就能端上桌作为大餐；要当主菜，熟芦笋旁边摆上一颗蛋最受欢迎；生蛋或半生不熟的蛋黄就是现成的酱汁；在番茄酱中做出的水波蛋让酱汁摇身一变成为主菜（还可搭配一片烤面包，再加上一点炒菠菜）。牛排、汉堡、三明治、披萨、汤品和炖菜——各类菜色都可因为加了一颗蛋而改观。换句话说，如果你有一颗鸡蛋加上其他食材，终极大餐就在眼前。

最后，要明白蛋对口感的影响：蛋是烹调工具。蛋白打发时是最棒的发酵剂，蛋黄是厉害的乳化剂，可以让微小油滴分离，所以才有蛋黄酱而不是沙拉油，才有荷兰酱而不是融化黄油。全蛋做成的卡仕达比只用蛋黄做的硬且亮。相较于焦糖布丁的口感，用全蛋卡仕达做的焦糖布丁（crème caremel）和只用蛋黄做的焦糖布蕾（crème brûlée），前者可以切开，后者虽然凝固却是奶油质地，差别在于一个有蛋白，另一个没有。

以上种种都在认识蛋，或至少开始认识蛋。

了不起的卡仕达

卡仕达是蛋料理的次类别，就像蛋本身，卡仕达的功能繁多，了解它的操作及用途会加倍提高你的烹饪功夫。我们总以为卡仕达是甜的，其实香醇有咸味的卡仕达可作为极佳的前菜或配菜。面包布丁（参见第120页）其实只是浸透卡仕达的面包。任何奶油汤都可以变成卡仕达——只要加入蛋，上菜时配着脆口的配菜就行。法式咸派（quiche）可能是人类所知最美味的咸卡仕达。奶酪蛋糕（参见第115页）是加入了奶油奶酪和酸奶油的卡仕达。香草酱汁有时被称为英式奶油酱，它也是卡仕达，你还可以倒出来，把它冷冻变成冰激凌。有个有名的饮料基本上就是稀释的卡仕达：蛋酒。有些蛋糕的糖衣也是卡仕达。打破思想的界线，你会发现蛋糕本身也是卡仕达，只是加了面粉在里面。

想想这一系列的卡仕达，就会发现它分为三种形式：全蛋做的卡仕达，只有蛋黄的卡仕达，可流动的液态卡仕达。全蛋做的卡仕达就像焦糖布丁和法式咸派，当你切开它，它可以自己站着。基本规则是1个蛋要配3/4杯（180毫升）的液体，如此才会有细致的浓稠度。

我喜欢站得比较稳的卡仕达，这种卡仕达格外浓郁，配方是1颗大鸡蛋要配上半杯（120毫升）的液体。基本的香草卡仕达其实就是焦糖布丁，比例是4颗大鸡蛋配上

2杯（480毫升）的牛奶加鲜奶油，外加糖和其他香料。如果不加糖，加入盐和少许肉豆蔻，填入高边的派皮里，再放上培根和洋葱，你就有了法式咸派；倒在面包里就变出面包布丁。因为这些料理可以切片，上桌享用时也可以稳固地站在盘子上，所以需要蛋白的蛋白质提供支撑。

以上所述和其他如焦糖布丁或西班牙布丁（Spanish Flan）等卡仕达最好在烤箱里隔水加热烘烤，以确保口感柔滑细致。奶酪蛋糕最好也用隔水加热，温和的热度可防止空气急速热胀冷缩，蛋糕表面裂开大缝。而加了很多配料的卡仕达，如法式咸派，或主要当配菜的卡仕达，如面包布丁，隔水加热的烘烤方式就没有必要了。

至于只放蛋黄的卡仕达，我喜欢它们浓郁有深度的风味，厚重的口感令人满足。焦糖布蕾是蛋黄卡仕达的经典化身，传统的柠檬凝冻是放凉定型的卡仕达。这些卡仕达也可以加入烤红椒或焦糖洋葱变为咸点，配着像烤鱼这种没有油脂的鱼吃，也可搭配蔬菜沙拉。

液状的卡仕达是蛋黄卡仕达的变形，蛋黄直接在火上加热或隔水加热，直到蛋液变浓稠仍可流动，最后就变成卡仕达酱或香草酱。与其他卡仕达相比，液状卡仕达可以变身为搭配咸食的浓郁酱汁。你可以挤点柠檬汁，做成搭配鲑鱼或鲮鲢鱼的咸味酱汁，也可加点龙蒿、红葱头、黑胡椒变成牛排酱。荷兰酱和白酱基本上都是用黄油做的，而不是牛奶或鲜奶油。这些经典酱汁本质上都是用黄油做的卡仕达酱，而不是用鲜奶油。

打发蛋白

如果你喜欢拿食物做实验，没有比鸡蛋更好玩的，而其中最能胡搞的好东西，就是蛋清。它结合了蛋白质和水，具有捕捉空气的能力，使蛋白的用途格外戏剧化。此外，还有更奥妙的用法同样无法忽视，就是蛋白加入鸡尾酒的效果，或是加入鱼浆、鸡肉浆的定型作用。

蛋白的主要特色在于它有两个组成部分：较稀像水的部分与较厚有黏性的部分。较稀像水的部分就是你在做水波蛋时，会因搅动而脱散的部分（这和你放入水中的醋量无关，做水波蛋放醋是一种常见做法，但我不建议）。做水波蛋时，为了避免这些乱窜的蛋清有碍观瞻，食物科学权威哈罗德·麦吉（Harold McGee）[1]建议，先将蛋放进大漏勺，较稀的蛋白组织就会从孔洞中流掉，剩下的就是黏稠的蛋白，结果就会做出漂亮的水波蛋。这真是了不起的技巧。

至今有关蛋白最重要的特性，是它形成乳沫的能力。打成泡沫的蛋白带给食物空气。我们通常不会觉得增加空气会提高料理水平，但这对口感却很重要。一个发得蓬蓬的面包吃来就很愉快，没有空气的面包几乎咬不下去。很大程度上，蛋糕的定义就在是否有柔软又充满空气的孔洞，没有空气的蛋糕不是蛋糕，那是甜饼干。要做充满空气的蛋糕最好把蛋黄拿掉，将蛋白打到出现柔软尖峰，再拌入面糊。同样的情况下，煎过的面糊也会胀高。舒芙蕾主要的属性就是空气感，名称来自法文的**soufflé**（to breathe，呼吸气息）。被蛋白困住的气泡膨胀，烤箱里的蛋糕和舒芙蕾也胀高。一旦冷却下来，气泡收缩，就会塌下来。

打发的蛋白还可应用在其他咸食甜点上，例如，拌入糖就是蛋白霜（meringue）。生的蛋白霜通常放在柠檬凝乳上做成柠檬蛋白霜派，同样的蛋白霜也可用极低的温度烘烤，让它脱水，变成脆口的烤蛋白。

或者你也可以把它水波煮或隔水加热，它就变成法国知名甜点"漂浮岛"（floating island）。如果蛋白霜里加入少许面粉再烤过，你就有了天使蛋糕。好好了解食材特性，蛋白向人证明：只要有一半食材，你就可在各方面功力大增。

这里的食谱展示鸡蛋烹煮和使用方法（而蛋作为发酵工具，参见第9章《面糊：面粉，第二集》的进一步讨论），分为三类。

---

1 哈罗德·麦吉，美国食物科学家，以化学及科学角度分析食物及饮食历史，著有《食物与厨艺》（On Food and Cooking: The Science and Lore of the Kitchen）。

和缓加温 = 柔嫩

- 奶酪香葱炒蛋
- 奶油奶酪烘蛋
- 经典纽约奶酪蛋糕

蛋作为装饰

- 意式培根蛋披萨

口感质地：蛋作为工具

- 蛋黄酱
- 蒜味蛋黄酱
- 切达奶酪舒芙蕾
- 奶酪洋葱配面包布丁
- 威士忌酸酒

奶酪香葱炒蛋 两颗蛋可做1人份

这道菜的炒蛋充满轻盈感，不是因为加了山羊奶酪，而是因为炒蛋不用明火而是在沸水上进行，如此确保锅面温度约95℃（200℉）。你可以用隔水加热的双层锅来做，或把可导热的碗盘放在沸水中。有时我会用我保养得很好的中式炒菜锅做[1]，不知怎么的，它已经变得不会粘黏，而且卡在大汤锅里刚好。你也可以使用钢制的搅拌盆或可以放进汤锅里的酱汁锅隔水加热，如果还有不粘锅，放在沸水里或上面就可以操作了。好的不粘锅对做多数的蛋料理极有帮助，如果你有个这样的锅子，用在这道料理上还有容易清洗的好处。

第二个关键因素是要知道什么时候把蛋从锅里拿出来。知道何时该停止烹煮也是料理的一部分。隔水加热炒蛋的重点只在避免把蛋的水分炒掉太多，让蛋白质结得太硬。你希望蛋在入口时还是湿润的，凝固的蛋块应该看起来好像有酱汁在里面——所谓酱汁就是蛋液的一部分，虽然变浓稠了还是流体才对。当你看到蛋变成这样，就要把蛋离火拿出来，立刻享用。这时盛蛋的盘子最好已经热好放在一旁备用。

我喜欢山羊奶酪带给炒蛋的微微奶油酸，也喜欢用洋葱和亮绿的葱珠点缀。不然，你也可以用马苏里拉（mozzarella）奶酪搭配切成细丝的罗勒叶，或者在蛋里加少许鲜奶油，再撕点龙蒿叶丢进去，用磨碎的帕玛森干酪也不错。或者用一点融化黄油炒香红葱头末，然后炒蛋时拌入煎过的蘑菇碎。切几片吐司或烤些布里欧修（brioche）[2]放旁边也很美。如果这是你第一次这样料理蛋，很可能想要不加配菜吃原味，那就只撒点盐和新鲜黑胡椒粒就好了。

试着找到好的养鸡场生产的蛋，如果要把蛋当主菜，努力是值得的。两颗大鸡蛋可以做出一份满意的美食，如果有需要就多做些。每份炒蛋需要1.5茶匙黄油、1茶匙山羊奶酪、半茶匙葱珠，但是分量由做菜的人决定。这道菜最好用细海盐调味。

材料

- 大颗鸡蛋
- 黄油
- 新鲜山羊奶酪，分成小块
- 细海盐
- 新鲜现磨黑胡椒
- 新鲜虾夷葱，切葱花

做法

取双层锅下面那层的锅子，倒入中量的水煮到水滚，然后把上层的锅子放在水上让它变热。如果你是用锅子放在水上隔水加热，可省略这道步骤。

蛋打进碗里搅打至蛋白蛋黄均匀混合，蛋液里不该看到一团一团的蛋清。

---

1 铁锅在制造时会有一些杂质渗入毛细孔，故使用前需开锅，使用后需养锅。多以高温烧锅后刷去表层杂质，再用油润锅，也有泡在菜油里再用烤箱烤的方法。

2 布里欧修，放了重奶酪的糕点。法国大革命前，人民因没有面包可吃而喧闹，玛丽皇后竟说："没有面包，就吃brioche啊！"因此著名。

黄油放入锅里完全融化（或者放进锅里直接用中火加热，然后整锅放入热水中）。

蛋液放入锅里，加热同时用锅铲不断搅拌。当你觉得蛋快好了，放入山羊奶酪和盐调味。上桌前磨一些黑胡椒，撒上葱花就可以了。

1.酱汁锅放在滚水上，可以让你温和炒蛋（或酱汁）。

2.隔水加热的和缓热度煮蛋最合适。

3.注意蛋块成形。

4.炒蛋时要温柔搅拌。

5.水分仍多时就该加奶酪。

6.凝结的蛋块应看起来被酱汁包着。

7.用湿纸巾或吸水纸把虾夷葱包着比较好切。

奶油奶酪烘蛋 两颗蛋可做两人份

当我身处纽约,在人群中酸软疲惫地醒来,孤单,又思念我的家人。我走到苏荷区的巴尔瑟札餐厅(Balthazar),坐在吧台,点了一份烘蛋(shirred egg)和吐司,简单美味无限安慰,再配上浓缩咖啡,那天就改观了。

我买了本《巴尔瑟札餐厅食谱》,很遗憾里面并没有烘蛋的做法。所以这道食谱是我自己的版本,灵感来自巴尔瑟札。现在,当我精疲力竭又孤单在家的时候,我就会做烘蛋。或者更好的是,在懒洋洋的星期天早上,《纽约时报》摊在餐桌上,我和老婆共享美味,就这么毫无计划地悠闲度过一天。

做好烘蛋的关键是先预热烤盅,不管你用微波炉加热、直接加热还是间接加热,先预热,底部的料理时间才会和上层一样。如果能把鸡蛋从冰箱拿出来先放1~2小时再料理同样有帮助。最后,时时留意烘蛋的状况同样重要。

我用的食材比例是一颗大鸡蛋配半茶匙黄油、1汤匙鲜奶油和1~2茶匙奶酪碎。鲜奶油的功用在于帮助温和烹煮,而烘烤时间则要看你的烤盅有多高,我用的烤盅比较矮,刚好可装两颗蛋。我喜欢最后再把它放到小烤箱里烘一下,让奶酪上点颜色。

烘蛋做法简单,口感非常温和舒服。如果你想做些小变化,可以放点虾夷葱、龙蒿、红葱头或是番茄。

材料

- 黄油
- 大颗鸡蛋
- 高脂鲜奶油
- 帕马森奶酪,磨碎
- 犹太盐
- 新鲜现磨黑胡椒

做法

烤箱预热到180℃(350℉或gas 4)。黄油放入烤盅,用微波炉加热直到容器变热、黄油融化。加入蛋、鲜奶油、帕马森奶酪。烤盅放入烤箱烤10分钟,直到蛋白凝固。如果你想用小烤箱或炭烤炉做最后完成的步骤,就在烘蛋烤到5~7分钟时拿出来,改用小烤箱或炭烤炉,烤到奶酪上色,再用盐和黑胡椒调味就可以吃了。

经典纽约奶酪蛋糕 16人份

这道简单的奶酪蛋糕厚重浓郁，是纽约的传统风格，也是卡仕达搭配奶油奶酪的有效运用。卡仕达需要隔着热水温和加热，做出的奶酪蛋糕表层才会平滑不龟裂，这么费工是值得的。

派皮

- 1.5杯（150克）全麦饼干，或用10片消化饼干，敲碎
- 1.5杯（300克）糖
- 6汤匙（85克）黄油，预先融化馅料

馅料

- 1.2千克鲜奶油或软质奶酪，室温软化
- 半杯（120毫升）酸奶油
- 1又3/4杯（350克）糖
- 7大颗鸡蛋
- 1汤匙柠檬皮
- 1汤匙柠檬汁，如需要可放更多
- 2茶匙香草精

做法

烤箱预热至180℃（350℉或gas4）。

制作派皮：中碗放入饼干屑和糖，倒入融化的黄油并搅拌，直到材料均匀沾湿。将材料压进9寸（23厘米）可脱模的派模里，入烤箱烤10分钟，烤到派皮金黄固定。

准备一个大锅煮沸热水做隔水加热（参见第49页）。奶酪蛋糕烤模包上铝箔纸，铝箔纸最好用加厚加宽的，以免水分渗进派皮。用铝箔纸把烤盘从底部一直包到盘边，水就不会渗进去了。这时候加厚加宽的铝箔纸最好用，因为你只要用一张就够了。

制作馅料：使用食物调理机的搅拌器材，将鲜奶油或软质奶酪搅拌到软，再加酸奶油，然后把搅拌速度放慢，在材料里加糖，持续搅拌直到奶酪糊拌均匀。放下搅拌机，用刮刀把搅拌盆边上的材料都刮下来，再度搅拌。

中型碗里放入蛋、柠檬皮和柠檬汁、香草精，用打蛋器搅打至完全均匀。使用搅拌器，开中速，将蛋糊慢慢倒进奶酪糊里，搅拌器开到高速，继续搅拌到全部材料完全均匀。试吃填料，如果乳蛋糊需要多加点酸，请再加些柠檬汁。

奶酪蛋糕烤模放进烤盘，再将填料倒入派皮。烤盘中加入足够的热水，水量至少要到蛋糕烤模高度的一半。烤盘放入烤箱，烤1～1.5小时，直到中心凝固。

烤好后，奶酪蛋糕放凉，再放到冰箱完全冷却。这道甜点可以在食用前两天做好，用保鲜膜包好冷藏，可以吃冷的或室温享用。

意式培根蛋披萨

3人份（即使你们只有两人，一扫而空也不是问题）

制作披萨（或其他类似的料理），一定要想清楚食材是不是也适合用在其他情况。在美式料理中，难道有比培根和鸡蛋更密切结合的食材吗？它们是早餐的最佳搭档，但我敢打赌，把它们放在披萨上更好。培根、蛋，再配上浓浓的奶酪，如何？套句艾默利[1]的名言："喔耶，宝贝！"披萨饼皮正好是适合的工具，让蛋黄在饼皮上大显身手。培根蛋披萨应该是你家的招牌菜——只要有简单的披萨面团，绝对是你的招牌菜。

材料

- 1盘披萨面团（参见第165页）
- 橄榄油
- 犹太盐
- 1杯（150克）马苏里拉奶酪碎
- 225克培根，切成细条，或切成6毫米宽的条块，先煎到软嫩，带着淡淡褐黄色，滤油，放凉备用
- 3大颗鸡蛋，每个烤盅放一颗
- 帕马森干酪
- 新鲜欧芹或芝麻菜，切碎（自由选用）

做法

烤箱预热到230℃（450℉或gas 8）。操作台先撒上一层面粉，再将面团放在上面擀成适当大小。我喜欢擀得薄的，越薄越好。如果面团不好擀，可以让它休息松弛一下再继续。面团移到烤盘（要没有边的，其他也可以）或披萨盘里。如果你用石板烤披萨，面团应放在烘培纸上。将面团涂上橄榄油，并在周边撒上盐，马苏里拉奶酪铺在表面，边缘留2.5厘米不铺。将面团边缘卷起来做成披萨皮的样子，培根均匀撒在上面。

披萨在烤箱里烤15～20分钟，烤到完成2/3，即奶酪烤到融化，刚开始焦黄褐变。披萨拿出烤箱，或者只把烤盘拉出来就好，只要你可以完全接触到披萨。用勺子把每个三等分的披萨都压出一个洞，每个凹洞打进一颗蛋，再豪迈地撒上帕马森奶酪。披萨继续烤7～10分钟或者更久，烤到蛋白凝固，蛋黄仍然晃动（请注意它们的状态）。

从烤箱里拿出披萨，最后撒上欧芹装饰（自由选用）。披萨切成三份，如果享用的人超过三人，从蛋黄中间再切一半即可。

---

1 此处指艾默利·拉加斯（Emeril Lagasse），美食频道的节目主持人，以幽默风趣著称。

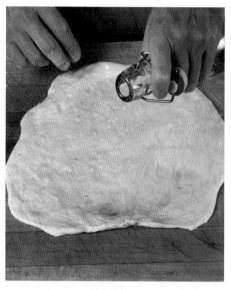

1.擀平面团，如果面团太有弹性，可以每擀一次休息一下。

2.面团涂上橄榄油，轻轻撒点盐。

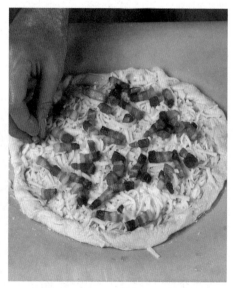

3.面皮边缘卷起来做出圆形，面皮放到烘焙纸上，然后放入烤箱。

4.奶酪上铺上培根。

5. 披萨上压一个凹洞，帮助固定蛋。

6. 披萨烤到完成2/3，再放入蛋。

7. 如果需要，放上配菜。

8. 切片享用。

奶酪洋葱配面包布丁 8人份

这是最能抚慰人心的食物。我喜欢面包布丁，它是展现鸡蛋厉害的更好例子，可将普通食材变成特殊料理。不论面包布丁是咸的还是甜的，只是吸饱了卡仕达酱的面包再送去烤而已，简单的卡仕达却带给面包浓郁、风味和浓度。这道料理用隔夜面包做最好，如果用新鲜面包就要先把它烤干。

我替面包布丁调的味道就像我替洋葱汤调的味道一样，唯一的差别在于以卡仕达代替了洋葱汤里的汤。布丁的味道就像汤的味道，奶酪的浓稠鲜明融合了洋葱的甜味和雪利酒的特殊香气。你可以即兴创作，把面包布丁当成空白画布，然后把它变成法式咸派，想想培根和洋葱（如洛林咸派[1]），配点菠菜（如佛罗伦萨咸派），或者更戏剧化些，来点西班牙辣香肠和烤红青椒。

我喜欢面包布丁配着烤鸡一起吃（参见第274页）。吃不完的可以放在冰箱好几天，回温后切片用黄油煎。

材料

- 1.5杯（360毫升）高脂鲜奶油
- 1.5杯（360毫升）牛奶
- 6大颗鸡蛋
- 1/4杯（60毫升）雪利酒
- 半茶匙新鲜现磨的肉豆蔻
- 犹太盐
- 新鲜现磨黑胡椒

- 2大颗洋葱，切成丝后焦糖化，就像做洋葱汤（参见第74页）
- 1条带皮白吐司，或品质很好的三明治面包，切成2厘米×2.5厘米的小方块，稍微烤过，分量约570克
- 3杯（340克）磨碎的格鲁耶尔奶酪
- 半杯磨碎的帕马森奶酪

做法

烤箱预热到165℃（325℉或gas 3）。鲜奶油、牛奶、鸡蛋、雪利酒、肉豆蔻、两撮盐（三只手指捏起的量）、少许新鲜现磨黑胡椒、1/3到半颗洋葱放入食物料理机搅拌，直到均匀混和。

剩下的洋葱和面包放入大碗搅拌，拌到洋葱均匀散开。洋葱和面包平铺在23厘米×33厘米的烤盘上，面包上撒上1/3的格鲁耶尔奶酪，然后再铺一层面包，再撒一层奶酪，以此类推，最上层铺上帕马森干酪。

奶蛋糊倒在面包上，挤压面包让它开始吸汁。静置15分钟，然后送入烤箱烤1小时，烤到外皮固定，立刻食用。

---

1 法国洛林地区的咸派（quiche lorraine），内馅只放鸡蛋、奶、培根和洋葱。

蛋黄酱 3/4 杯（180 毫升）到 1 杯（240 毫升）

蛋当料理工具的最佳例子，当然是它改变油脂质地的潜力。经过剧烈搅打，你可以把清澈、无味、液状的食用油变成浓郁、稠密、奶油状的酱汁。转化的关键是水（或某种以水为底的液体，如柠檬汁），以及名为卵磷脂的分子，蛋黄里有丰富的卵磷脂。经过打蛋器或搅拌器搅打后，油脂被打破成无数微小油滴，如此就创造了蛋黄酱。它们不会结块或汇成液态的原因在于微小油滴均匀散布在极细小的水间隙中。水空出位置的原因是某种分子作用，这分子可一边拉着油（的细小微滴），一边拉着水。

结果就是我所知最美妙的料理变形。这种蛋黄酱和你从市场买回来的截然不同，绝对值得你花力气自己准备，而且要花的力气很少。如果你用的是手持料理棒，做出蛋黄酱的时间会比你走过大卖场调味品区的时间还要快一些。请注意，卖场买来的蛋黄酱除了糖、醋和"天然味道"等必要成分外，通常还有防腐剂和稳定剂。你可以试试醋，感觉一下糖，它的浓度几乎是凝胶的硬度。

而另一方面，自制的蛋黄酱充满感官上的满足，甚至可说是性感的。味道好到你可能，不，你会用汤匙直接挖来吃，同时可以加入任何你喜欢的材料。就像加一小撮卡宴辣椒粉，会让蛋黄酱带着好吃的辣味，拌入油浸红葱头就是一道美味无比的蘸酱（参见第 87 页）。

材料

- 1 茶匙水
- 2 茶匙柠檬汁，视需要再加更多
- 1/2 茶匙犹太盐
- 1 大颗蛋黄
- 3/4 杯到 1 杯（180 毫升到 240 毫升）芥花油或其他植物油

用打蛋器制作蛋黄酱

取大金属碗或玻璃碗，放入水、柠檬汁、盐、蛋黄。再用有壶嘴的杯子装入 1 杯（240 毫升）的油，这种杯子可以让油流成一条细流。首先打散碗里的蛋黄，一边搅打一边加 2 ~ 3 滴油，继续搅打，过程中把油慢慢加入碗中。油加到 1/4 杯（60 毫升）后就可以把油倒得快一些，直到全部的油融合。

如果蛋黄酱油水分离——有时候这的确会发生，就把它倒进量杯，清干净原来的碗后倒入 1 茶匙水，然后再重新开始。先加入部分油水分离的蛋黄酱搅打，然后把剩下的逐次增量加入搅打。

用手持搅拌器制作蛋黄酱

水、柠檬汁、盐、蛋黄放进一个 2 杯（480 毫升）大的玻璃量杯里（因为搅拌棒必须深到量杯底部搅打蛋黄，如果你没有这样的容器，就用食物料理机附的搅拌盆）。用搅拌棒迅速融合蛋液，用有壶嘴的杯子装入 3/4 杯（180 毫升）油，这样的容器才能使油流成一股细丝。一面用搅拌棒搅打蛋液，一面倒入油，搅拌棒上上下下移动，让所有油脂混和均匀。

用食物料理机制作蛋黄酱：水、柠檬汁、盐和蛋黄放入食物料理机，1 杯（240 毫升）油放入有

壶嘴的杯子，然后把调理机打开慢慢倒进油就可以了。试试看蛋黄酱的味道，如果觉得有需要，再加一点柠檬汁。

1.无论你要如何做蛋黄酱，事前准备工作都是一样的：需要蛋黄、柠檬汁、油和盐。

2.如果你要用手打蛋黄酱，用一条毛巾包着盆子底部，以免盆子晃动。

3.油慢慢倒进盆里，油量要细微稳定，继续搅打。

4.做出的蛋黄酱应该够厚又能定型。

5.用手持搅拌棒是制作蛋黄酱最迅速的方法。

6.油像细丝一样倒进去，用搅拌棒上下搅打。

7.如果只要打3/4杯（180毫升）的油，用搅拌器的刀头搅打就可以了。

8.如果要打超过3/4杯（180毫升）的油，就要用搅拌棒附的打蛋器才更省力。

9.一面搅打一面加油。

10.利用手持搅拌棒的打蛋器打蛋黄酱，你要打多少油都可以，只要确定成比例地加入柠檬汁或水，保持乳化状态。

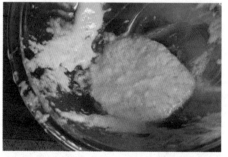

11.这是油水分离的蛋黄酱，呈液态状又倒胃口。

蒜味蛋黄酱 1杯（240毫升）

蒜味蛋黄酱（Aioli），就是用大蒜和橄榄油做成的蛋黄酱，是传说中的神奇酱汁。嗯……可搭配所有食材，不管是冷热蔬菜，还是牛排三明治，连炸鱼天妇罗这种油炸食物都不是问题。传统上，蒜味蛋黄酱必须用钵和杵来做，我做过一次，当蒜味蛋黄酱呈现精致质地，就知道力气真没有白费。但我只这样做过一次，我可不想我的手臂看来像大力水手一样。确定你的橄榄油味道是好的，因为它常会变成有蒿味或变苦（我发现最好买罐装的高品质橄榄油，橄榄油的损伤会少一些）。如果它的味道不够好，不够清淡，当它乳化时，味道就很不好。我觉得多数用100%的橄榄油做的蒜味蛋黄酱味道都太强，我混和了橄榄油、芥花油或其他没有味道的油。

材料

- 2茶匙柠檬汁
- 1瓣大蒜，剔除茎，捣成泥或碎
- 1大颗蛋黄
- 半茶匙犹太盐
- 1茶匙水
- 1杯（240毫升）橄榄油，或半杯（120毫升）橄榄油配上半杯（120毫升）其他的植物油

做法

依照制作蛋黄酱的方法（参见第121页），混和柠檬汁、大蒜、蛋黄、盐和水，用有壶嘴的杯子装油，依照指示搅打。

威士忌酸酒 两人份

俄亥俄州克里夫兰城西的酒吧"天鹅绒探戈房"（Velvet Tango Room）很看重他们提供的鸡尾酒。我在那里喝到生平第一杯加了蛋白的拉莫斯金菲士（Ramos gin fizz），当我继续探索吧台的好货时，观察到蛋白对鸡尾酒的影响。老板纳斯维提斯（Paulius Nasvytis）在菜单上列出许多有蛋白的鸡尾酒。蛋白让鸡尾酒有极佳的浓度和一致的口感，也可以说蛋白让鸡尾酒变成食物了——在某些地方，在下午5点这时刻，这可能有些争议。但鸡蛋的确让鸡尾酒比马丁尼更营养。

这道料理中，威士忌之外的所有食材都要放入调酒器里上下摇动，好和蛋白均匀混和。再加入波本酒，且要摇得更厉害，把蛋白摇散，再加入冰块。如果你没有鸡尾酒调酒器，可以用打蛋器把食材打到起泡，然后将混合物倒入冰块里再搅拌，当鸡尾酒变冰，再倒入玻璃杯里。

这个版本的威士忌酸酒适合喝纯的，它改编自纳斯维提斯的配方，可以做成两杯鸡尾酒和一份简单的糖浆。威士忌酸酒的正确配方是在酒吧里用秤量的，需要1个蛋白、20克简单的糖浆（2份糖溶于1份水）、15克柠檬汁、5克青柠汁，以及30克 Maker's Mark 威士忌。如有需要，上述分量可以减半或加倍。

材料

- 1大颗蛋白
- 1汤匙糖溶于1汤匙水
- 2汤匙柠檬汁
- 2茶匙青柠汁
- 90毫升 Maker's Mark 威士忌，或波本酒
- 冰块
- 切片柑橘和莓果，最后装饰用（传统上都是如此，但我觉得这只是个人喜好）

做法

2杯马丁尼杯冰到适当温度。

蛋白放入鸡尾酒调酒器，摇20～30下，加入糖水、柠檬汁、青柠汁和波本酒，再次摇到完全混和。调酒器装满冰块，慢慢摇动让鸡尾酒完全冷却。倒入冰凉的杯子中，如果喜欢可以加上装饰。

切达奶酪舒芙蕾 当点心是 8 人份，当主菜是 4 人份

我不明白为什么舒芙蕾常以情绪无常闻名。制作舒芙蕾十分简单，只是要一点一点来。它是使用鸡蛋的好例子，既能展现蛋白捕捉空气的能力，也可以从蛋黄那里得来浓郁的美味。

一个好舒芙蕾包括三个部分：展现舒芙蕾风味的载体（通常叫作酱底）、调味以及蛋白是否打出光滑的蛋白尖峰。首先要做酱底，技术上说，如果要做咸的舒芙蕾，就要用法式白酱（béchamel）这样的厚面粉酱料，如果做甜的，就用蛋奶馅（pastry cream）。蛋黄加入白酱后，通常也会加入部分蛋奶馅。至于调味，通常需要奶酪或巧克力等味道浓郁的东西。然后是打蛋白，接着再把所有材料放入烤盅烤。

时间很重要，舒芙蕾需要在里面空气凉掉冷缩前马上享用。非常幸运的是，舒芙蕾可以事前做好冷冻，要烤时再从冷冻库里拿出来直接烤，不需要花时间等它回温。

传统的奶酪舒芙蕾是一道完美的前菜，搭配沙拉，再来上一杯酒，就是一餐轻食。这道切达奶酪（奶酪的质量十分重要，请买好奶酪），我把它想成法式奶酪舒芙蕾的美国版，只是法国版用的是格鲁耶尔奶酪，你也可以用这款奶酪。或者你可做个小小实验，改用甜的白酱，拌入相同重量的巧克力，融化后搅拌均匀，然后再拌入蛋白做个巧克力舒芙蕾。

材料

- 2汤匙多黄油，用来涂抹烤盅
- 帕马森奶酪，切成细碎，用来撒在烤盅上
- 2汤匙红葱头，切末
- 犹太盐
- 2汤匙中筋面粉
- 1杯（240毫升）牛奶
- 卡宴辣椒粉
- 6大颗鸡蛋，蛋白蛋黄分开
- 1茶匙柠檬汁
- 115克农场生产的切达奶酪，磨碎

做法

烤箱预热到180℃ 350（350℉或gas 4）。预备半杯（120毫升）的黄油，在烤盅里刷上黄油（或喷上植物油），并在烤盅内撒上帕马森奶酪，烤盅放在烤盘上。

取一个小型酱汁锅，用中火融化2汤匙黄油，加入红葱头炒1分钟炒到出水，加一撮盐。此时放入面粉，炒到黄油和面粉混和，且面粉有些焦黄。加入牛奶拌搅，煮滚，持续拌搅直到面糊变黏稠，加入一撮盐和一撮卡宴辣椒粉。白酱离火，静置数分钟备用。

同时，大碗里打发蛋白，加入柠檬汁和一撮盐（三只手指捏起的量），持续搅打直到蛋白干性打发。

蛋黄打入放凉的白酱。先拌入1/4奶酪及1/4打发蛋白，再把这锅白酱倒入剩下的打发蛋白中拌合。如果你喜欢，可将剩下的奶酪也撒入面料里。当所有食材拌合均匀，用汤匙将食材舀入烤盅，填到2/3满即可。

放在烤盘烤25分钟，烤到舒芙蕾轻盈又有空气

感并定型，且舒芙蕾的顶部有美丽的焦黄色，烤好后请立刻享用。

如果要把舒芙蕾冰冻起来，就把舒芙蕾填入烤盅到3/4满（冰冻对最后烤好的分量影响不大），用保鲜膜包好，放凉冷冻，保存期可达2个星期。当要烤时，再从冷冻库拿出来，放到烤盘上直接送入烤箱烤35～45分钟。

黄油 BUTTER

"黄油！给我黄油！一定要用黄油！"

我祈祷这句话永垂不朽，这章的副标题出自法国名厨费尔南·普安（Fernand Point），他是20世纪最佳餐厅之一"金字塔"（La Pyramide）的主厨暨经营者。普安胸怀宽广，训练出一代改变法国料理的主厨。他不只是才华四溢的厨师及厨房管理者，也是观察敏锐有大智慧的人，他在食谱回忆录中清楚表示：

"好厨师的职责在于传承，要将每一件他学到、经历过的事传授给将取代他的新世代。"

"成功是诸多正确小事的集合。"

"评断一个人瘦不瘦，最好有足够的讯息。说不定他以前很胖呢。"

普安在各方面都"大"[1]，没有比他对黄油的赞叹更能反映他的精神和烹饪智慧。每个厨师都知道他为什么如此说。这个从奶牛身上得来的魔法和神奇礼物竟让所有东西都更好吃。

大厨们也知道并推崇再三的是，油脂造就风味，但很少有油脂像乳制品这般可口又有用。美国人慢慢明白脂肪不是什么坏东西，甚至还是好东西，油脂并不会造成肥胖问题。（那是什么造成的？是吃太多造成的！惊讶吧！）

黄油是最有用也是最常见的食用油，知道如何使用它，你的厨艺就会更精进。黄油安坐在厨房料理台上的有盖碗里；饭店自助餐区，它被铝箔纸包着放在冰盘上；在大卖场，它一块一块堆在冰柜里。容易取得是它好用的另一方面，它不像鸭油或马斯卡彭等其他有风味的油脂，黄油随时要用随时都有。就因为它无处不在，我们很少停下来思考它真正的价值。

好好想清楚黄油的用处，这帮助我们看清并利用这项工具。它让面团起酥，所以你才有馅饼可吃，才有饼干搭配红茶；它让海绵蛋糕更丰富，还可当蛋糕的霜饰；烤盘上的肉靠它料理，靠它增香，肉用黄油浇淋不但加速熟成，还有益风味，之后还可让你搭

---

1 除了心胸宽大，身型也大，他身高190厘米，体重165千克，外号"2夸脱大酒瓶"。

配肉的酱汁更丰美。固体黄油经过略微褐变后，味道异常美味，就是已经做好的酱汁——放软时加点第戎芥末酱搭配烤鸡。加点红葱头和柠檬等提香料，则是风味复杂的酱汁——还可以在黄油里拌一些面粉，面糊就会变成有完美浓稠度的酱汁。

黄油在糕点厨房的地位非常重要。的确如此，很难想象糕点厨房没有黄油。若问什么是黄油在糕点厨房的重要属性，主厨暨美食作家戴维·莱波维兹（David Lebovitz）[1]这么说："对我而言，黄油最重要的特质是它的风味。烘焙食品通常就用那几种食材，但只有黄油的风味最出色。"第二个重要影响在于它可让面团和面糊膨胀——黄油和糖打发后会形成气室，可以让蛋糕和其他面糊膨胀得很细致。

奶油在咸食厨房也很重要，就像主厨、作家及电视节目主持人安东尼·布尔丹（Anthony Bourdain）[2]说的："在专业厨房里，黄油总是最先也是最后出现在锅子里的东西。"它是极棒的烹饪媒介，让煎炸带着芳香及颜色。最后收尾时加一点，菜肴呈现更完整、更美味，盛盘酱汁的口感和风味也更滑顺丰润（参见第11章《酱汁：不只是附带！》）。

以下提供一个真理，让生活的不确定性和压力更便于管理：只要加点（更多）黄油，很少有东西不会变得更美味。所有厨师都该庆幸这令人开心的事实。

最重要的事先做：黄油到底是什么东西？

要驾驭黄油的魔力，你得知道它的成分及这些成分如何运作。黄油主要是牛奶脂肪，占80%的含量。也是因为脂肪，才让各种食物得到美味和口感。这种脂肪在室温下坚硬不透明，但会融化成半透明状。当脂肪和黄油的其他成分分离时，加热至200℃（400 ℉）才起烟，如此让黄油成为最高级的料理介质。而其他油脂能做的事，黄油也可以做——就像起酥，或让面团柔软，让糕饼产生脆皮，让酱汁产生浓稠感及风味，还可作为酱汁

---

1 戴维·莱波维兹，甜点主厨暨美食博客作家，以写甜点闻名，著有 *The Sweet Life in Paris*、*The Great Book of Chocolate* 等书。

2 安东尼·布尔丹，厨师、美食作家及节目主持人，在《名厨吃四方》和《布尔丹不设防》节目中遍尝各地美食。

的主要成分。黄油的15%是水，这也是为什么黄油在室温下会融化变软，纯黄油的油脂则不会。是水让锅里黄油加热时会向前移动，也是它让锅子的温度降下来。黄油其余的重量则是由黄油固质所组成（黄油固质包括蛋白质、盐和乳糖）。一旦黄油中的水被煮掉，黄油固质就会产生褐变而充满风味，但如果加热过久，黄油固质也会变黑变苦。

想清楚组成黄油的三种成分，你就更能掌控你的厨艺，也会更了解食物为何如此表现。

--------- *Cooking Tip* ---------

无盐黄油 vs 加盐黄油：有关系吗?

大体上是没关系的。这只是选择的问题。黄油加盐原本只是为了方便保存，现在加盐则是为了增加风味。如果你不想做菜时多加额外的盐，就用无盐黄油。而我总是用加盐黄油，因为一直以来都如此，加上我也爱用。但如果是得小心控制盐量的料理（如甜食糕点），或者有些东西并不适合带咸味（如奶油霜饰），我就会选用无盐黄油。

至于厨师，尤其是糕点师傅，特别偏爱使用无盐黄油，因为这样比较好控制食物中的盐量。

对我来说，比加盐无盐更重要的是黄油的质量。在家里，当然要用你最喜欢的黄油。

黄油作为烹饪媒介

黄油作为烹饪媒介有几种不同的使用层次。第一种是只作为和缓的加热工具。少许黄油以中低温融化，放入食物煎到熟透。放入的食材可以是蛋、薄鱼片，或是你已煮熟冰镇过的四季豆（参见第20章《冷冻：移除热度》）。

如果稍微提高火温，情况就会改变。温度提高之后会把黄油里的水分快速煮掉。水分一旦烧掉，黄油固质就会褐变，有些就会粘在食物上，让食物上色有风味，唯一要小心的是不要让黄油固质烧焦。用黄油烹烧食物还有个好处，就是可以拿来淋油（baste）。所谓淋油、浇油，就是用汤匙舀起油从烹煮的东西上淋下去。这样做有两个好处：其一，使食物不但带着黄油香，还会沾上黄油固质褐变后的焦香味；其二，当热锅由下往上烹烧食物时，淋油可让食物由上往下受热。

黄油也可以高温烹烧食物。它是非常有效率的料理油，但你必须先拿掉黄油固质，以免烧焦弄坏一锅油。捞去黄油固质的程序叫作"澄清"（clarifying）。黄油用低温融化后，黄油固质会浮到油面上，这时候一面烧去奶油里的水分，一面用汤匙把奶油固质捞掉，直到剩下的是干净无杂质的黄油。"澄清黄油"是煎鱼煎牛肉很好的油，同时也许是烹煮马铃薯最好的油。

黄油当烹烧工具的第四种状态，是作为水波煮的液体。黄油搅入一点水让它融化，让水、黄油和黄油固质融成均匀的液体。这种质地浓稠风味迷人的介质可用来温和烹烧食物，也非常适合需要温和加热的食材，如龙虾和虾（参见第146页，也可见下文"使用液状的全黄油"）。

黄油作为起酥工具

当我们把黄油和面粉和在一起，黄油缩短面筋长链，就是起酥。而面筋会使面粉类的食物有嚼劲，就像面包，最后结果就是柔软的面包层次。但在糕点脆皮和酥饼里，你就希望有起酥的口感。选择黄油而不选其他油脂的原因在于风味，其他如猪油、植物酥油甚或橄榄油（这些油脂在室温下都呈液状），起酥的风味都不如黄油。奶油的风味让黄油天生就是面粉的好伙伴，想想"酥饼"这个字吧！shortbread[1]正是此现象最生动的描写。要记得黄油含有15%的水分，这会帮助面筋形成，特别是经过擀揉之后。做面包和面条都需要面筋，但做派皮就不需要了。比起同重量的纯油脂，如猪油，黄油起酥的能力较差。

褐色黄油

黄油最好的成分是黄油固质。黄油经过加热，黄油固质会褐变而散发出坚果香气及咸中带甜的风味。这样的味道让许多食物都更美好，特别是淀粉类的食物，如意大利面、面包、马铃薯、玉米粥和炖饭。这类食物就像一张巨大的画布，让褐色黄油画出复杂深度。褐色黄油也是搭配少油白鱼的传统酱汁，用柠檬汁和欧芹调味就成了一道叫作à la meunière的煎鱼料理。第271页的烤花椰菜有着最棒的美味，原因就在于融进朵朵小花里的黄油在锅中褐变，就像淋油一样丰富了花椰菜的味道。褐色黄油与甜糕点、奶油和蛋糕十分搭配，你甚至可以试试在爆米花上加上褐色黄油，真是传说中才有的美味。

唯一要注意的是黄油不可过度烹烧，如果让黄油从褐色转成黑色，黑色黄油的滋味可不太好。当你知道放在冰箱的黄油可以变成多功能的美味酱汁，你在最后关头都有机会完成菜肴。

使用液状的全黄油

融化黄油时，小心不要让黄油固质和水分开，出来的产品就和其他形式的黄油截然不同。在餐厅厨房，这种黄油通常称为beurre monté，意思是融化的黄油酱，是从法语monter au beurre延伸而来的词汇，意思是借由融化或搅打把黄油打进酱汁里。在厨房

---

1 short是酥缩的意思，因为油脂会"缩短"（short）面粉面筋，让原本柔软的口感变得酥松，而shortbread是经过酥缩的面包，已由面包变成酥饼了。

正忙、时间紧迫时，最后盛盘时刻黄油正好可提酱汁的味道。它也可以作为极好的淋油，更是美味无比的料理油。

beurre monté 的做法是用中温加热，将块状黄油搅打入到2汤匙的热水中，黄油本身就是水和油的乳化物，让黄油如此融化，乳化的状态不变。黄油变成液状，但仍维持不透明的颜色，也保有黄油状及与块状黄油的同质感。如果你只是融化黄油却没有持续搅打，水和黄油固质就会分离，产生澄清黄油。

若要把 beurre monté 当成烹饪媒介，它很适合需要温和加热的食物，尤其像龙虾、虾一类，或比目鱼这类肉质瘦又结实的鱼，这些食材用黄油来水波煮，滋味最棒。也可当作淋油用油，用汤匙浇淋在烤肉上。它还可以加进酱汁，只要以相同方式将固态黄油搅打入酱汁里就可以了。

黄油作为最后点缀、增味剂和稠化剂

大多数以高汤为底的热酱汁都可以在最后盛盘时拌入一点黄油，酱汁味道多会大幅改善。以专业厨房的说法，这叫作"给酱汁融点黄油"，法文是 monté au beurre。黄油会让酱汁的口感滑顺，增添愉悦满足感。

如果你把相同分量的面粉拌入固体黄油里，你就有了叫作beurre manié 的黄油面糊。它可以拌进酱汁，原本像肉汤一样稀释的酱汁就会变成不透明浓稠状，就像面粉微粒被一层又一层的黄油外衣分散在热酱汁里延展，这是使酱汁质地变浓稠的最好方法。

黄油作为装饰配菜

最能善加利用黄油特性的用法，是将黄油作为装饰配菜。黄油搭配芥末就是烤鸡最棒的盛盘配料。樱桃萝卜（radish）加上黄油就是传统的法式开胃菜，面包涂上黄油更是如此。

有一种叫作"调和黄油"（compound butter）的备料，对于大多数炭烤炉烤的肉或鱼，这是种很棒的配料，做法非常简单，可以随意变化。

先让黄油变软，然后加入香料、新鲜香草、红葱头末或柠檬搅拌即可。其中传统的变形是"总管黄油"（hotel butter），又称"综合黄油"（beurre maître d'hôtel），里面包括欧芹、红葱头和柠檬（参见第141页）。调和黄油通常用保鲜膜卷成一卷，要吃时再切片放在热滚滚的肉或鱼上慢慢融化。我喜欢吃炭烤牛排时配上加了墨西哥腌熏辣椒、香菜、红葱头和柠檬汁的调和黄油（参见第141页）。

黄油当保存剂

奶油也可当保存剂，就像鸭油和猪油做"油封"（confit）的方法一样——把鸭或猪用油温火煮，然后浸在油里直到冷却，这样就可以保存肉类。而用黄油保存食物，我的朋友兼老师迈克尔·帕尔杜斯建议了一些方式。

你可以把黄油酱（参见第144页）加热到63℃到65℃（145 ℉至150 ℉），用它来温火煮鲑鱼排，制作油封鲑鱼。薄的鱼片需要煮5分钟，厚鱼片则煮7分钟。鲑鱼浸在油里直到冷却，或把鲑鱼移到碟子里，然后把锅里的黄油倒入碟子淹过鲑鱼，让它完全浸泡在油里。可以放在冰箱，等要用时再拿出来。可以加热后直接吃，也可以做成鲑鱼酱：先让它回温到室温，再搅拌成鲑鱼碎，用盐和柠檬调味。加一点原本温火煮的黄油，然后把鲑鱼放在烤盅里，再叠一层黄油在鲑鱼上。

黄油保存食物的效果同样可用在夏季莓果上。在室温下，用橡皮刮刀搅打黄油使其变软呈奶油状，莓果拌进黄油，就像在做莓果调和黄油，然后用保鲜膜卷成一卷，卷得紧实些，放入冰箱，一年内要做烘焙、酱汁、盘饰配菜或甜点的最后提味都可以。"在松饼上放一点莓果调和黄油真是太赞了！"帕尔杜斯如此赞叹。

学习做菜，就是学习汇整食物和某些不明显的技法，其中最有用的一类是油脂。当专业厨师试吃一盘菜，除了评估调味（咸度、酸度或甜度），他们会问自己，这盘菜的油脂分量到位吗？油脂赋予食物味道的深度、爆浆的肉汁和细致的口感。想想冰沙在你舌尖的感觉，再想想冰激凌在舌尖的感觉，有没有脂肪是截然不同的饮食经验。当你试吃自己烹煮的食物，问问自己，这道酱汁是否有我追寻的口感深度和令人满足的本质，如果没有，油脂也许正是解药。接下来的问题是，那是什么样的油脂呢？黄油是最常用也最有用的最后提香用油。但是对于番茄酱汁，加些橄榄油乳化也许是你追求的味道（虽然我也喜欢黄油放入新鲜番茄酱汁里的味道）。鲜奶油，除了比黄油含水量多之外，作用和黄油一样，是另一种让料理更好吃的油脂。动物性脂肪，如猪五花的油或鸭油，可增添油醋汁这类酱汁的风味。

油脂作为烹饪媒介让你把食物的温度加热到非常非常高，高到食物变得酥脆。你选的油脂也会使菜肴在完成时大不相同。把薯条放在鸭油里炸，味道和在芥花油这种中性油里炸的味道不一样，薯条在这种油里炸也更酥脆。澄清黄油比其他有味道的油脂加热温度更高，所以是煎东西的好油。鸭子放在鸭油里温火煮，就是一道名菜"油封鸭"。被油保存的鸭子具有无比浓郁的风味和肉质。简单拌和鸡蛋、面粉和牛奶，再加点热滚滚的黄油一起烤，就是豪华咸香的英国名点"约克夏布丁"。

在糕点面团里放不同的油，会对面团产生不同影响。做派皮要用黄油（加一点水，浓郁又有风味），起酥要用植物油（风味自然），也可用猪油起酥（适合浓郁的咸口味，也因为猪油水分少，会使起酥作用更大）。

有些油脂只应该当作最后酱汁的提味，就如初榨橄榄油，因为它不耐高温煎炸，所以在冰凉或低温时使用，才显得出初榨橄榄油的优雅风味。

想要什么样的效果就选怎样的油，决定的因素可能是荷包胖瘦，因为有风味的油脂往往比中性的油贵。而煎炸这类需要大量用油的工作，使用便宜一点的油没关系。芥花油和其他中性油的饱和脂肪较少，一般认为对身体较好。

发酵稀奶油和黄油

570 克黄油和 1 又 1/4 杯（300 毫升）鲜奶油

想要自己准备黄油？太简单了，食物处理机或立式搅拌器就是功能强大的搅乳器。黄油形成的状态也一如以往，就像老祖宗搅出的一样。只要搅得够力，脂肪会从液体（buttermilk，酪乳）中分离。之后要揉捏黄油脂肪，挤出剩下的水。

然而要制作上好的黄油，你可以先发酵，就像做酸奶时发酵牛奶一样。乳酸菌产生酸度，赋予黄油深度及风味，而剩下的酪乳香气扑鼻，可口美味。如果你有机会从当地酪农拿到新鲜的酸奶油，要做一个自己专属的黄油，实在不难。

做酸奶的乳酸菌在健康饮食店到处都买得到，用这些益菌喂你的胃被公认为有益健康。

以下步骤是做发酵稀奶油或法式酸奶油（crème fraîche），再从鲜奶油做黄油。如果要做酸奶而不是法式酸奶油，就用全脂牛奶代替鲜奶油就可以了。

这个练习很有趣，让你对黄油是什么有更清楚的概念。你可能会想加点盐来增添风味。

材料

- 4 杯（960 毫升）有机高脂鲜奶油，请勿用经过超高温杀菌的鲜奶油
- 2.5 汤匙乳酸菌
- 细海盐（自由选用）

做法

中型酱汁锅放入鲜奶油，以中温加热到 77℃ ~ 82℃（170℉ ~ 180℉），帮助蛋白质凝固，然后移到像玻璃量杯这种耐酸碱容器里，降温到 43℃（110℉）。加入乳酸菌搅拌混和，加盖后放在温暖的地方 24 ~ 36 小时，理想的温度需在 40℃（105℉）左右。夏季，我把发酵物放在阳光下；冬天则放进温暖的烤箱中（别忘记它还在里面就把烤箱的火开了，我曾经用这个方法杀死了百万只和善的益生菌）。如果温度上升到 43℃（110℉），细菌活跃度下降，温度再高，它们就会死了。

发酵稀奶油应该很浓厚，闻起来、尝一口会有好闻的青苹果酸香。如果鲜奶油还很烫，就放室温回温。搅制奶油的最佳温度是在 15.5℃ ~ 21℃（60℉ ~ 70℉）。把发酵稀奶油放入食物处理机，或是食物搅拌器的附碗，搅拌机要装上搅拌棒，开动搅拌直到奶油脂肪和酪乳分离，只要几分钟就可以。

在过滤器铺上棉布或纱布，再放在一个碗上。黄油和酪乳倒进过滤网中过滤。酪乳冰起来另做他用，可以拿来做松饼或甜饼干。然后用手揉挤黄油，让里面剩余的酪乳挤出越多越好。如果你想加一点盐就要现在加，大概加 3/4 茶匙（约 3 克）的细海盐，然后继续揉挤，直到盐溶化并均匀散布在黄油里。

发酵黄油和发酵稀奶油都可以放在冰箱保存，要记得加盖，保存期限可达一星期。

调和黄油 1/2杯（115克）黄油

调和黄油结合了黄油的浓郁质地和各种活跃的香料，摇身一变成为完美的酱料，特别适合油脂不多的肉和鱼。第一个配方是最传统的调和黄油，第二个配方加上了青柠及墨西哥烟熏辣椒的鲜活味道。黄油可以在几天前先做好，或者包进铝箔纸冰冻，直到要用时再拿出来。

材料

传统总管黄油（Traditional Hotel Butter）

- 2茶匙红葱头末
- 2茶匙柠檬汁
- 半杯（115克）加盐黄油，室温放软
- 2茶匙柠檬皮末（自由选用）
- 2汤匙新鲜欧芹末

酸香辣黄油（Lime-Chipotle-Cilantro Butter）

- 2茶匙红葱头末
- 2茶匙青柠汁
- 半杯（115克）加盐黄油，室温放软
- 2条罐装墨西哥腌熏辣椒，去籽切末
- 3汤匙切碎新鲜香菜

做法

不管你要做哪种黄油，都要先将红葱头和柑橘类果汁混和，让红葱头浸10分钟。

大碗里装入制作黄油的所有食材，均匀混和。用比较硬的橡皮刮刀开始搅、压、拌，把食材混和入黄油中，最后黄油会变得像鲜奶油一样柔软。当所有食材均匀散布在黄油中，移到盛盘上。

如果想做黄油卷，就用汤匙将黄油舀到保鲜膜中间，保鲜膜卷起来变成一个圆筒。最尾端的部分压进圆筒状的底部（可以借用小砧板或烤盘的力量），将黄油筒滚紧，一手抓住黄油筒一端的保鲜膜，另一手滚动黄油，挤走空气让黄油更结实。尾端的保鲜膜绑紧或打一个结。为了保持圆筒状，可以把黄油浸泡在冰水里，这样可以让黄油卷在冰箱底部不会被压扁。当黄油卷变硬，就可以从冰块水里拿出来，放入冰箱冷藏，要用时再拿出来。上桌时切片享用。

澄清黄油和印度酥油

3/4 杯（170 克）澄清黄油或酥油

澄清黄油是最高级的料理油，非常美味，要到很高温才会开始起烟烧焦，拿来烹调鱼、肉及马铃薯是最棒的油。

而酥油（ghee）是印度菜备料，原本是在炎热气候下为了保存乳脂才做成的油。做酥油的黄油就像酸奶一样需经过发酵，然后搅制成黄油。黄油要烧到金黄，滤掉黄油固质。现在多作豆仁浓汤和咖喱的最后提香油。豆仁浓汤的做法在第94页，大多是用全黄油来做，但如果用酥油来做就更正宗了。

澄清黄油和印度酥油的唯一不同是，澄清黄油的加热法十分温和，不会烧出颜色。

材料

● 1杯（225克）黄油

做法

要做澄清黄油，需先将黄油用中型平底锅以中火融化，然后把火开到小火继续加热。黄油中的水分会慢慢煮掉，撇去慢慢浮上来的白色固体和在表面形成的薄膜。当水煮干时，捞掉黄油固质，用细目滤网、棉布或纱布滤掉黄油残余的杂质，剩下的应该是纯黄色的黄油脂肪。最后放入冰箱直到要用时再拿出来。

如果要做酥油，制作方式就像澄清黄油，只是不要捞去黄油固质，然后过滤器上用棉布或纱布铺着，再放在耐热量杯或其他容器上。黄油里的水只要一煮掉，黄油的温度会很快提升，黄油固质会迅速变金黄，过滤黄油，放入冰箱，要用时再拿出来。

1.清澈黄油分离出水和黄油固质。

2. 水约占整个黄油的15%，让融解的黄油形成泡沫。

3. 撇去白色的黄油固质和泡沫，只留下黄油脂肪。

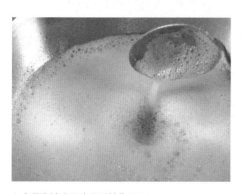

4. 大量泡沫表示水几乎快烧干了。

5. 一旦水从黄油中煮掉，油脂的温度会迅速升高让黄油固质焦黄。

6. 黄油固质留下多煮一会，煮出带坚果香的复杂口味。

7. 一块黄油经过褐变及澄清之后，分量将减少20%。

黄油酱 可做1杯（240毫升）

制作黄油酱的技巧在于将黄油搅入少量的水（参见第135页），这技巧也是做白葡萄酒黄油酱的基础，白葡萄酒黄油酱（beurre blanc）则是以白葡萄酒为底的锅烧酱汁。大量黄油也可以这么做，就像这里介绍的。黄油可以当成绝佳的淋油，是做炭烤鸡（参见第322页）的柠檬龙蒿淋油的基底。要做炉烤的肉类，如猪里脊（参见第277页），也可以拿汤匙把油浇在肉上。

这里我虽然有给标准剂量，但黄油酱做多做少只看你需要，无论你用多少黄油，只需要一点水让黄油融化。

材料

● 1杯（225克）黄油，切成两汤匙黄油块

做法

小型酱汁锅里放入两汤匙水，以中火加热。当水变热刚开始要冒泡泡，加入一块黄油，一面加热，一面持续搅拌。当第一块几乎完全融化，再放入一块或两块黄油，再继续搅拌。当黄油几乎全部融化，再加入更多再搅拌，直到全部黄油融化，盖上锅盖保温备用。

苏格兰黄油酥饼 15～20块

这道食谱是我从好友史戴芬妮那里学来的改编版，而她是从她的苏格兰老祖母那儿学来的。我最喜欢这道苏格兰黄油酥饼的地方是：它很简单，只要面粉、黄油和糖就够了。苏格兰黄油酥饼的风味主要来自黄油，试试改用发酵黄油，这种黄油是用鲜奶油以制作酸奶的方式发酵产生，更好的是，它可以自己做（参见第140页）。发酵黄油会提供更复杂的风味，值得你多花点钱。在这里我喜欢用带点咸味的黄油，如果你用的是无盐黄油，可以在面团里加1/4茶匙的盐。

苏格兰黄油酥饼的主要特色是柔软，一咬就松，入口即化。这是减少面筋的效果，而面筋就是面粉里的蛋白质，可以让面粉类的料理有嚼劲，就像面包。史黛芬妮的祖母用一般面粉加上米粉作原料，但我的版本用的是低筋面粉。做法上，如果你把所有食材放在大碗里搅拌也是行得通的，但是我觉得先把黄油打发可以使糖分布得更均匀，成品的口感也较好。所谓黄油打发，就是将黄油和糖放在一起用搅拌机或搅拌棒打到糖全部溶解，黄油变得轻盈蓬松。我喜欢莱登（Shuna Fish Lydon）对苏格兰黄油酥饼的描绘，这位以"打蛋家"闻名的甜点主厨，也是位优秀作家和鲜奶油提倡者，他是这么说的："世上最棒的苏格兰黄油酥饼绝对不起眼，卑微的样子就像它起源的崎岖大地。"

材料

● 2杯（225克）低筋面粉，浅装即可，不需太满

● 3/4杯（170克）发酵黄油或其他高质量黄油，室温放软

● 半杯（100克）糖

做法

烤箱预热到180℃（350℉或gas 4）。面粉、黄油和糖放在装有揉面棒的搅拌机里，以低速搅打几分钟，直到面团均匀拌和。

面团压进8寸（20厘米）蛋糕盘或其他烤盘里，铺平后的面团厚度应该要有1.2厘米厚。放入烤箱烤30分钟，烤到面团熟透略带金黄，趁热切成适当大小，即可食用。

黄油虾佐玉米粥 4人份

虾若用开水烫多半会烫得太老，但如果用黄油温火煮则美味异常，煮完肉质依旧软嫩，没有一点橡皮似的韧劲，且散发着莫名的甜香。要搭配贝类，有什么比黄油的好朋友"玉米粥"（grits）更适合的？这是道很棒的美国地方菜，是南加州这低纬度地区的特色料理。

这道食谱中，玉米粥配着培根和洋葱一起煮，而海鲜就用黄油慢慢温火煮，然后再加入玉米粥中。

如果你已经有一段时间没吃玉米粥，做这道料理正好，说不定你还会纳闷它怎么没成为你厨房的菜色，没有常常煮来吃。配方上写着这道菜至少需要煮30分钟，但可能更久。事实上，玉米粥最好用非常非常低的温度炖煮几个小时才会全部煮透。如果你有炖锅，玉米粥也可放在慢炖锅里炖上一天。

材料

- 115克培根，切小丁
- 1颗中型洋葱，切小丁
- 犹太盐
- 1又1/4杯（250克）高品量干玉米碎（参见第376页《参考数据》）
- 2杯（480毫升）牛奶，或自做蔬菜汤、鸡汤（自由选用）
- 新鲜现磨胡椒粒
- 1杯（225克）黄油，切成12块左右
- 455克虾或明虾，去壳去泥肠
- 4片柠檬片

做法

中型酱汁锅放入培根再加水漫过，以中温煮到水干，再关小火到中低温继续煮，煮到培根微微上色且油已煎出许多，足够炒洋葱。放入洋葱，用一撮盐调味（三只手指捏起的量），洋葱煮到软。

加入玉米碎开始搅拌，如果要加牛奶或高汤，就只需要加两杯水（480毫升），如果不加牛奶，就要加4杯（960毫升）水。先开大火煮开水，再转小火，一面炖煮玉米粥一面搅拌，拌煮约30分钟。在玉米粥上撒一点黑胡椒，不要让粥煮得太稠，要能够流动。如果需要还可再加一点牛奶或水（大约2杯或480毫升的量）。放的水量要够，这样玉米粥才不会粘锅，也会吸饱水分。但如果你一时失手放太多水，就要把多的水煮掉一些。然后盖上锅盖，把锅子用小火温12小时，要注意水分，如果需要就加牛奶或水。你也可以把玉米粥放在慢炖锅里用低温炖，或盖上锅盖放入烤箱，用65℃～95℃（150℉～200℉）的温度烘12小时。

玉米粥煮好备用。酱汁锅放入两汤匙水，水量只要够煮黄油和虾就可以了。用中高温将水煮到小滚，加入一小块黄油不停搅拌让黄油融化。当黄油融化进水里，再加3小块黄油持续搅拌（或者把黄油放在锅里一直画圈圈，看你要怎么做）。当所有黄油都融化，加入海鲜开始拌炒。锅子要用中高温加热，直到黄油再次变热，用即显温度剂测量油温，让油温低于煮开的温度，只要维持77℃～82℃（170℉～180℉），不要让黄油煮开。就这样让海鲜煮3～5分钟。虾拿出来切开，检查是否煮透。

应该要煮到中间部分都变白，看不到透明的灰色，且口感滑嫩多汁。

玉米粥以中高温加热回温，粥的口感应该是松软黏稠的。试试味道，如果需要再加一点盐，然后把煮虾的黄油放1/3拌到玉米粥里。

玉米粥用汤匙舀到盘子上，看个人喜好把海鲜摆在上面或旁边，最后再加一点黄油提香，撒上新鲜现磨的胡椒，再挤一点柠檬汁。

1.少量水加热，再加一块黄油，不断搅拌。

2.一旦开始乳化就可以加入更多黄油块。

3.晃动黄油让它不停动。

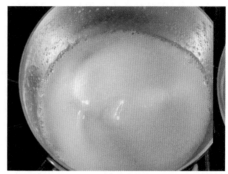

4.不要让黄油煮沸，否则会把所有水煮掉。

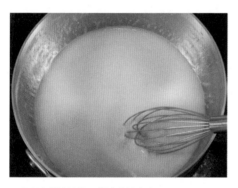

5.当所有黄油融化，黄油酱就完成了。

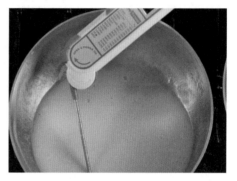

6.用黄油温火煮海鲜，黄油的热度定在75℃～80℃（170℉～180℉）范围内。

7.将虾放入锅中。

8.海鲜会慢慢烫熟，充满黄油的风味，低温会让它们口感柔嫩。

9. 轻轻转动搅拌，确定虾均匀煮熟。

10. 如果捏捏虾却不确定煮熟没，切开看看。

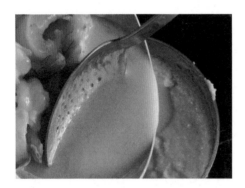

11. 玉米粥里拌入一点煮虾的黄油作最后提香。

褐色黄油马铃薯泥 4人份

这份食谱是展现黄油力量的极佳例子。当你把黄油固质煮到焦香金黄，充满坚果香气，任何平淡无奇的淀粉类只要加一点这种褐色黄油，立刻截然不同。这道马铃薯可搭配烤鸡（参见第274页）、炸鸡（参见第334页）或牛排（参见第323页）。

材料

- 455克褐色马铃薯（russet/baking potatoes）或金黄育空马铃薯（Yukong old potatoes[1]），去皮，切大块
- 1杯（240毫升）牛奶，视需要可更多
- 犹太盐
- 半杯（115克）黄油

做法

马铃薯放入中型酱汁锅加水盖满以高温加热，煮滚后关小火，以中小火将马铃薯煮约20分钟，煮到马铃薯全部煮软熟透。不要让马铃薯在沸水中一直滚，这样会把马铃薯外形煮散。滤掉水，马铃薯放在一边让水分蒸发。

同个酱汁锅加入牛奶和两茶匙盐，以中温加热。牛奶变热时把马铃薯倒回来，直接在锅里用压泥器压成泥（我喜欢薯泥入口时还带着碎块，所以我喜欢用这个方法操作），你也可以用压薯泥器或磨泥器直接压成泥再放入锅中。薯泥与牛奶均匀混和，但不能过度搅拌。请试试味道，如果需要再加点盐调味。

小型酱汁锅以中高温融化黄油，当泡沫都退掉就开始搅拌黄油，注意黄油固质的颜色。当黄油固质变成金黄，把一半黄油倒入薯泥中。试试看味道，如果你喜欢薯泥吃起来比较稀，可以再加一点黄油。剩下一半的黄油用汤匙浇淋在薯泥上，即可享用。

---

1 马铃薯种类很多，褐色马铃薯，淀粉高水分少，最常用来制作薯条；而黄金育空马铃薯，则是皮黄、香气浓、口感松，最常用来制作薯泥。

面团 DOUGH

面粉，第一集

面团是以水塑型的面粉。如果少了一些液体，面粉只是粉，是淀粉和蛋白质各自独立、形态各异的粒子的集合。加入水，面粉里的蛋白质就会紧紧卷成长链束，这就是面筋，可以伸长与另个面筋相连，形成蛋白质长链以及单一面团。

有时候面团中存在油脂（黄油），脂肪会缩短由水形成的面筋长链，最后会形成松软酥薄又有层次的派皮面团，而不是让你可以咬上几口的面包或面条。因为油脂包覆着面粉粒，如果只有油脂加入面粉中，只要使用挞模或环形模等模具就可以让面粉粒塑型送烤。面粉经过烘焙会定型，出来的糕点会非常松脆。鸡蛋的组成一半以上是水，面粉和蛋会创造有弹性的面团，就像面包，但是对于这种面团我们往往会用煮的而不是烤的。

了解这些蛋白质的特性让你知道如何控制面团。蛋白质是我们能够塑形面团的原因，它也说明了弹性的由来。它就是让面团延展不断裂的东西，所以我们才有好吃的意大利面；抓住空气的也是它，我们才有发酵面包可吃。

当我们做面团，就是在拌和和揉搓，刺激这些蛋白质长链拉长和连接，一端接着另端，一边黏着另边，互相联结。蛋白质连接越多，拉得越长，就越光滑也越有弹性，面团就越强韧。

另一个要了解的方面是蛋白质网络的松弛特性，意思是如果一开始你把蛋白质长链拉长，它们会弹回去，但如果你把它们就这样放着一段时间，再拉长时弹回去的力道就不会那么强。这就是面包和意大利面面团在塑型及擀面前都该松弛一段时间的原因。

油脂和蛋白质的交互作用在于维持蛋白质分裂的状态，不让它们链接形成有弹性的长链，这就是为什么派皮面团十分松软没有嚼劲，而饼干会碎掉不能撕裂。

面粉拼图的最后一块，也是最重要的一块是，在一些无可预期的条件下，即使相同容量的面粉，重量也会不同。也就是说，某一天，1杯面粉也许重115克（4盎司），但另一天，它也许会重170克（6盎司）。如果原因只有一个，人们为什么要害怕烘焙？为什么做面包似乎总让人疑惑？为什么只是做个简单的海绵蛋糕却像如临大敌？因为面粉的测量总是给固定容量，但容量也只是参考罢了。

所以一杯面粉可能有50%的差距，难怪有些食谱"没有用"。如果你的食谱要你在大碗里放4杯面粉，你到底要放1磅还是半磅？谁知道呢！

这就是为什么标示面粉重量的食谱好像比标示容量的食谱有用，且标示重量的食谱的成功率比其他高出两倍或三倍。我极力推荐你买一个磅秤使用（请参见第368页《参考数据：选购食材》）。有了磅秤也会让测量工作清楚容易许多，更别提也准确多了。大多数的电子磅秤有盎司与克两种规格，如果你有磅秤，我建议你可以按照本章食谱里的公制。

这里的食谱聚焦在三种基本面团的准备，包括面包、派和饼干。

面包面团

一旦你有能力做个好面包，全世界都向你展开。大多数情况下，面包就是面包，在基本上面包没有太多变化。至于法国长棍面包、三明治面包、披萨面包、意大利拖鞋面包（ciabatta）、薄脆饼（flatbread），都是在相同条件下形成的变化，也就是面粉和水的重量以5：3的比例拌和，加上酵母和盐。再厉害的面包也不会比这更困难了。我觉得多数食谱写的指示都太多，把原本简单的事情复杂化：就只是面粉、水、盐和酵母混在一起，直到面团漂亮有弹性。

低筋面粉、高筋面粉、中筋面粉，任一种面粉都可以用。用低筋面粉而不用高筋面粉的确有些不同，或者用全麦面粉，全麦面粉做出的面包口感较紧实，但也别太担心如果储藏室没有高筋面粉，是不是面包就做不出来了。

只有一个时间你别试着做面包，就是还有一小时就要吃它的时候。做面包可急不来，它需要时间，你给它的时间越长，面包就做得越好。

面粉和水：你需要5份面粉和3份水，以重量计算。这样就有适当的浓稠度，可做出多功能的面团，不会太湿而整个黏糊糊的；也不会太干，干到连搅拌都很困难。而5盎司面粉加3盎司水，可以做一条非常小的面包。我都用20盎司当标准，加上12盎司的水，可以做2磅生面团（用公制单位计算，就是500克面粉配300克水）。

至于没有磅秤的人，我已经帮你们换算好了，5盎司面粉等于1杯面粉。

盐：盐赋予面团味道，所以盐很重要。没有盐的面包淡而无味。一般的经验是面粉的重量乘以0.02就是需要的盐量。换句话说，盐应该等于面粉重量的2％。所以20盎司的面粉就会用0.4盎司的盐（若以公制计算，就是500克面粉要放10克的盐）。如果你无法称食材的重量，也可以把粗盐浅浅装个半茶匙配上1杯面粉。

至于没有磅秤的人，我建议使用莫顿的犹太粗盐，这种盐的容量与重量比几乎一样，也就是1汤匙盐等于0.5盎司。

酵母：让面包成为面包而不是营养口粮的东西就是酵母了。酵母的用量可以有很大变化。你放进越多酵母，面团越快膨胀。我一般用活性干酵母，用速发酵母粉也是可以的（它比活性干酵母更有活性）。至于分量，我都使用面粉重量的0.5％，不然就用1/4茶匙的酵母配上1杯面粉。

很多面包食谱都在各种温度上做文章，好比发酵母菌要在43℃（110 ℉）的水里，或者加入面粉的水温度须是24℃（75 ℉）。面包师傅会同意面包烘焙过程中有太多变量，而酵母面团是活的，对环境有反应。但只是在家做个基本面包，不需要为了温度这种事把自己逼疯。只要知道用热水时，或做面包那天又热又湿，酵母会比冷温度下的面团发酵快一些。

要做好基本面包，有三个阶段需要注意，包括搅拌、第一次膨胀、第二次膨胀。

搅拌才会生成面筋网络，而面筋赋予面团结构及弹性，面团才会膨胀发酵，让这些面筋排列接合就是搅拌的工作。搅拌做得好的面团应该光滑有弹性，你可以把它拉长，拉到半透明都没问题。

第一次膨胀，又称第一次发酵。酵母菌为了繁殖，吃下淀粉质所含的糖类，结果放出二氧化碳。这不只是发酵过程的开始，也是香味的由来。你应该让面团发到两倍大。发酵过程花的时间越久，面包的风味越浓。当第一次发酵结束后，用手指压压面团，如果面团没有立刻弹回来，你可能让它发太久了，面团反而松塌，如此就无法完成最后的发酵。

第二次发酵会给予面团最后的结构。这个过程要特别注意不要让面团过度膨胀，否则面团就会变成又扁又沉重。

下面列出的面团，对铸铁锅面包和披萨面团而言，使用的材料完全相同，比例也一模一样，只有塑型和烘焙方式不同。同样的面团可以用来做香草面包、三明治面包、薄脆饼、佛卡夏和拖鞋面包。

派皮面团

也许是因为冷冻派皮的普及，很多人都不再做派皮面团了。这真是可惜，因为它实在太容易做也太好吃了，尤其是用黄油来做，而不用无味的植物起酥油或猪油（如果你喜欢用猪油，它也是一种选择）。

派皮面团可以用在很多地方，可以拿来做法式咸派或烤鸡派，也可以做甜派或甜挞。派皮面团可以包入各种馅料，可煎、可烤、可炸，就像做阿根廷炸馅饼（empanadas）一样。剩下的面团可以撒上肉桂和粗糖，烤过之后就像吃饼干（真的就是这样）。

要做出松软薄脆的外壳，秘密有三个。首先，要让包入的黄油或其他油脂大小不同，从小颗粒到花生大小不等。当面团擀开时，油脂在面团中形成层次，产生松脆感。第二，加入面团的液体要刚好可让面团拌和，如果加太多就会促进面筋形成，这会让面团有嚼劲。最后，揉擀面团会强化面筋网络，所以只要揉得刚刚好让面团拌和在一起就可以了。

有些料理要求你盲烤派皮（blind bake），例如做蛋挞。盲烤派皮的意思就是在馅料还没有填入之前，先将派皮烤过。你可以买烘焙石放在面团里，让面团维持曲线，不会在烤箱中裂掉。用干豆代替也很容易，只要用铝箔纸垫在装好面团的模具上，然后放上干豆子。用165℃（325 ℉或gas 3）的温度烤20～30分钟，然后取出铝箔纸和豆子，盲烤就完成了。

饼干面团

最基本的饼干面团只是以糖代替水的派皮面团，想做带有苏格兰酥饼风格的饼干就要放黄油。黄油中的水分可以让面团聚在一起形成干爽酥脆的饼干，朋友称为饼干的"成人版"，最适合晚餐后或早午时段作为搭配热饮的点心。饼干可用柑橘汁、柑橘皮和罂粟种子增加风味，或者撒上糖粉、糖霜、砂糖做装饰。但最重要的是，饼干面团让我们知道面团通常如何操作。多加一点油脂，饼干就可以擀薄一些；多加一点糖，面团就湿一点，咬起来也更有嚼劲（这点还取决于其他成分的比例，也可以让面团擀得更开，脆度就增加了）。脂肪含量高的饼干，若增加糖分就变酥脆。而另一方面，你也不想吃到一块甜到倒胃口的饼干。增加面粉，饼干就会更脆口、更干爽、更酥松。而鸡蛋会让饼干口感比较像蛋糕。饼干不外乎就是讲究平衡而已。

肉桂糖粉饼干 12块

这份食谱是我改编自好友香娜·莱登的作品，她是著名的甜点主厨和美食作家。原本这道点心要排在《糖》的那一章，因为它的结构多半取决于糖这食材。但我觉得它也是展示饼干特色的好素材，所以决定放在这里。香娜用的糖比较少，要做非常传统的饼干，更厚一点，多加一点糖会让饼干更有嚼劲。如果你想饼干薄脆一点，只要把黄油分量加倍就可以了。snickerdoodle[1]其实是道简单美味的肉桂糖粉饼干。

材料

- 1/4杯（55克）黄油，放室温
- 1/2杯（100克）红糖
- 1.5杯（300克）砂糖
- 1大颗鸡蛋
- 1杯（140克）中筋面粉
- 1茶匙泡打粉
- 犹太盐

肉桂糖粉材料

- 1/4杯（50克）砂糖
- 4茶匙肉桂粉

做法

烤箱预热至180℃（350℉或gas 4）。黄油和糖放在大碗里，用橡皮刮刀像划桨一样切拌食材，直到完全均匀。加入鸡蛋快速搅打，直到与黄油糊均匀混和。

小碗放入面粉、泡打粉和一撮盐（三只手指捏出的量）。泡打粉搅散拌进面粉里，然后分几次加入黄油糊中，继续搅拌直到拌和均匀。

用汤匙舀出面团——一排放在烤盘上，每个间隔7.5厘米，再用湿毛巾包着玻璃杯口，玻璃杯口对着每个面团压下去。

制作肉桂糖粉：小碗放入砂糖和肉桂粉搅拌均匀。

每片饼干面团上都撒上适量肉桂糖粉（如果还有剩余，为了肉桂吐司，请保留剩下的糖粉）。送入烤箱烤15分钟，烤到饼干熟透，边缘都带着金黄色就可以了。

1《料理之乐》认为snickerdoodle源自德国，是德文schneckennudeln的错音，schnecken是蜗牛（snail）的意思，因为压过的圆圆饼干就像蜗牛的壳。

肉桂卷 12 ~ 15 个小面包

这是酵母软面团的范例，黄油、蛋、糖让这面团带着枕头般的酥松感。这道食谱也说明了分割面团及烤焙摆盘的要领。面团可以用保鲜膜包好放到冰箱静置一晚，到了早上，让面团松弛膨胀之后就可以按照指示烤面包。因为面团是冷的，松弛膨胀的时间至少需要90分钟。

面团

- 5杯（700克）中筋面粉
- 2茶匙活性干酵母
- 2茶匙犹太盐
- 1/4杯（50克）砂糖
- 2大颗鸡蛋
- 1又1/4杯（300毫升）酪乳，先用微波炉预热40秒
- 4汤匙（55克）黄油，事先融化

馅料

- 1/4杯（50克）砂糖
- 4茶匙肉桂
- 4汤匙（55克）黄油，先软化

糖衣

- 2杯（200克）糖粉或糖霜
- 1茶匙香草精
- 1/4到3/8杯（60 ~ 90毫升）黄油，预热

做法

制作面团：搅拌盆里放入面粉、酵母、盐、糖和蛋，用搅拌机的搅拌器（桨型）将材料和在一起。加入酪乳和融化黄油，继续搅拌成面团。换上钩型揉面器开始揉面，大概揉6或7分钟，揉到面团摸起来粘手却不黏，向外拉开可以形成半透明的薄膜。

面团拿出来放到工作台上整型滚圆，放进刷过油的盆中，将面团在盆里先滚一下，蘸上一点油，用保鲜膜或厨用毛巾盖好让面团发酵，发酵时间60 ~ 90分钟，让面团胀到两倍大。

发好的面团放在工作台上擀成35厘米×30厘米的长方型，厚度大约是1.2厘米到1.7厘米。不要把面团擀得太薄。如果擀不动，就盖上毛巾，让它松弛5分钟。

制作馅料：取一个小碗，放入砂糖和肉桂粉混和。

将已经回温放软的黄油随意放在面团上，再撒上肉桂和糖粉，将面团从长的那边卷起卷成棒状，尾端捏紧稍微滚动让接缝处贴合。用锯齿刀将面团切成3厘米的小段。

烤盘先刷一层植物油或用烘焙纸垫上，把小面团摆放在烤盘上（摆好就不要再碰它了，要碰它也要等到下次发酵后才可拿起来）。用厨用毛巾盖上让它醒60 ~ 90分钟，小面团要胀到两倍大才算完成。

烤箱预热到180℃（350℉或gas 4）。

烤盘放入烤箱烤20 ~ 30分钟，烤到面包颜色金黄就可拿出来散热，温度要降到温热不烫的程度。

制作糖衣：小碗里放入糖粉或糖霜、香草精和适量牛奶搅拌，做成稀薄的糖衣。每个小面包涂上糖衣，完全冷却就可以吃了。

铸铁锅面包 1个

这是最基本型的面包，容易做，外形简单，看起来好看，吃来又美味。我相信把面包放在锅里烤是面包师傅吉姆·莱希（Jim Lahey）[1]发明的点子，这实在太厉害了。水分被困在紧闭的锅内形成很棒的脆皮。面包烤到一半时要开锅烤。面团可以在烤前一天做好，然后再进行第二次发酵，而不是让面团先以室温发酵，再放到冰箱过夜。只要烤前一小时再拿出来就好了。这个配方可以依照食材重量减半、加倍或三倍。

以容量计

● 4杯中筋面粉

● 1.5杯水

● 1茶匙活性干酵母

● 2茶匙犹太盐，盐若用撒的就多点

● 植物油或植物油喷雾

● 橄榄油

以重量计

● 500克中筋面粉

● 300克水

● 10克犹太盐，如果用撒的就多点

● 2克酵母

● 植物油或植物油喷雾

● 橄榄油

---

1 吉姆·莱希，纽约著名面包店Sullivan Street Bakery 的师傅，在2006年发表No-Knead Bread，即用铸铁锅烤的面包。因为烤欧式面包向来难，他却声称免养种免揉擀，4岁小孩也会做，故声名大噪，铸铁锅也因此热卖一时。

做法

面粉、水、酵母和盐放入搅拌盆，搅拌机装上钩型揉面器，以中速搅拌5～10分钟，拌到面团光滑有弹性。依照搅拌盆的大小，如果面团没有完全搅拌均匀，你可能需要停下搅拌机，将面团从揉面棒上刮下来再搅拌。如果面团看来光滑，切下一块拉开看看，如果看起来已经快要透明，就是搅拌均匀，如果没有，继续搅拌到出现透明状。

搅拌盆从机器上拿下来，用盖子盖好或用保鲜膜包上，让面团醒2～3小时，直到面团变成两倍大，用手指压下去面团不会立刻弹回来。

面团拿出来放在工作台上，开始揉和、排气，让酵母重新分布。大致将面团揉成圆球，盖上毛巾，静置10分钟让面筋松弛。

然后将面团搓成一颗紧紧的圆球，越紧越好，用手掌把放在工作台上的面团滚动搓揉，让它变成圆球。

用植物油把大型铸铁锅的底部和锅边都刷上一层，或者你也可以用其他厚底可放烤箱的锅具（容量要有5.2升或更大）。面团放在锅子中间，再盖上锅盖，等30分钟到60分钟再次醒面团（如果那天又热又湿，时间可短些，如果那天的温度很低，就需要多点时间）。

烤箱预热到230℃（450℉或gas 8）。抹约1汤匙橄榄油在面团上，如果你喜欢还可以抹更多。用锋利刀子或刀片在面团上割口，可以割个X型或简单划几刀，这会让面团自由地向外膨胀。撒上盐，再盖上锅盖放入烤箱。

30分钟后，拿掉盖子，让烤箱温度降到190℃（375℉或gas 5），继续烘烤，烤到面包熟透且有美丽的黄褐色。完成时，面包中心的温度应该有95℃（200℉）。

上桌前让面包放在架上静置至少30分钟，这样面包中心才会完全熟透。

1.用磅秤量面粉和水。

2.用钩状揉面棒混和面粉、水、酵母和盐。

3.如果面团很容易撕开而不能延展，就像这块面团一样，表示还需要再揉和。

4.我喜欢在最后阶段用手揉面。

5.慢慢体会感觉面团的状况。

6.当面团能够延展成半透明状的薄膜，就是面团揉好了。

7.第一次发酵后用手指插入面团中，发酵完成会有一个凹洞。

8.在烘烤之前，抹上橄榄油，撒上犹太盐，用刀子划几刀。

披萨面团 两个披萨

做这个面团，最少要在烤前3小时开始，也可以在前一天做好放进冰箱冰起来，或者放冷冻库，可以保存一个月之久。这个配方可以做出两个中型披萨的面团，你也可以依据重量减半、加倍或三倍。

以容量计

- 4杯面粉
- 1.5杯水
- 1茶匙活性干酵母
- 2茶匙犹太盐或粗海盐

以重量计

- 500克面粉
- 300克水
- 2克活性干酵母
- 10克犹太盐或粗海盐

做法

面粉、水、酵母和盐放在搅拌盆，搅拌机装上钩型揉面器，用中速搅拌5～10分钟，拌到面团光滑有弹性。因为搅拌盆的尺寸不同，面团可能搅不均匀，请停下搅拌机，将钩子上的面团刮下来。当面团看来光滑，切一块拉开，如果面团能延展到接近透明的状态就是揉好了。如果没有，继续揉到可以看到透明状为止。

搅拌盆从机器上拿下来，盖上盖子或用保鲜膜包好，让面团醒到两倍大，插入手指面团不会立刻弹回来。发酵时间需要2～4小时。

发好的面团移到工作台上，用手揉面，压出气体，让酵母重新分布。面团切成两半，每一半压成一个圆形面坯，再用毛巾盖上静置15分钟。

烤箱预热到230℃（450℉或gas 8）。每个面坯往外拉，或用擀面棍向外擀，擀到你想要的厚度（越薄越好）。在面团上放上你想要的食材，用无框烤盘或石盘烤20分钟，烤到边缘金黄色、底部是脆的。烤好后即可食用。

如果你没有铲起披萨的薄木铲，却要做石烤披萨，在放上馅料前，可将面团放在一张烘焙纸上，这样会比较容易把披萨从工作台上拿到烤箱里。

派皮面团 1个有盖有底的派或两个直径9寸（23厘米）的挞

派皮面团可以用桌上型搅拌机做，但如果你只要做一两个派，用手做更快。我觉得用搅拌机做的派皮面团口感比较硬，没有细致的酥脆度。

做好的面团可用保鲜膜包好放在冰箱冷藏24小时，或者放在冷冻库一个月。如果放在冷冻库，使用前，请放到冷藏室回温。

材料

- 2杯（300克）中筋面粉
- 14汤匙（200克）黄油，不需回温软化，切成1.2厘米的小块，也可用植物起酥油或猪油代替
- 犹太盐（自由选用）
- 1/4到1/2杯（60到120毫升）冰水

做法

大碗里放入面粉和黄油。如果使用无盐黄油，请加入一撮盐（三只手指捏起的量）。用手指把黄油和面粉和在一起，用手揉捏直到黄油块和花生米差不多大。加入1/4杯（60毫升）的冰水把面团拌和均匀。如果第一次加入的水量不够，再加入剩余的水把面团揉匀。面团压成2.5厘米厚的圆形，再把面团紧紧包在保鲜膜里放入冰箱冷藏，少则1小时多则一天。如果你的派需要派面和派底，可将面团分开包。

面团在工作台上擀成需要的尺寸，再撒上面粉。

夏洛特的苹果派 8人份

这是小时候祖母来访时，我最喜欢吃的点心。史帕玛（Charlotte Addison Spamer）是优秀的烘培师傅，多凭直觉工作，所以当我向她请教食谱时，她告诉我她做了派皮面团，用了些苹果。我问她用了多少糖，她有点恼火地说："哦，我不知道。"她做什么事都不看的，令人伤感的是，这项特长在她94岁时丢掉了。但她记得有个面包店离她密歇根州底特律夏日街的安老院不远，那儿会卖"苹果四方派"。家人都很喜欢，所以夏洛特开始自己做。"我的比较棒"她说。她确认并告诉我她选择的苹果是旭（MacIntosh）[1]。

她不喜欢苹果煮过之后吃起来还一块一块的，她喜欢完全软化的苹果，旭苹果就有这样的特质。但我觉得如此甜腻的点心需要青苹果的酸度，就像澳洲青苹（Granny Smith）[2]。用旭苹果取其软甜，放澳洲青苹平衡风味和口感。

我会用四方型的烤盘或做瑞士卷的盘子做夏洛特的苹果派，这两种烤盘都有边，尺寸都是33厘米×23厘米。如果你没有相同尺寸的烤盘，用23厘米×33厘米的长方型陶瓷烤盘也行。

---

1 旭苹果，加拿大人约翰·麦金塔（John MacIntosh）在1811年发现的品种，是苹果计算机及其商标的取材对象。

2 澳洲青苹，1868年由澳大利亚的 Granny Smith 在自家花园发现，因口味酸脆常用来做沙拉。

材料

派皮面团（参见第16页）

- 10颗青苹果，去皮，随个人喜好切成片状
- 1/3杯（65克）砂糖
- 1.5茶匙肉桂粉
- 1颗柠檬的汁
- 新鲜磨碎的肉豆蔻
- 3汤匙红糖

糖衣

- 2杯（200克）糖粉或糖霜
- 1茶匙香草精
- 1/4到3/8杯高脂鲜奶油，预热

做法

烤箱预热到180℃（350℉或gas 4）。

一半面团擀成烤盘的尺寸（参见第166页），面团放进烤盘里。

大碗放入苹果切片、砂糖、肉桂、柠檬汁，搅拌均匀，随意放在烤盘派皮上，撒上大量肉豆蔻（我用的很多）和红糖。然后擀开剩下的面团，放在苹果内馅上，把多的部分修掉后随意封起来。这是一道质朴的点心，所以要是面团裂了或破了，补起来就好，用叉子在各处戳几个洞。

盖上铝箔纸，面团的四边都要顾好，再用一个更大的烤盘托着派皮烤盘，如果有汤汁滴下来还可以接着。放进烤箱烤30分钟后，拿掉铝箔纸再烤

30 ～ 45分钟。烤到上层派皮呈现金褐色就可以拿出来，放到完全凉透。

制作糖衣：小碗放入糖粉或糖霜、香草精和适量鲜奶油搅拌均匀，做成稀薄的糖衣。

当苹果派完全放凉后，在派皮上刷上糖衣，即可食用。

面糊 BATTER

面粉，第二集

Recipes

面糊就是液体的面粉。是的，我们可以把所有浓稠的液体都叫作"糊"。但技术上来说，没有面粉的巧克力蛋糕和其他类似的料理,制作过程完全依赖蛋和油脂,更像卡仕达而不是面糊。面糊与淀粉有关。虽然好面糊可以用没有麸质的粉类做出（如放在天妇罗粉浆里的米粉）。这是我只介绍小麦面粉做的面糊。小麦面粉赋予熟面糊口感及咬劲,没有其他物质能做到——如柔软的蛋糕和玛芬,带着酥脆又有一点嚼劲的天妇罗,还有可丽饼,口感更是细致愉悦。

在粉类—液体的杠杆上,面糊坐落在面团的另一端:面糊是你无法塑型的面粉混合物,是你可以倒过来流过去的面粉。

各种各样的面糊在浓稠度上大相径庭,有的富含油脂,有的加入蛋或膨松剂,但面糊基本定义就是面粉和液体等重。做面糊可用其他液体代替水（如牛奶、酱汁、果汁）,看你想要什么效果。大多数面糊都有放鸡蛋,蛋白提供结构,蛋黄增加丰润。黄油则带来风味和浓郁。糖会增加甜度和味道,创造结构,还会影响质地口感。面糊可以借由打发蛋白而自然发酵,也可以加入泡打粉而化学发酵。然而面糊的基本成分就是溶在水中的面粉,面粉一旦加热就会给其他食材提供架构。

面筋在面糊中仍扮演活跃角色,但不是像在面团中那般伸展。事实上,面团和面糊的最大差别就在于做面团的目的是发展面筋,而做面糊时却极力避免生成面筋。

蛋白质网络要靠激烈搅打才会形成,避免面筋形成是面糊成功的关键,而成功的定义在于柔软度。要有柔软度,就不要过度搅打。试着用料理机搅拌松饼面团,你就会看到面筋对成品的影响——松饼会变得硬梆梆。因此,我们得轻轻地把面粉拌成面糊。做蛋糕得最后才拌和;做面糊类的面包或松饼,只要拌到食材均匀就不拌了;做天妇罗炸衣,在最后一分钟才搅拌,让淀粉分子还来不及吸光所有液体就完成了,这样才能有酥脆的外皮。做热胀泡芙（popover）[1]需要吸收,所以在烤之前要让面糊休息,才会制造出热胀泡芙里充满奶油般的柔滑口感。

---

1 popover,是约克夏布丁的类似版本,因为在烤的时候面糊会胀得很大,仿佛从烤具里爆出来,所以叫作popover。

很多面糊都有蛋，蛋增加营养、丰美、风味及结构。蛋在面糊中是令人兴奋的角色，因为不同的搅拌方式决定了最终的结果。

一个简单的面糊，比方像面糊面包或饼这类的，蛋总是和液体拌在一起。不过做蛋糕时，蛋会和糖先和在一起，再和进面粉里。做基本的海绵蛋糕，蛋要经过剧烈搅打，打到发，充满空气泡泡，这些泡泡就是会让蛋糕膨大的东西。更轻质的蛋糕甚至需要蛋白和蛋黄分别打发。而浓郁的磅蛋糕的材料还包括黄油，黄油和糖要先搅拌（专业名词是黄油打发），然后再加入蛋搅打。如果蛋是面糊的一部分，它们塑型的方式就决定了成品的状况。

糖的效果也一样很复杂，对于风味、口感、湿度和颜色都有影响。糖溶于液体食材就成了糖浆，可以让蛋糕更甜。糖也会增加结构，帮助蛋糕保持湿度，最佳的例子是天使蛋糕，它包含等量的蛋白和糖，最多加上1/3量的面粉，最后拌进去就是了。

黄油让面糊增加浓郁风味的深度，帮助面筋网络的形成，还可以让蛋糕质地紧密。我做磅蛋糕就使用很多黄油，但我更喜欢没有黄油的蛋糕，只是简单地用蛋、糖、面粉增味。

在烘焙领域中，面糊是最常用的备料。下面列出的食谱展现了基本面糊的几种形式，包括加了全蛋的蛋糕面糊（只用蛋白的面糊，如天使蛋糕，参见第194页）、面糊面包，以及做热胀泡芙充满空气感的稀薄面糊。

经典巧克力淋面夹心蛋糕

8寸（20厘米）双层蛋糕，12～16人份

食品加工业再三要我们相信自己做蛋糕太难，所以我们最好买现成蛋糕粉。坦白讲，并不是所有蛋糕粉都是不好的，但它们的味道千篇一律，通常内含反式脂肪和不必要的高糖分，且多用以氯漂白过的面粉。想要吃到湿润又美味的蛋糕，不妨自己做一个。真的很简单！

这个蛋糕没有让蛋糕变得厚重的黄油（别担心，霜饰里有很多）。蛋黄和蛋白要分开搅拌，而蛋糕大部分的空气感就来自打发的蛋白。

也许烤蛋糕最重要的部分在于思考——做好准备工作，尤其是预热烤箱和准备平底锅。此外，如果你有电子磅秤，需要用它称出面粉有几克重。

材料

- 9大颗鸡蛋，蛋黄蛋白分开
- 2杯（400克）糖
- 2茶匙香草精
- 2汤匙柠檬汁
- 2杯（280克）低筋面粉，先过筛
- 巧克力奶油霜（参见第181页）
- 巧克力淋酱（参见第183页）

做法

烤箱预热到165℃（325℉或gas 3）。

准备两个8寸（20厘米）蛋糕烤模（或9寸/（23厘米）的可卸底蛋糕烤模。烤模先用黄油或植物油上一层油，然后在底部和四周撒上面粉，再把多余的面粉抖掉，在底部垫上烘焙纸（参见第179页）。

蛋黄、一半的糖和香草精放入大碗里，搅拌1分钟直到蛋黄打发与糖均匀融合。

蛋白和柠檬汁放入搅拌机的搅拌盆以搅拌棒高速搅打。机器一面运作，一面慢慢倒入剩下的糖继续搅打，直到蛋白分量变成三倍且硬性发泡。

先将一半蛋白拌入蛋黄糊中，再加入一半面粉拌和，直到蛋糊与面粉拌匀。然后再倒入另一半的蛋白糊拌和，接下来是剩下的面粉。

面糊倒进预备好的烤模中，烤30～40分钟，烤到蛋糕定型，用牙签插入中心拿出来时牙签上不粘任何东西。蛋糕连同烤模放凉10分钟，然后将蛋糕倒扣在架上，撕掉烘焙纸，慢慢将蛋糕倒回正面，完全放凉。

切掉最上面的部分做蛋糕底部（如果你用可卸底的蛋糕模具烤，脱模后直接将蛋糕横切两半，蛋糕体就有两层了）。在第一层蛋糕体上面涂上奶油霜，然后放上第二层再用奶油霜涂在蛋糕上面及四周。我建议让蛋糕上一层薄衣（crumb coating），就是第一层先涂一层薄薄的奶油霜，放进冰箱直到第一层冰透，再完成其他霜饰，再淋上淋酱。

1.搅打蛋黄。

2.在蛋黄里加入糖。

3.打到体积变成3倍大。

4.用完全干净的碗打蛋白。

5.当蛋白变成泡沫时，撒入糖。

6.蛋白的分量会发成4倍。

7.蛋白糊完成时会形成柔软的尖峰。

8.轻轻地将蛋白糊拌进蛋黄糊中。

9.再倒进一半的面粉。

10.剩下的蛋白和面粉由下翻上拌和。

11.立即将面糊倒入模具。

12.模具只需填到3/4满。

13.蛋糕在架上冷却10分钟,再剥除烘焙纸。

14.先上一层薄薄奶油霜,称为crumb coat。

　　方形的烘焙纸先对折再对折变成正方形，然后以正方形的一角为轴心由一边折向另一边，两边对齐折出三角形，就像在折纸飞机，如果你打开纸张，正方形的一角正好是纸的正中心。继续折出三角形，直到三角形两边都快碰头了。三角形的顶点放在烤模的中心、尾端碰到模具边再用手指压住，用剪刀或刀子将超出锅边的部分剪掉。摊开烘焙纸，它应该是圆形。如果烤具是空心烤模，在摊开之前，将三角形尖端部分放在中间，对着孔洞边缘再剪一刀，让圆形纸中间露出一个洞。

香蕉蓝莓面包 一条8寸（20厘米）面包

当我决定要在这里放哪一种面糊面包时，我只是结合了我最喜欢的面糊面包和马芬蛋糕。我一开始就将基本面糊的比例设定为液体和面粉的重量比例，再把蛋的分量减半，然后缩减液体的分量，再加入水分很多的香蕉。

材料

- 2杯（280克）中筋面粉
- 2茶匙泡打粉
- 半茶匙小苏打粉
- 犹太盐
- 3大颗鸡蛋
- 1/4杯（60毫升）酪奶
- 1/3杯（65克）糖
- 1/4杯（60克）黄油，预先融化
- 2根香蕉，压成泥
- 1茶匙香草精
- 1茶匙柠檬皮末
- 1杯（140克）蓝莓，与1汤匙面粉拌在一起

做法

烤箱预热到180℃（350℉或gas 4），取一个8寸（20厘米）的长条型烤模，用黄油或植物油先涂上一层。

面粉、泡打粉、小苏打及1茶匙盐放入中碗里拌和，而蛋、酪奶、糖、融化黄油、香蕉、香草精和柠檬皮放入大碗里搅拌均匀。再加入粉类食材，用打蛋器搅拌均匀后拌入蓝莓。

面糊倒入准备好的长条模具中，放入烤箱烤1小时，烤到用刀子或牙签插进面包拿出来时干净不黏。把面包连同烤模拿到架子上放凉15分钟后，再把模具翻过来将面包脱模，放在架子上放凉。

做好的面包包好后可在室温储藏约3天。

巧克力奶油霜 5杯（1.2升）奶油霜

你只要做过这款棒透了的调味品，就会对去卖场买人工调味霜的行为感到羞愧。法式奶油霜与意式奶油霜的不同之处在于法式用蛋黄而不用蛋白，意式奶油霜就是你在花哨蛋糕上看到的白色霜饰。德国的奶油霜用的是奶蛋馅，就是浓稠的香草酱。这些奶油霜都很棒，但是我喜欢放了蛋黄味道浓郁的霜饰。

材料

- 3杯（150克）糖
- 6大颗蛋黄
- 1大颗鸡蛋
- 2杯（455克）黄油，放室温，先切成30块
- 2茶匙香草精
- 170克半甜巧克力（纯巧克力、苦甜巧克力均可），融化，稍微冷却

做法

小型酱汁锅放入糖和1/2杯（120毫升）的水，高温煮滚后再煮3至5分钟。糖浆的温度应在112℃到115℃（230℉到240℉）之间，如果你有测糖专用的温度计，请用温度计确定。

一面做糖浆，一面将蛋黄和全蛋放入搅拌盆开高速搅打，打到蛋液胀到三倍量，所花时间应该和煮糖浆的时间一样。

持续打蛋，一面将糖浆慢慢倒进打好的蛋里，继续搅拌8～10分钟，直到搅拌盆从外面摸起来已经变冷了。降低速度到中速，加入一块黄油，等到黄油融合，再把剩下的黄油一次一块慢慢加入。黄油加入后看起来好像是油、蛋糊是蛋糊，但是持续搅打就会融合。

所有黄油都均匀拌和了，加入香草精和巧克力，搅拌机的速度开回高速，一直搅打直到奶油霜融合均匀。制作完成的奶油霜会从明显颗粒状的状态变成滑顺浓厚的状态。

奶油霜放凉至室温，再替蛋糕涂上霜饰。

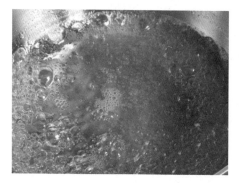
1.糖浆煮滚后再煮3～5分钟。

2.搅打蛋黄直到分量胀成三倍。

3.糖浆加入蛋黄中继续搅打。

4.蛋糖糊一面冷却，一面准备最后的食材。

5.搅拌盆摸起来不烫了，分几次加入黄油。

6.加入融化且稍微冷却的巧克力。

玛琳的约克夏布丁 6~8个布丁

玛琳·纽威尔（Marlene Newell）负责测试这本书的全部食谱（也监督第二次的测试人员），她认为这道料理最好用非常热的烤箱做。请确定烤箱很干净，以免烤到一半自己被焦烟呛出厨房，不然就要把温度降低一点。如果你没有烤热胀泡芙的烤杯，也可以用烤马芬蛋糕的烤杯，或者用涂上热牛油的大烤盘，布丁会膨胀成一个夸张的泡泡，再戏剧化地消下来。

材料

- 1杯（140克）中筋面粉
- 1茶匙芥末粉
- 4~5颗大鸡蛋
- 1杯（240毫升）全脂牛奶
- 6茶匙植物油或牛油

做法

将面粉和芥末粉一起过筛到大碗中，加入蛋和牛奶。用手持搅拌棒高速拌到完全混合，面糊静置2小时左右，期间每隔一段时间再拌一下。

烤箱预热到240℃（475℉或gas 9）。每杯烤模里放入1茶匙植物油，烤模放到烤盘上，再滑入烤箱先烤几分钟，烤到油都滚烫。

拿掉烤盘，面糊均匀倒入烤杯中，倒约3/4杯满就可以，再把烤杯放入烤箱烤，把灯关小，你就可以看到面糊胀大的样子。大概烤10分钟后，烤箱温度降到230℃（450℉或gas 8）。烤箱门关着继续烤15~20分钟，烤到布丁都发起来，颜色金黄，中间很烫，即可食用。

巧克力淋酱 3/4杯（180毫升）

材料

- 黄油85克，切成3块
- 85克半甜巧克力或纯巧克力，预先融化

做法

黄油拌进巧克力直到完全均匀，室温放凉。用勺子舀到蛋糕上面，让多的巧克力在蛋糕四周自然流下。

热胀泡芙 4个

热胀泡芙和约克夏布丁

　　热胀泡芙实在太爱表现了，就像它的名字一样，从烤模里爆出来的样子就像女郎从蛋糕里跳出来，这都是因为面糊里的水遇热蒸发的关系。要做热胀泡芙的面糊，需要面粉和水完全结合，所以最好在烤前至少1小时就要做好搅拌面粉的动作。如果等不及，这道食谱虽也做得出来，但我觉得还是要让热胀泡芙先静置一下，以达到外酥内软的效果。

　　想做最棒的咸味料理，试试传统的约克夏布丁，它一样用热胀泡芙的面糊，只是倒入涂着牛油的烤具中（或者倒入涂着融化牛油的烤杯里）。

　　热胀泡芙配上果酱、苹果黄油或蜂蜜，是周末早上最棒的早餐。它们在小烤杯上用火烤着是最具戏剧化的时刻。你也可以用半杯（120毫升）的烤盅来烤。

材料

- 1杯（240毫升）牛奶
- 2大颗鸡蛋
- 浅浅1杯（120克）中筋面粉
- 犹太盐
- 4汤匙（55克）黄油，预先融化

做法

　　碗里放入牛奶、鸡蛋、面粉和半茶匙的盐，用打蛋器或手持搅拌棒拌到均匀混合。让面糊在室温下静置1小时（或放在冰箱过夜，要烤前再拿出来，先回温至少30分钟再送烤）。

　　热胀泡芙烤杯放到230℃（450℉或gas 8）的烤箱中预热。

　　大概10分钟后，拿出烤杯，在每个杯子里加1汤匙融化黄油，再填入面糊，倒满3/4杯就可以了。放入烤箱烤10分钟，再把烤箱温度降低到200℃（400℉或gas 6），继续烘烤20分钟，烤到热胀泡芙颜色金黄中间烫，移出烤箱即可食用。

10

糖 SUGAR

由简到繁

Recipes

糖是厨房里最重要也最复杂的食材之一。重要不只因为它具有让东西变甜的强大能力，也因为它在会影响糊和面团的结构。

此外，糖在温度剧烈变化时，形态变化比其他单一食材更多元。糖加热到115℃（240 ℉）后再降温，会变得干净有延展性。温度再高一点，就会变得完全坚硬而清澈。再把温度升高到150℃（300 ℉），糖会开始褐变，或说焦糖化，慢慢带出复杂的风味。把这个清澈带着琥珀色的糖浆倒入烤盅，它就会硬得像玻璃。但是涂在熟的卡仕达酱上，它就会融化。把焦糖布丁颠倒放在盘子上，糖浆会像小瀑布一样垂落卡仕达周围。把乳制品加在焦糖化的糖浆中，你就有了浓稠流动的焦糖酱。加入鲜奶油，再把酱汁多煮一下，就会变成甜甜的太妃糖。

糖是对矛盾的研究。把糖加热最后成品就是硬的，无论这成品是饼干还是糖果。但是糖结冻的结果反而会变软，所以糖是冰激凌柔软的原因，而不是脂肪（请想想水和黄油在冰冻状态下是多么硬）。这也是柠檬方糕（lemon bar）吃起来不是硬梆梆一块，而是带有愉悦口感的原因。糖具有对立的关系，在烤肉酱里与醋结下姻缘，让猪肉都唱起歌来（参见第96页），更别提圣代上的焦糖也对盐打开了欢迎的大门（参见第25页）。

糖一旦融在食物里，影响远远比让食物变甜更深远。它会吸引水，与水结合，不然水可能会被面粉吸干。它有亲水性，可以让饼干酥脆，保持烘焙物的湿润度。糖对面筋的起酥也有贡献，会让烘焙物松软。糖也可以防止冷冻甜点结晶。若想减少食谱中糖的分量以降低热量，你手上拿的可能就是一团烂泥浆。糖可以帮助食物结合在一起，析出水果的水分，成为具有水果风味的浓缩糖浆。把糖尽情地撒在草莓上，不到一小时，你的草莓蛋糕就有了美味的淋酱。

小心控制糖的温度，在温热与高温间，你就创造了如褐色玻璃般复杂迷人的雕塑品。

那个摆在咖啡和奶油旁边的东西，那个装在碗里毫不显眼的白色物体，怎能不说它是奇迹呢！

在很多方面，驾驭糖的方法全在平衡，无论是菜肴的味道，还是与结构相关的食材，如面粉、蛋和黄油，或其他有风味的食材，特别是酸性食材都是如此。

在当上厨师前所学的重要技巧中，平衡味道是最重要的。糖常常加进酱汁和炖菜里，让菜肴变得饱满且平衡酸度。当你评断每道菜时，都该将甜度考虑进去。例如，酱汁里加一点糖，味道会不会更好？如果不确定，用汤匙舀一点糖试试看。如果食物加了盐，你就不该吃到糖的味道，也不该让糖太抢味，你不会想让咸味酱汁变成甜点酱汁。说明糖的平衡能力，油醋汁是很好的例子。标准的油醋汁，雪利酒醋和油脂的比例要3：1，加入红葱头末和一点第戎芥末酱后加一点红糖或蜂蜜，再试试看味道。烤肉酱和属于法式技巧的糖醋酱（如gastrique和aigre-doux）做的都是又酸又甜的咸菜，这就有赖醋和糖之间的平衡。

替菜肴调味时，白糖只是众多选项之一。红糖和蜂蜜也是很好的调味选项，还有新加入的朋友，龙舌兰蜜，是从龙舌兰萃取出来，如今在卖场都可买到。

白糖看起来平淡普通，但放在水里或与热共同作用，就成为厉害角色。白糖一经烹煮，便会散发各种香气味道，层次复杂有深度。学习糖的基本用法，特别是在烘焙及糕点方面，可使你成为更有自信的厨师。

焦糖酱 1又3/4杯（420毫升）

只用糖和鲜奶油做成，焦糖酱是糖的最佳再现。我是吃冰箱上的那罐市售焦糖酱长大的，我总会找到开罐器把盖子打开，却怎么也不明白为什么属于我的，制造这么多欢乐的美味焦糖酱一下子就没有了。焦糖酱就像把糖煮化一样简单，只不过要煮成琥珀色，然后加入相同分量的鲜奶油，再把锅子放入水中隔水冷却，等糖浆温度下降些就成了温热的焦糖圣代，如果不想冰激凌随酱融化，就要让它完全冷却。

技术上说，你不需要鲜奶油，只要有糖、黄油、水就可以做出很好的焦糖酱，这些东西随手就有，可以在最后一刻准备。

焦糖酱可以加以变化，比方用红糖做焦糖酱。煮红糖时加入一半分量的黄油，煮到变成褐色起泡沫，再加鲜奶油，用几滴柠檬汁和盐调味，你就有了令人赞叹的苏格兰奶油酱。

它不只是冰激凌的淋酱，你可以做焦糖胡桃冰激凌（参见第358页），也可以拿来突显焦糖巧克力挞的风味，或淋在蛋糕、布朗尼上。

焦糖用在咸味料理上也很棒，可以把烤肉酱里的糖换成焦糖，或者把焦糖加到酱汁里做成味噌酱烧猪肉（参见第293页）。

做焦糖是基本厨艺，有两种方式：糖直接煮化后在锅里自然干；或者加适量的水把糖煮到像潮湿的沙子。两个做法都很好，但我喜欢加水的那种，因为我觉得开始加一点水煮化糖再把水煮掉，会给我多一些余裕控制状况。请克制过度搅拌的冲动，不管是直接煮化或加水煮化，搅拌会让糖结块变成

一颗颗小石子。如果发生这情况，请耐心一点，糖块最后还是会跟着其他糖一起煮化的。等糖煮热了再用硅胶刮刀或扁平木铲搅拌。

焦糖虽然简单，但有一点一定要注意。糖的温度可以很高，高到像油温一样，如果溅到身上，状况比油更糟，它会像柏油一样黏住。厨房里有些严重的烫伤就是糖造成的，所以千万要小心。煮糖最好用周围较高、材质较厚的酱汁锅（搪瓷铸铁锅是不错的选择）。放入其他成分时请小心，像加鲜奶油时，一碰到糖，有些水分会立刻蒸发，几秒内，糖就变成一颗颗泡泡随着蒸气猛冒上来。最好一旁就有水源，无论是水龙头还是一盆水都好，以防万一。如果你觉得糖要烧起来了，赶快把锅子移到水里冷却，也是避免焦糖煮过头的好方法。最后，千万别把正在煮的糖放在炉台上不管了。

以下列出的食材比例可以依个人所需加倍或减半。

材料

● 1杯（200克）白糖

● 1杯（200毫升）高脂鲜奶油，预先用微波炉加热

做法

厚底小型酱汁锅放入糖，如果需要再加入3汤匙水，然后以中温煮糖，不要搅拌，直到糖煮化了开始变成褐色。这时候再用耐火的汤匙慢慢搅动，煮大概5～10分钟，直到糖煮成琥珀色。小心地加

入鲜奶油（因为糖很烫，奶油一接触到糖就会沸腾，所以你才需要高边锅子），立刻搅拌均匀。让酱汁放凉再使用，或者可以放到冰箱密封保存，保存期可达2周。如果酱汁太硬，可以用微波炉稍微加热一下。

简易焦糖奶油酱 1/2杯（120毫升）

如果你没有鲜奶油，却仍然想做焦糖酱，请试试看这道只需要糖和黄油的食谱。我用直接煮化的方法做焦糖酱，如果你想在开始煮糖时加一点水也可以。

材料

- 半杯（100克）糖
- 4汤匙（55克）黄油

做法

糖放入厚底小型酱汁锅用中温煮，不要搅拌。当边缘开始融化变成褐色时，轻轻摇晃锅子让糖均匀，或者轻轻地拌一下。当糖变成深琥珀色时，加入黄油，接着再放入1/4杯（60毫升）的水，然后搅拌直到泡泡消退。继续小火煮1分钟左右，关火，倒入耐热容器放凉。奶油酱可以放入冰箱密封冷藏，保存期可达2星期。

柠檬冰沙 3.5杯（840毫升）

糖是冰沙制作的关键，不仅在于它可以平衡强烈的酸味，也在于它会让冰沙柔滑。如果和糖比起来水用得太多，冰沙就会像棒冰那样硬。为了口感，我还加了一些酒。我父亲爱喝琴酒，这就是它出现在这里的原因。但如果你一定要改，也可改用伏特加。

材料

- 1杯（200克）糖
- 半杯（120毫升）青柠汁，约4个青柠的量
- 半杯（120毫升）柠檬汁，2～3个柠檬
- 1/3杯（75毫升）琴酒（自由选用）

做法

糖和两杯水（450毫升）放入中型酱汁锅以高温加热，煮到小滚，煮的时间不用太长，只要糖能融化就好。加入青柠汁、柠檬汁和琴酒（自由选用）。糖水放入冰箱完全冷却，然后用冰激凌制冰机冷冻。至少要冻4小时，才可转放入容器或食用。

焦糖味噌酱 1杯（240毫升）

这道食谱有很多食材，但关键是焦糖酱和味噌。味噌是用米、大麦和大豆（也有没放的）做出的发酵酱料，很多咸味料理都靠它提升风味及深度，它是日本料理的主要食材。高汤的功用在融合所有食材，而醋则平衡了焦糖和味噌的甜味。白味噌比一般味噌味道甜也不那么咸，可用来炖煮猪肉（参见第293页）或任何猪肉料理。

材料

- 1汤匙黄油
- 1汤匙红葱头末
- 1茶匙蒜末
- 犹太盐
- 新鲜现磨黑胡椒
- 1杯（120毫升）煮猪肉的汤（参见第293页），可用猪高汤或鸡高汤
- 1/4杯（60毫升）焦糖酱（参见第190页），或简易焦糖奶油酱（参见第192页）
- 2汤匙白味噌
- 3汤匙红葡萄酒醋
- 1汤匙酱油
- 1汤匙鱼露

做法

用小煎锅以中火融化黄油，加入红葱头和大蒜炒到半透明。用少许胡椒及一小撮（两只手指捏起的量）盐调味。加入高汤、焦糖酱、味噌、醋、酱油、鱼露。煮到汤小滚，再煮约30秒后离火。煮好的酱料可以立刻使用，或者放冰箱冷藏，可保存两天。

太妃奶油天使蛋糕 12人份

小时候，每年过生日妈妈都会为我做这个蛋糕，它一直是我的最爱。如果真有一种能抚慰人心的甜点，这个软绵绵又铺着满满太妃糖和鲜奶油的天使蛋糕应该就是了！

我没有中间有根管子的蛋糕模，即使有，也不会拿它来做这个蛋糕。我用的是活动式的圆形烤模，可以把蛋糕轻而易举地从锅子里拿出来。对于非常黏的天使蛋糕面糊来说，脱模可不是件小事。先把面糊倒入烤模，再用玻璃杯压进面糊里，底部朝下压进中心，面糊会顺着玻璃杯周围上升。如果你喜欢中空蛋糕模，先在底部铺上烘焙纸。

太妃糖材料

- 半杯（100克）砂糖
- 半杯（115克）黄油

蛋糕材料

- 1.5杯（300克）砂糖
- 浅浅1杯（120克）低筋面粉
- 10大颗鸡蛋
- 半茶匙塔塔粉
- 1汤匙柠檬汁
- 2茶匙香草精
- 犹太盐

奶油霜材料

- 2杯（480毫升）高脂鲜奶油
- 1～2汤匙红糖

- 1茶匙香草精
- 1茶匙Frangelico榛果香甜酒（自由选用）
- 55克半甜巧克力，切碎备用

做法

制作太妃糖：木质砧板上放上长宽各38厘米的烘焙纸或其他可隔热的垫子。砂糖和黄油放入小酱汁锅用中温加热。当黄油开始融化，开始搅拌让糖均匀。煮糖浆的泡沫会非常大，沉在锅底的糖会褐变，所以只要看到糖浆的颜色变成焦糖色，就要稍微搅拌一下。搅拌5～10分钟后，糖浆倒在纸上，完全放凉。如果黄油有点油水分离，请别担心。

制作蛋糕：烤箱预热到180℃(350℉或gas 4)。

面粉和3/4杯（150克）的砂糖用食物搅拌机搅动几次后放旁边备用。再把蛋白放入搅拌盆以搅拌棒高速打发，一面打，一面加入塔塔粉、柠檬汁、香草和一撮盐（三只手指捏起的量）。慢慢倒入剩下的糖，打到蛋白出现柔软尖峰，把搅拌盆从机器上拿下来，加入糖和面粉混合物拌和均匀。面糊倒入准备好的模具，用烤箱烤40～50分钟，烤到用长签或小刀插入拿出时上面是干净的。把烤模拿出来，中间的玻璃杯刚好可倒扣在瓶子或其他适合的架子上，让蛋糕颠倒放凉1小时以上，然后再脱模。

制作奶油霜：鲜奶油、红糖、香草精和榛果香甜酒（自由选用）放入搅拌盆里，用搅拌棒以高速打到鲜奶油成型。

粗粗地切碎太妃糖，留两汤匙太妃糖，其余全部拌入鲜奶油。蛋糕脱模，平刀切两半，就可做双

层蛋糕。下面一层的切面涂上鲜奶油，再叠上上面那层，蛋糕顶部做好霜饰，撒上剩下的太妃糖和巧克力碎就大功告成。

1.一开始先打蛋白。

2.陆续加入糖、柠檬汁、塔塔粉。

——— *Cooking Tip* ———

蛋糕可以提前做好室温存放，鲜奶油则放在冰箱。要吃时，再将太妃糖拌进鲜奶油里，替蛋糕添加霜饰。

3.高速搅拌。

4.蛋白尖峰出现后就停止搅拌。

5.拌和面粉。

6.轻轻倒入蛋糕烤模。

7.你可以用中空烤模，或用活动圆锅、玻璃杯代替。

8.蛋糕烤好时呈金黄色。

9.蛋糕倒扣放凉。

10.黄油和糖煮在一起做太妃糖。

11.当呈现焦糖色时就可倒在烘焙纸上。

12.有些黄油脂肪可能会流出。

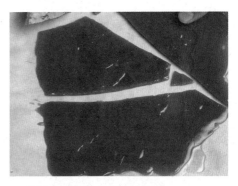

13.把太妃糖随便剥碎，切成小块。

14.用混着太妃糖的奶油霜将蛋糕周围涂上一层。

15.最后撒上切碎的太妃糖和巧克力做装饰。

糖渍橙皮 50~60根（1根5毫米宽）

我喜欢糖渍甜橙皮，因为它用的材料是我们平常丢掉的东西，当然也因为它很好吃。你可以在橙皮条上撒一层糖装饰，也可粘上融化巧克力。我喜欢橙皮保有一些口感及嚼劲，所以在汆烫后，我只把里面的白膜去掉一点。如果你喜欢口感柔软，可以削掉所有白膜。

材料

- 2个橙子
- 1杯（200克）砂糖
- 装饰用糖粉或融化巧克力

做法

先在橙子上划4~5刀，要深及肉。把橙子的皮从头到尾切下来，保留皮，而肉另做他用。皮切成宽约5毫米的长条，或切成你想要的形状。

煮沸一大锅水，橙子皮汆烫60秒后用滤网捞起放在冷水下冲。为了减少白膜上的苦味，你可以重复汆烫过水的程序一到两次。

橙皮、砂糖和1杯水（240毫升）放入酱汁锅，以中火煮到小滚，然后用小火煮橙皮1小时左右，中间要搅拌一到两次，煮到皮也熟了，糖浆也都煮透了。然后将皮摊在架子上一晚，自然放干。

橙皮滚上一层装饰性糖粉或粘上融化巧克力。放在密闭容器中可保存2周。

1. 糖和水比例 1∶1 的糖浆煮橙皮。

2. 放置 8 小时或隔夜让它干燥。

3. 橙皮滚上装饰糖粉。

4. 完成后的橙皮。

11

酱汁 SAUCE

不只是附带！

家里做的菜和好餐厅做的料理吃起来总有不同，最主要的因素就在于餐厅都是使用自己熬的高汤。这也是为什么高汤会称为"料理基础"的原因。也许还有人说，酱汁才是大厨上的菜和你做的菜的主要差异。

厨艺学校冒险之旅的途中，我开始注意到酱汁的用途之广。每样东西都放了酱汁，没有一样不是。你根本想不起来有哪道菜没有用酱汁搭配，不论是餐前小点心、开胃菜，还是主菜，甚或是甜点，就连汤里都放了酱汁！就像坚果奶油咖喱汤总添上一坨法式酸奶油，那不就是了吗！酱汁是最后的提味，是浓郁的原因，柔滑的关键，带着酸度刺激食欲，为最后盛盘的增添视觉美感。

基于这个原因，"酱汁另外放"这个要求会把大多数厨师逼疯。酱汁是料理的基础成分，不是附件，这就是你应该对酱汁持有的想法。加入酱汁，放进原本味道就还不错的菜肴里，多了湿润、调味、颜色，这道菜才算完成。这就是你把好菜变成人间美味的方法。

在高级餐厅，酱汁通常是以高汤为基底，虽然有些主厨将汤底酱汁视为绝技，但它只是整个酱汁家族的一个分支。只要你有一点高汤，你与美味酱汁只差一步。但如果手边没有高汤，也不至于毫无酱汁可用。

黄油就是已经做好的酱汁，加点第戎芥末酱配上烤鸡就很美味。你还可以加入各种味道使它更丰富（参见第141页的调和黄油）。还有鲜奶油，它是黄油之母，与酱汁也只有一步之遥，只要加入红葱头、胡椒和干邑白兰地等调味品就是酱汁，拌入焦糖化的糖，就是搭配甜点的酱料。

Salsa crudo是可配各种食物的酱汁，美味简单，材料只是番茄丁配上洋葱和青柠（参见第338页的鱼柳玉米饼）。

以油糊（roux）做成的浓酱在酱汁中自成一个类别。高汤可以用油糊勾芡，牛奶也可加油糊浓缩（参见第13章《汤：最简单的大餐》），而稠化的高汤和牛奶还可衍生出其他无数酱汁。

油醋汁很重要，必须另辟一章说明（参见第12章《油醋汁：第五母酱》）。还有像蛋黄酱（参见第121页）和荷兰酱（参见第213页）这类乳化酱汁，以油和奶油为底，但做法远比外在印象更容易。

果菜泥也是极好的酱汁（参见第256页的香煎干贝佐芦笋）。最棒的万能酱汁是番茄泥，它和世上所有的意大利面都很相配。番茄也是做焖烧菜的完美媒介，特别是你手边没有高汤的时候。一般而言，焖烧炖煮这类烹饪方式都可利用烹煮过程中产生的副产品做出自己的酱汁，就像搭配小牛胸的酱汁（参见第354页），实际上就是某种你在餐厅吃到的浓酱，也就是将汤汁浓缩后的肉汁。

我在这里介绍主要的酱汁类别，包括鲜奶油酱汁、乳化黄油酱汁、蔬菜酱汁和番茄酱汁。

首先是"锅烧酱汁"（pan sauce），以及其他不需要高汤也不需长时间烹烧的酱汁技巧。锅烧酱汁是用同一锅煮肉做出来的酱汁，是最后的料理程序。这些酱汁可以为各色菜肴增添美味，效果就像类固醇增强你的厨艺肌肉一样。最后配菜用的酱汁是需要学习的宝贵技能，可为你的菜加分。厨师只要多费点心，就拥有一份统合全部食材味道的万灵丹。趁着烤鸡静置，正是做锅烧酱汁的好时间，这时也是教导我们各种课程的好时机，让我们知道酱汁如何作用。第三章讨论的水，正是把煮蔬菜和烤焦粘在锅底的蛋白质味道引到锅中的主要工具。而酒是另一个盟友，立即提供风味及酸度，这正是酱汁的所需之物。煮酱汁的时候，对烹饪的讲究及工具都会限制你的掌控，但大多数情况下，你只需要理解几个基本概念。

首先是当你把肉拿出锅子，锅里还装着些可以做成酱汁的好味道。就拿鸡来说吧，鸡皮会粘在锅底，鸡皮大多是结缔组织、蛋白质，还有增添酱汁浓度的胶质。皮的焦褐色部位提供了风味，而在烹饪过程中释放的肉汁会收在锅中褐变，还有油也会逼出来，你加在鸡上的盐或其他调味也会留在锅里。

所有这些东西都应为你所用，你只需要加水烧开，把这些混合物煮一点下来，你就有了美味汤汁。

但你可以做得更好。首先，在加入任何东西前，先确定所有肉汁都煮进锅里，鸡皮都褐变了，油脂也都干净了，这表示水分大多已煮干。

根据烤鸡的种类及大小，你也许不需要全部逼出来的油，倒掉大部分只留下几汤匙。真可惜，你只能留下这些，不过仍然很美味，你可以用这些不用油来做菜，做泡芙面团的油脂，而泡芙面团还可以搭配鸡肉或做成饺子。

锅子放回炉上加热，加入洋葱丝，如果你赶时间，就把洋葱煮到刚好出水，如果还有时间，就把颜色煮深一点，这会让洋葱的甜味多一点复杂度。

现在你把各种味道锁在锅里，加入1杯水（240毫升）把这些味道变成汤，再萃取出更多风味。这叫作"洗锅底收汁"（deglaze），意思是将锅底的油脂和味道通通收起来做成淋酱。把水煮开，鸡皮上的氨基酸和洋葱上的糖分会立刻被热水萃取，当水快烧掉酱汁越煮越浓时，美味分子会留在锅里继续褐变，风味也越来越重。当汤水几乎快煮干，油脂开始噼啪作响，洋葱变得更加焦黄，此时要继续搅拌锅里的东西，并再加1杯水（240毫升）。把水煮到小滚，你的烧鸡就有了味道甜美的咸酱。你可以用一个汤匙抵住煮料，然后把酱汁从锅里倒在烧鸡上。

现在我们已分解了基础锅烧酱汁的关键步骤，接下来可以开始加入更多风味。

- 第一次的洗锅底收汁，可以用白葡萄酒代替水。
- 洗锅底收汁的动作可以做三次。
- 用酸味替酱汁最后提香：可加红酒、雪利酒醋或挤一点柠檬汁。
- 加几汤匙鱼露提鲜。
- 加入香料：如欧芹、龙蒿或虾夷葱等新鲜香草，或加入一汤匙盐渍柠檬碎（参见第32页）。
- 可以在热油里加入几种香料和洋葱丝一起炒。先将胡萝卜用刨丝刀刨成细丝，让风味萃取得快一些,然后加入洋葱里。再加入一两瓣大蒜泥、胡椒粒、一片月桂叶、一些百里香,还有一汤匙番茄糊或泥(这样就是在制作自己的迷你版鸡高汤)。

● 鸡的零碎部分要一起放入,像鸡翅、鸡脖、鸡胗、鸡心(不要鸡肝),在烤鸡之前就放入,或在第一次洗锅底收汁时加入。

很快地,这些程序对你来说都会过于简单,一定会想做更好的酱汁。在最后一次洗锅底收汁时,把酱汁压进细目滤网过滤到小锅中,这就是非常细致的酱汁。你还可以再改进它,拌入一些黄油让它更浓郁,口感更丰美。过滤前在锅中加入少许红葱头末让它出水,用几汤匙黄油酱或黄油面糊(beurre manié)[1]、玉米粉调整浓度。香草切碎末拌进去也是一种方法,常用的美味香草组合包括欧芹、龙蒿、水芹菜和虾夷葱。最后请再试试酱汁的味道,以确定调味及酸度。

一旦你这么做,就会发现这套技巧适用于任何肉类,只要离锅时锅里还留有一些褐变的蛋白质和油脂。家庭厨师总以为要做很棒的肉底酱汁,必须花上整个周末在超大的高汤锅和蒸骨锅前劳苦奔忙,之后还有堆得老高的水槽等着。这不是真的,只要一些水和烧肉的锅子就足够了。

传统的荷兰酱是令人陶醉的备料,毋须害怕。就像蛋黄酱,荷兰酱也是乳化酱汁,靠着浓郁蛋黄的帮忙,将大量黄油乳化入小量液体。很多食谱只用柠檬汁增添风味,但在法国名厨埃斯科菲耶陈述的版本中也会放浓缩醋,不但增加一些复杂深度,也用于最后提香。

浓缩醋基本上是高汤的迷你版,在做酱汁前可以利用醋和提香料很快准备好,然后再加入水还原。

以蔬菜为底的酱汁也很好。把蘑菇碎和红葱头快速煎一下,用盐和胡椒调味,再用白葡萄酒洗锅底收汁。加入适量的水,让所有食材融合,最后加入一小块奶油,你就有

1 黄油和面粉以比例1:1揉成的面糊。

了可以搭配大比目鱼、香煎鸡肉或烤肉的美味酱汁。挤一点柠檬汁或加少许咖喱更是刺激提味。

番茄酱汁不仅是极佳的万用酱汁，也是很棒的烹饪媒介。我怀疑它不是不能够在家准备，而是因为番茄酱制造商的重度营销。你无法在最后一分钟才做番茄酱，让它融合最快也要一小时。但番茄酱汁十分简单，只要食材放入锅里就自成美味，只比煮化番茄泥多花点工夫。你可以为它加味，也可以让它变得更浓郁，或用任何方法让它变得更复杂。

我最喜欢的番茄酱汁是只用李子番茄（又称为罗马番茄）、洋葱和黄油做的。成果是非常爽口的酱汁，不管放进意大利面或作焖烧炖肉的汤汁都很棒。如果想让酱汁多点复杂深度，我会用小烤箱或炭烤炉把番茄先炭烤一下。至于这里的食谱，你可以用热烤箱烤20分钟，也可以先用炭烤炉烤一下，做成烟熏番茄酱汁。冬天，又好又新鲜的番茄很少，我就会用整颗的罐头番茄（我喜欢Muir Glen有机番茄和San Marzano番茄）。

如果用硬梗香草（有硬茎的香草）替番茄酱汁调味，如牛至或马郁兰，要在开始就放入香草（用厨房用棉绳捆成一束，方便之后拿掉）。如果使用欧芹这种软梗香草，最好在上桌前加入，味道正是鲜活（这种香草一经过煮，风味就会散失）。

下列食谱是酱汁可快速拌和的例子，多半不靠高汤就能制作，只有一个例外。

烤鸡锅烧酱汁 3/4杯（180毫升）

这道酱汁绝大部分要靠原本烤鸡锅子留下来的风味（完美烤鸡的做法请参见第274页）。烤鸡静置时，就是做酱汁的时候。做好上桌时有着质朴平实的风格，或者你也可以多花些工夫提升它的层次。如果你手边有新鲜鸡高汤，用它代替水就可做出极其浓郁的酱汁，但只用水做成的酱汁也很美味。

质朴风酱汁

- 半颗西班牙洋葱，切细丝
- 1根胡萝卜，切细丝
- 半杯（120毫升）白葡萄酒

精致版酱汁

- 2汤匙黄油
- 1颗红葱头，切末
- 2茶匙新鲜龙蒿末
- 1茶匙新鲜欧芹末
- 1茶匙新鲜虾夷葱末
- 柠檬汁（自由选用）
- 2茶匙第戎芥末酱（自由选用）

做法

制作质朴风酱汁： 将刚刚烤过鸡的锅以高温将剩下的鸡皮煮1分钟左右。让肉汁煮化粘在锅底，视需要倒掉大部分逼出的油，只留1～2汤匙。加入洋葱和胡萝卜，用平匙搅拌让蔬菜都沾上油。煮3～4分钟，煮到洋葱半透明。倒入酒洗锅底收汁，把焦糖化的碎屑都刮下来，将酒全部煮掉（此时会开始油爆）。继续煮1～2分钟直到洋葱和胡萝卜焦糖化。加入1杯（240毫升）热水，再一次洗锅底收汁，把水完全煮掉。当开始油爆时，搅拌洋葱和胡萝卜直到它们漂亮地焦糖化，再加入1杯（240毫升）的热水，然后浓缩到2/3的容量。

制作精致版酱汁： 当白葡萄酒和水都煮掉时，用另个小酱汁锅以中温煮化黄油，黄油一化开就加入红葱头，慢慢煮到半透明，将锅子离火。酱汁过滤到红葱头里，然后煮到小滚，再加入剩下的黄油，不停搅拌直到黄油与锅中酱汁混合均匀。此时可拌入香草。收汁时，你可以切鸡腿，这样砧板上就留有肉汁，再把它加入锅烧酱汁中。如果你喜欢，还可加入柠檬汁或芥末。将烤鸡摆盘，抵住锅内煮料将酱汁浇在鸡上，或用汤匙将酱汁舀在鸡上。

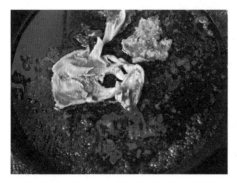

1 用美味油脂、鸡皮、褐变过的碎屑和烤鸡剩下来的肉汁做酱汁。

2 加入洋葱和胡萝卜。

3 用酒洗锅底收汁。

4 食材焦糖化的时间越长，酱汁的风味越迷人。

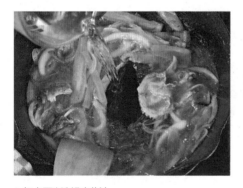

5 加水再次洗锅底收汁。

6 砧板上有任何鸡汁都倒入酱汁。

7 煮掉水和肉汁。

8 最后一次洗锅底收汁。

9 当水煮到小滚时，酱汁就好了。

10 如果想要酱汁更美味，可以把红葱头放入黄油中出水。

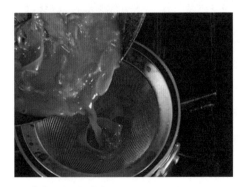

11 酱汁过滤到红葱头里。

12 丢掉洋葱、胡萝卜和鸡皮。

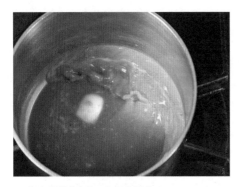

13 加水让洋葱变软，加速焦糖化。

14 洋葱的颜色变得越深，汤汁的风味越复杂。

15 洋葱混合物里加入面粉，然后炒掉面粉的生味。

荷兰酱 1杯（240毫升）

荷兰酱是黄油最棒的变型，可有多种变化。有史以来最棒的酱汁之一是在浓缩时使用干龙蒿，待酱汁完成时再加入新鲜龙蒿碎。还有 béarnaise 白酱，是搭配牛肉最好的酱汁，或以柠檬汁简单调味，做成适合蔬菜和鱼的万用荷兰酱。

荷兰酱有两个制作阶段：烹煮蛋黄和乳化黄油。煮蛋最容易的方法就是放在小滚的水中煮。如果直接烹煮就要小心别把蛋煮过头。当蛋液充满空气温度也够高时，就要把锅子离火拌入融化黄油。有些厨师会用全黄油持续加热，但我觉得使用融化黄油比较好控制。

材料

- 1汤匙红葱头末
- 10颗以上胡椒粒，压碎
- 1片月桂叶，捏碎备用
- 1/4杯（60毫升）白葡萄酒醋或雪利酒醋
- 犹太盐
- 1/4杯（60毫升）水
- 3大颗蛋黄
- 2～3茶匙柠檬汁，如需要可再加
- 1杯（225克）黄油，在可将黄油以细流倒出的容器中融化
- 卡宴辣椒（自由选用）

做法

小酱汁锅中放入红葱头、胡椒籽、月桂叶、醋及三指捏起的盐以中高温加热。把醋烧掉让锅里只剩潮湿酱料，加水煮到略滚，然后把酱料过滤到用来煮酱汁的中型酱汁锅。

一大锅水煮到小滚，然后在浓缩醋酱中加入蛋黄，握住酱汁锅隔热水加热蛋液且持续搅打1～2分钟，一直打到蛋液蓬松温热，再拌入两茶匙柠檬汁。

从滚水上拿开锅子，打入黄油。一开始先加几滴，然后以细流慢慢倒入，搅打到所有油脂均匀混合（如果酱汁中出现水状的乳清并无大碍）。如果酱汁看起来有些粗糙，可以加几滴冷水让它变得比较平滑。如果酱汁水油分离（也就是由浓稠变出水），可将一茶匙水加入一个干净的碗或锅，把水油分离的酱汁加入水中搅打，一开始先加几滴，然后再以细流持续加入。试试酱汁味道，如果需要可多加些柠檬汁，也可以用卡宴辣椒调味（自由选用）。酱汁用保鲜膜包好保温，但不可以过烫。酱汁可以在1小时前先做好，盖上盖子，要吃之前再重新温热。

简易黄油酱 3/4 杯~ 1 杯（180 ~ 240 毫升）

最好做的酱汁之一就是黄油加上酒和香草调味，然后一直搅打到乳化成液体。在法式料理中，这被称为"白葡萄酒黄油酱"，而且通常在黄油打入白葡萄酒时会加入一些变化（或将黄油打入红酒做成"红酒黄油酱"。传统上，黄油酱是酒和醋的浓缩酱，事实上，这就是不加蛋的荷兰酱，可以搭配油脂不够的白鱼，但也毋须把事情复杂化。你可以不加龙蒿，黄油酱就带着质朴风格，但我喜欢龙蒿（欧芹、蒜苗或水芹菜都可以使用）。另外，这里的版本是用已经煎过鸡或鱼的锅子来做的。

材料

- 2 汤匙红葱头末　　●犹太盐
- 半杯（120 毫升）白葡萄酒　　● 2 汤匙柠檬汁
- 半杯（110 克）黄油，切成 8 块
- 2 汤匙新鲜龙蒿碎末（自由选用）

做法

从锅中拿出肉或鱼保温。锅里加入红葱头，中温出水约 30 秒，加入一撮盐，再放入酒和柠檬汁，酱汁煮到小滚浓缩到一半分量。温度调到中低温，拌入黄油搅打，一次一块，上桌前再拌入龙蒿（自由选用）。

番茄酱汁 3杯（720毫升）

自己在家做番茄酱汁，比你在卖场买到的罐装番茄酱好太多，无论那些番茄酱有多少花样。新鲜番茄酱可在家事先做好，甚至做好冷冻。它应是经常出现在菜单上的备菜。

材料

- 1汤匙橄榄油
- 蒜末（自由选用）
- 1颗西班牙洋葱，切成中小丁
- 1.4千克李子番茄，对半切备用，或800克罐装李子番茄
- 2片月桂叶，或1把新鲜牛至叶（自由选用），罗勒或其他软茎香草
- 4汤匙（55克）黄油
- 犹太盐

做法

大酱汁锅以中高温加热橄榄油，加入洋葱及大蒜（如果使用）拌抄让它出水，加入三指捏起的盐，拌炒到洋葱变软呈透明状。

番茄倒入食物料理机或搅拌器，完全打成泥状。再把番茄倒入酱汁锅中（你也可以把番茄放入有洋葱的酱汁锅，用手持搅拌棒一起打成泥状）。加入黄油和月桂叶（自由选用），酱汁煮到微滚，然后将温度降低至中低温，煮1小时左右直到浓稠。试试味道并加盐调味，上桌前加点罗勒即可食用。

鸡肉酱汁或火鸡肉酱

3.5 ~ 4杯（840 ~ 960 毫升）

浓缩高汤做的法式酱汁对每日烹饪工作来说并不实用，所以我在家做的酱汁多半靠手边现有的食材（如酒、黄油），或是做菜剩下的副产品（如鸡皮或肉汁）。值得注意的是做肉汁酱（gravy）。肉汁酱是家庭料理的招牌菜，特别是在享用大餐的日子，肉汁酱往往是必备料理，但很多人害怕做不好。如果你有好高汤，做肉汁酱不过小事一桩。因为所有肉汁酱都是稠化过的高汤，所以肉汁酱要好，先决条件是高汤要好。因此你必须自己熬高汤，请参照简易鸡高汤的做法（参见第64页）。如果没有烤鸡剩下的碎料可用，请用910克的鸡骨或火鸡骨架代替（最好先烤过有滋味），再加入8杯（2升）的水。

一旦有了高汤，请拌入适量的冷油糊直到你要的浓度。油糊只是同等分量的黄油和面粉拌在一起。黄油包起面粉颗粒就会结块，一遇到高汤这种热液体就会膨胀。如果我烤火鸡，就会用从火鸡逼出来的油代替黄油。你也可以用玉米粉加水做成的芡汁勾芡，但油糊会让高汤的浓度和滋味更好。

你可以用别的方式替肉汁酱调味，可以加入迷迭香或龙蒿、洋葱丁或煎过的内脏。其实只要开始有好高汤，之后就很难出错。

材料

- 4汤匙（55克）黄油
- 4汤匙（30克）中筋面粉
- 4杯（960克）鸡高汤或火鸡高汤
- 犹太盐
- 新鲜现磨黑胡椒

做法

用小煎锅以中温融化黄油，当它开始冒泡泡时，加入面粉拌煮约4分钟，直到面粉和黄油均匀混合且面粉散发出烤派皮的香味，再让它完全冷却。

大酱汁锅用高温将高汤煮到小滚，然后将火降到中温，拌入油糊，持续搅拌直到高汤变得浓稠。关小火让酱汁煨10分钟，用平匙不时搅拌，还要刮起粘在锅底的面粉。试试肉汁酱的味道，食用前用盐和胡椒调味。

胡椒干邑奶油酱 1杯（240毫升）

鲜奶油基本上已是做好的酱汁，只需加以浓缩和添味。这里用煮过牛肉的锅子爆香红葱头和胡椒，用干邑白兰地洗锅底，再煮化奶油，调整到想要的浓度。餐厅多用这种酱汁搭配高档的肉类，但我建议买次级肉品就好，如用后腰脊肉的部位，再用酱汁提升肉的味道。请将肉略煎一下，切成片状，以一分熟享用。

材料

- 1汤匙红葱头末
- 2瓣大蒜，切成碎末
- 2茶匙胡椒籽，用锅子压碎，然后大略切几刀
- 1/4杯（60毫升）干邑白兰地
- 1杯（240毫升）高脂鲜奶油
- 犹太盐
- 1～2茶匙第戎芥末
- 2或3茶匙新鲜百里香叶（手边有就用）

做法

当牛排静置时，倒掉煎锅中多余的油脂。加入红葱头、大蒜、胡椒籽以中高温加热，翻炒30秒让红葱头和大蒜出水。加入干邑白兰地洗锅底，让汤汁煮到小滚后收到1汤匙的量。然后加入鲜奶油，煮到略滚后再浓缩到只剩一半。试试酱汁味道，用盐调味，拌入芥末和百里香（自由选用），舀在牛排上即可食用。

蘑菇酱 2杯（450毫升）

蘑菇是最棒的万能食材，只要煎过就有香气。我喜欢做法国人称为duxelles的香煎蘑菇酱，就是把蘑菇切到细碎（蘑菇切成丁最好，但如果你喜欢，也可切成细末），然后下锅油煎再用酒和红葱头提香。这是多用途的备料，可做意大利饺子的内馅，也可作搭配肉类的酱，拌入鲜奶油就是蘑菇汤或蘑菇奶油酱，或简单当成煎鱼或烤鱼的垫底，是这里建议的做法。如果你有牛肉高汤或鸡高汤，也可以加入蘑菇酱里，但不是必需的。这里用胡椒可别吝啬，它和香煎蘑菇非常搭配。

材料

- 3汤匙芥花油
- 455克蘑菇，切细丁
- 2颗红葱头，切末
- 犹太盐
- 新鲜现磨黑胡椒
- 半杯（120毫升）无甜味白葡萄酒
- 1/4颗柠檬
- 1/4茶匙咖喱粉
- 2汤匙黄油

做法

大煎锅用高温烧到很烫，倒入油，晃动锅子让底部都沾上油。当油开始冒烟，放入蘑菇铺平一层，用锅铲压整煸香约30秒。再加入红葱头和蘑菇一起拌炒30到~60秒。加入三指可捏起的盐，胡椒磨几下，酒也加入一起拌炒，煮到酒几乎烧干，再用几滴柠檬汁和咖喱调味。试吃后如需要可再调整。如果酱汁烧得太干（它应该有汁但不是汤），可加入1/4杯（60毫升）的水（或鲜奶油），然后煮到小滚，拌入黄油即可食用。

12

油醋汁 VINAIGRETTE

第五母酱

美国认识这个结合油、醋和各种调味品的油醋汁已有几十年，是搭配沙拉的酱汁。但是在我成长的20世纪70年代，那些放在冰箱旁、店里卖的油醋汁却是可以放在任何东西上的梦幻酱汁。它可以放在牛排上，淋在猪肉上，覆在鸡肉上，还可搭配绿色蔬菜或根茎类蔬菜，或者配着奶酪一起吃。理论上，把它放在甜点上也行得通。所以油醋汁佐沙拉，当然没问题。

原理很简单，菜肴的滋味有各种组成元素，其中的关键之一是酸度，其他还有咸、甜、苦、香等因素。我们还会根据口感来评断一道菜好不好吃：它是松脆还是柔软，是光滑还是粗糙，是肥还是瘦。而油醋汁结合两方最重要的因素是酸度和油脂，再来就是跟油醋汁的滋味有关。油醋汁的变化这么多，用处如此广，应该把它当成一种母酱。

在厨艺学校的训练过程中，学生必须学习19世纪马里－安托南·卡雷姆（Marie-Antonin Carême）[1]所创建的酱汁类别的法式系统。卡雷姆把"母酱"（mother sauce）酱汁分为四大类，每一类又有无数延伸。比方称为"西班牙酱汁"（sauce Espagnole）的褐色酱汁，就可依照你所加入的东西变成各种不同的酱汁，加入酒浓缩后就是波尔多酱（Bordelaise sauce），加入芥末就是罗伯特酱（sauce Robert）。以牛奶为底的"白酱"（Béchamel，参见第127页）也是如此，若加入奶酪，白酱就成了莫尼酱（Mornay），加上浓缩海鲜高汤，又成了南图阿酱（Nantua）。这套分类在餐厅行之已久，餐厅才可据此迅速做出各色料理。母酱要一早做好，等到需要时就能以"现点现做"（à la minute）的方式完成后续。卡雷姆列出四类母酱，埃斯科菲耶去掉一种（以蛋黄和鲜奶油增厚的酱汁），但加上番茄酱，称为"基础酱汁"。有些权威人士还把荷兰酱也划进母酱的范畴。

说到能发挥最大功用的酱汁，油醋汁绝对够格成为其中一员。它是家中掌厨者最重要的酱汁，功能强大，用手边常备的东西就可做（油和醋），不需要加高汤，最适合现代口味，因为它避开了高脂鲜奶油，也没有放入蛋白质使浓汤稠化。油醋汁是无数酱汁

1 马里－安托南·卡雷姆（Marie-Antonin Carême，1783-1833），19世纪法国厨神，被称为"王之厨，厨之王"，是首位将法国料理做系统性编纂的大厨。

变化的基础。

　　传统上，油醋汁都以3份油和1份酸的比例制成，这是制作经典红酒油醋汁（参见第228页）的基础，也是入门的好酱汁。混合油与醋后，请试试味道，评量酸度。如果你喜欢比较刺激的味道，可以多加一点醋。基本油醋汁可以加入其他滋味变得更丰富，如红葱头末、大蒜、新鲜香草（最后一分钟再加）。说不定你也喜欢用一些甜味平衡酸气，那就加几撮红糖，来颗香烤红葱头，或是一点意大利黑醋。

　　油醋汁变化多端。可用中性无味的油取代有香味的坚果油；也可以改变醋的种类，红葡萄酒醋改用白葡萄酒醋，或使用买得到的各色风味调味醋，不然用柑橘汁代替也是个好方法；可以考虑加入辛香料，如孜然、卡宴辣椒、香菜、多香果粉、丁香或肉桂；想想还可以加入其他味道素材，像是芥末、花生酱、鳀鱼、烤过的胡椒或生姜。

　　迈克尔·西蒙是我在克里夫兰的同事，这位料理铁人经营自己的餐厅，在他的书《生来下厨》（*Live to Cook*）就收录一道"绿色莎莎酱"（salsa verde），只见他豪迈地把酱汁舀在烤鸡上。这是一道拌着食材的浓酱，放了欧芹、薄荷、鳀鱼、大蒜、红葱头、刺山柑、墨西哥辣椒，以及红辣椒碎，还加入1颗柠檬汁和1/2杯（120毫升）橄榄油。如此，它的组成核心就是油醋汁，再配上烤鸡，那滋味真是美妙。

　　如果我们锅里没有肉汁可做搭配烤肉的酱汁，那么，美味的油醋汁常常是完美的替代品。想想烤羊肉上的薄荷蒜味油醋汁，或烤牛排上的牛至辣味油醋汁。

　　在你决定了酸和油的种类，也确定了调味料及拌入的食材，油醋汁最后要考虑的就是口感。经典的油醋汁都经过乳化，也就是油要经过搅打再拌入醋及调味。如此，油醋汁才会浓稠稳定，不会油水分离。如果你把食材同时拌在一起，油醋汁的质地就会比较稀。

　　最后，还有奶油状的油醋汁。用黄油可以造成这样的效果，但通常是因为用了乳化方式。事实上，奶油状的油醋汁就像稀薄带酸味的蛋黄酱。

　　想要使厨艺更上一层楼，请学习在厨房中善加利用油醋汁。

制作油醋汁

在种种混合油醋汁的方法中，没有最好的方法。该选什么方式，在于你的环境以及你想要的效果。

拌和油醋汁最简单也是最常用的方法，是在使用前才加入食材混合搅拌。有人会把全部食材放入罐中上下摇动，这样也行，但油与醋很快就会分离，所以得立刻把油醋汁倒出来。

很多家庭厨师都有浸入式搅拌机或手持式搅拌棒，我也有——这也许是我最常用的厨房小家电了，我非常推荐使用。浸入式搅拌机多半有附杯子和搅拌棒，这是做少量油醋汁最理想的器具，只要把所有食材混合快速启动就好了。浸入式搅拌机也附有打蛋器，可省下不少力气。

传统的油醋汁都需经过乳化，也就是让油均匀散布，不会与醋分离。你可以用做蛋黄酱的方法拌和油醋汁。而油醋汁的浓度则要看你打的力道多强，是否有放蛋黄或芥末等乳化剂而决定。

乳状油醋汁传统上以蛋黄酱为基底，做法和做蛋黄酱一样（参见第121页），但依据油醋汁的使用方式，酱汁浓度需比蛋黄酱低。

油醋汁可以用桌上型搅拌机来做，做好后，把汤匙插进去甚至都不会倒。要做大量油醋汁，以搅拌机的打蛋器来做效果最好。

无论用什么方式搅拌，油醋汁最终还是与酸度息息相关，通常使用有甜味的食材（如洋葱或糖）平衡酸度，另外要善于使用提香料和辛香料，才可让油醋汁成为家庭厨师最有用且最宝贵的酱汁。

西班牙香肠油醋汁 1杯（240毫升）

西班牙香肠也许是我最喜欢的干腌香肠。它经过烟熏带着辣味，散发着西班牙甜椒粉（pimentón）的诱人香气，而西班牙甜椒粉可说是世上最好的红椒粉了。请试着找寻产自西班牙的chorizo香肠，在卖特殊食材的店里应该找得到。在这道菜色中，chorizo让油醋汁带着深红色及浓郁的烟熏香气，和盘烤鳕鱼（参见第278页）或炭烤鱼类都可完美搭配，甚至把新收的马铃薯蒸一蒸，也能与这款油醋汁完美搭配。

材料

- 1/4杯（60毫升）芥花油
- 1/4杯（40克）红洋葱末
- 1/4杯（30克）红椒末
- 1/4杯（30克）cubano或jalapeño辣椒末
- 1/4杯（60克）西班牙香肠chorizo
- 犹太盐
- 3汤匙雪利酒醋

做法

取一小酱汁锅或煎炒锅，以中高温加热油。放入洋葱、红椒、辣椒、西班牙香肠和一撮盐（三指捏起的量）。炒到蔬菜变软后离火，稍微冷却再拌入醋。油醋汁尝起来应该会很酸，如需要再适量调味。

这道油醋汁可加盖放入冰箱保存，保存时间可达5天。

柠檬胡椒油醋汁 4人份

这是可最后完成的万用淋酱，搭配爽脆的生菜最合适。只要学会两个小变化，就成了可以搭配豪华凯撒沙拉的油醋汁。

材料

佐生菜沙拉的油醋汁

- 3汤匙柠檬汁
- 1大瓣大蒜，刀背拍碎后切细末
- 犹太盐
- 新鲜现磨黑胡椒
- 半杯（120毫升）橄榄油或芥花油
- 半颗柠檬皮
- 340克爽脆生菜，如切成大瓣的卷心莴苣或罗马生菜
- 半杯（60克）磨碎的帕马森奶酪（自由选用）

佐凯撒沙拉的变化型

- 3汤匙柠檬汁
- 1大颗蛋黄
- 1大瓣大蒜，刀背拍碎后切细末
- 1～2只鳀鲜提鱼，如果用碗搅拌，鳀鱼需先切碎；若使用搅拌机，鳀鱼可不切
- 半杯（120毫升）橄榄油或芥花油
- 犹太盐
- 新鲜现磨胡椒
- 340克罗马生菜或卷心莴苣
- 半杯（60克）磨碎的帕马森奶酪
- 面包丁

做法

制作佐生菜沙拉的油醋汁：小碗中放入柠檬汁和大蒜，用盐和胡椒调味，加入柠檬皮，再和油拌和。油醋汁拌入生菜，用更多胡椒调味，如果需要，最后可撒上帕马森奶酪作装饰。

制作佐凯撒沙拉的变型油醋汁：柠檬汁、蛋黄、大蒜和鳀鱼放入大碗或搅拌机。可用手持续搅拌，也可用搅拌器搅拌。其间倒入2～3滴油，然后把油倒成一条细线持续倒入，直到油乳化成油醋。再用盐和胡椒调味。用一个碗，将3/4油醋汁拌入生菜。试试味道，如果需要再加入更多酱汁。最后用帕马森奶酪和面包丁作装饰。

油醋韭葱 4人份

这道食谱使用经典红酒油醋汁搭配洋葱家族的成员，精采的小酒馆菜色，油醋韭葱。这道菜展示了厉害的红酒油醋如何让煮熟放凉的蔬菜发光发热。醋的质量是关键，值得你买瓶好醋来做，用质量好的西班牙雪利酒醋也可以。

材料

- 4大棵韭葱，或8小棵韭葱
- 1/4杯（60毫升）红葡萄酒醋
- 1汤匙第戎芥末酱
- 1汤匙蜂蜜
- 犹太盐
- 新鲜现磨黑胡椒
- 3/4杯（180毫升）芥花油
- 1/4杯（170克）红葱头末
- 4颗水煮蛋（参见第336页），蛋黄蛋白分开切碎
- 1汤匙虾夷葱珠

做法

剪掉每支韭葱须根，留下完整连根后段，切掉深色上端只剩蒜白部分（可以把蒜绿部分留下来用做第64页的简易鸡高汤，也可留下来做牛肉高汤）。韭葱纵切成两半，请注意不要把根部切断。用冷水将韭葱冲洗干净，检查叶片夹层中是否含沙。

准备有内层的蒸锅，底下放一大锅水煮开，将韭葱放进去蒸10～15分钟直到软（如果没有蒸锅也可以用煮的）。蒸好后拿出内层蒸盘，韭葱放在冷水下冲凉，然后放在垫有餐巾纸的盘子上滤干。放入冰箱等要吃时再拿出来。

食物搅拌器中放入醋、芥末和蜂蜜，加入两只手指捏起的盐，磨些胡椒。当搅拌器持续运作时，油以细流状态倒入搅拌机中。做好后将油醋汁换到玻璃量杯中，享用前10分钟再拌入红葱头。

韭葱的根部切开摆在盘子上，用汤匙把油醋汁舀到韭葱上。最后每盘都撒上蛋白碎装饰，再撒上蛋黄碎及葱珠。

烤牛小排佐香辣牛至油醋汁 4人份

油醋汁搭配各种烧烤食物都很出色,我特别喜欢用它搭配牛排或羊肉这类红肉。红肉天生就肥美,用酸味来衬托更显美味,而且在这道菜里还有辣椒的辣度。我加了一些意大利黑醋,因为我喜欢用它的甜味来平衡肉的焦香。油醋汁的主味来自牛至叶,倘若用薄荷取代牛至就是搭配烤羊肉的绝妙油醋汁。

为达到较好的烧烤效果,请买厚一点的牛排,厚度至少要2.5厘米。如果太薄,外层还没烤好,牛排就已经烤过头了。至于羊小排,虽然带着骨头可做缓冲(参见第18章《烧烤:火的味道》),但状况也一样。另一个极好的方法是用双层牛小排,每片厚度都有4.5厘米。按照指示烹调,打斜刀片成6～7片厚牛排,分到盘子上再淋上油醋。

油醋汁料

- 3汤匙红葡萄酒醋
- 2茶匙意大利黑醋
- 1茶匙鱼露
- 1汤匙红葱头末
- 1瓣大蒜,切末
- 1支新鲜牛至叶,切碎
- 1根红辣椒,可用Fresno、serrano或泰国辣椒,去籽切末
- 1个墨西哥红辣椒,去籽切细末
- 犹太盐
- 新鲜现磨黑胡椒
- 1/4杯(60毫升)芥花油
- 2汤匙新鲜欧芹末

材料

- 4块牛小排,每块至少2.5厘米厚
- 犹太盐

做法

制作油醋汁:碗里放入醋、鱼露、红葱头、大蒜、牛至叶和辣椒,用一小撮盐(两只手指捏起的量)和少许胡椒调味,加入油搅拌均匀。让油醋汁静置备用,时间少则30分钟多则半天,待上桌前再拌入欧芹。

烤肉前2小时就要把牛排从冰箱拿出来回温。如果之前没有用盐腌渍,就要把两面都涂上大量的盐,而且如果牛排厚度够厚,外层就好像有一层盐壳包着。炭烤炉或烤肉炉生起大火,煤炭放的面积要够广,好让牛排可直接受热。先将烤肉架放到炭火上烧5～10分钟,让架子烧得滚烫,再把牛排放上去烤。每面在烈火上约烤3分钟,烤到内层温度达48℃(120℉),即显温度计上显示已达一分熟。烤好后把牛排放一旁静置,约5分钟后即可食用。可以整块或切片,上面再放上油醋汁。

13

汤 SOUP

最简单的大餐

Recipes

不久以前，我和《美食家》（*Gourmet*）杂志前总编辑露丝·雷舒尔（Ruth Reichl）[1]同场座谈。当鸡高汤端出来的时候，她说："你知道他们怎么说的吗？如果有了鸡高汤，你就有了一餐。"

这是真的。有汤的夜晚就是有最简单一餐的夜晚。冬天，烤鸡大餐后的一两天，炉上炖了一锅简易高汤（参见第64页），我把高汤过滤到煎过的洋葱块里，放点吃剩的蔬菜和鸡肉，有时候还会加入意大利面和马铃薯，用盐调味，挤一点柠檬或撒几滴醋。要不了多久，汤就做好备用。像这样的汤其实有无数变化。想要一些细致的亚洲风味吗？爆香大蒜、红葱头和一大块生姜，把爆香料滤到高汤里，再用盐或酱油调味，或是鱼露味噌，还可来点米醋或几滴香油提香，再加点鸡肉、豆腐或馄饨，你就有了极棒的一餐。想喝点辣呼呼的热汤吗？在煎洋葱时加点辣椒碎，然后全部加到汤里去，最后放些莴苣和香肠就完成了。

这些理由已足够让你手边备好鸡汤。而熬汤只是轻松小事，事虽小却让人深深满足。甚至不需要鸡汤，牛奶就能作汤底。还有蔬菜，也可以把蔬菜打成菜泥稀释后做成汤。

天冷时，喝汤暖和身子；天热时，喝汤让人静心。汤汇集所有食材精华，赋予我们营养，让我们一匙又一匙地喝下，和面包块一起下肚。

是水的魔法造就这一切，水可萃取滋味和营养，也可让味道和营养散布汤中，还可托起装饰配料，也能接受任何调味。汤是如此基本，调味才是关键，主宰了汤最后的好坏。

烹煮一道美味的汤，最重要的技巧在于学习判断这道汤的好坏。想清楚，尝尝看，然后再多想想。总不忘问问自己盐的分量是否恰到好处。汤喝起来应该味道正好，不会平淡无味，也不该尝到盐味。如果平淡无味，可以用鱼露调整，它能让人齿颊生香。但也不可以加太多，否则喝汤就像在喝鱼露。问问自己在汤里放点酸味是否会更好喝？不太确定吗？拿个汤匙舀几滴醋或柠檬汁放在汤里试试味道，汤的味道是不是比较鲜明？

---

1 露丝·雷舒尔，美国近代最权威的饮食作家暨美食评论家，曾任《美食家》杂志总编辑，著有《天生嫩骨》（*Tender at the Bone*）和《千面美食家》（*Garlic and Sapphires*）等书。

是不是变得更有趣？然后再往锅里多加一点醋或柠檬汁。

如果你做的是佐菜的清汤，就像鸡汤面，问问自己汤水和固体食材的比例是否适当，是否需要调整。

如果是做奶油汤或浓汤，就问问自己口感对不对。评断汤的标准就该像评断其他菜肴或配料，口感是否平衡？汤是软的，但我们喜欢酥脆的口感（所以才有专门配汤的饼干），或许你的汤放上面包丁或玉米饼之后会变得美味无比。

有些汤就该瘦而无油，因为无油才好吃。但即使瘦的汤都该放一点油脂增味，也许滴几滴特级初榨橄榄油、芝麻油、松露油，或者加点法式酸奶油或马斯卡彭奶酪。最后盛盘装饰时不妨考虑一下。

想想还有什么是诱人的装饰配料。如果是蔬菜泥做的浓汤，如芦笋浓汤，也许煮熟芦笋尖恰好可做细致美丽的装饰。或者还需要一点颜色点缀？那就来点柠檬皮如何？

最后请想想这道汤要配什么料理？你肯定希望旁边放的是适合的食物，像白豆汤要配大蒜面包，咖喱汤就该搭配印度脆饼。

在厨艺学校，汤与其他初级技巧一起传授，因为它结合了许多可好好利用的基础烹饪技法。在此脉络下，汤被划分为几大类，它们可能截然不同，也有互相重叠的。思考汤的分类让你更能弹性灵活运用技巧。请不要以为做经典的鸡汤面与做墨西哥玉米饼汤、亚洲馄饨汤、泰国河粉完全不同，其实都是一样的，都是汤配上不同配料及调味，或者套句主厨的话来说，就是"风味数据"（flavor profiles）。这是个有用的术语，但目前尚未找到引进家庭厨房的方法。我喜欢这个术语，因为它说明烹饪并不需要熟知上千种食谱，只要了解一套可管理的类别系统，即使每项类别都有数千种变型。

以最基本的条件来说，汤分为两类：清汤和浓汤，而浓汤又分为奶油汤（我们在厨艺学校学到的例子是花椰菜浓汤）和菜泥汤（如黑豆汤、碗豆汤）。两种汤在很多方面与奶油汤互有重叠——大多数奶油汤在某种程度上都要用到菜泥，而很多蔬菜泥最后都会加上奶油。

清汤：这是最基本的汤，内容不外是将一些洋葱煎过（看要做什么汤，还可加入其他有香气的蔬菜），再加入高汤，也可加入肉类、蔬菜、淀粉类或乳制品等食材。清汤做法简单，范围无限，特色全依据配料而定，而高汤的使用就如托起食材的平台。

浓汤：浓汤只是将平常吃的固体食物转换成液体入口。我们为什么要这么做？因为这样做食物通常较好吃。以我的味觉来说，黑豆汤就要比一勺黑豆好吃多了。不管是根芹煮熟切块，还是根芹磨成泥，都是炖牛肉的适当配料，但如果你想强调芹菜根的特色，就可用合适的汤水将根芹煮好再磨成泥，调味之后再加在汤里。

甜汤和水果做的汤都是另一种浓汤。当你有很好的水果，就可以打成泥再过滤。如果你喜欢煮熟的水果，可以把蜜桃、梨子、苹果拿去水煮，再把这些水果用少许水煮的汤汁打成果泥（像是简单糖浆、白葡萄酒，加上香草豆或香草荚），结果就是最好的水果汤，可以用来搭配甜点，如果甜度不高，还可做成前菜。

在浓汤里，装饰配料反而是其次。

装饰配料十分重要

所谓装饰配料，就是原本不属于汤汁的食材，这才是使汤有趣、特殊、难忘的元素。我试着用衣饰配件来比拟汤中的配料：一件朴素的洋装或衬衫长裤要如何站出去见人？只要一件得宜的项链、珠宝、耳环、皮带、帽子、围巾或胸针就够了。但装饰配料比配件更必要，好比鞋子或夹克，是汤的基础及整体的一部分。比起汤头，我对汤中配料也许有更多话要说，证明配料的本质就是关键。要做好汤，将配料加以分类说明是很有用的。

蔬菜配料：蔬菜是基本配料，它贡献风味、颜色和浓度。任何蔬菜都可加入汤中，唯一要考虑的是蔬菜是否需要预先烹煮。从味道和营养的角度看，大多数蔬菜放在汤里煮最好。如果你希望有些娱乐效果或想突显配菜，如新鲜甜豆汤里的胡萝卜丁，你可以先将配料蔬菜汆烫冰镇。就像根芹奶油汤的做法（参见第241页），先把根芹切丁煮软，再加入汤中，如此配料就会突出。

叶菜类的蔬菜，如菠菜、莴苣、酸模等，也是很棒的配料，可增添滋味、营养和颜色。而洋葱多认为是提香料而不是配料，除非放在某些洋葱汤中作为特色加强。

肉类配料：不管是何种形式的肉类，都是汤中强大实在的配料。如果汤是棋盘，配料是棋子，那么肉类就可说是棋子中的"城堡"了。就如鸡汤中的鸡肉，牛肉汤中的牛肉丝，而香肠更是什么汤都可以放。别让自己受限于剩菜的使用标准（虽然那是利用食物的好方式）。带骨肉排是上好的配料食材，不仅汤里的排骨很好吃，也会让汤更具风味，汤汁更浓。去皮的鸡翅膀和洋葱一起煎一下就是芳香四溢的配料。一些好的肉块更是好用，牛里脊切下要吃的部分，还会有很多碎肉剩下来，可以剁成小肉丁直接加入热牛肉汤里。还有陶锅炖肉（pot-au-feu），也是一道有肉的汤菜。

淀粉类配料：最常见的淀粉类汤料是面食或米饭，还有马铃薯及其他根茎类也是上好的配汤料。而玉米算是某种淀粉类的蔬菜，可做出高级又称心的汤。柔软的面包让汤有浓度又有分量；变硬的面包（无论是三天前的面包还是烤过的面包丁）除了让汤有分量，还创造口感，是放在汤里的好东西，简单又实惠。

蛋类配料：几乎所有汤都可因为蛋而提升质量。没有配料会像蛋那样效果立竿见影，令人印象深刻。如果要使用生蛋，请确定汤碗是热的，且汤汁很烫。打蛋时先把每个蛋打到碗里再加入汤中。你也可以提前一点时间把蛋加在汤里煮，如此蛋就成了汤料。或者用冷水淹过鸡蛋再加热，在水快煮开时立刻把蛋拿出来，这时的蛋正好可打进热汤里。

爽脆配料：几乎每次煮汤，我一定会放一些酥脆的东西，这些爽口配料不是放在汤里，就是撒在汤上，或者配着汤吃。如果你做了一道非常精致的清汤，且希望把焦点放在汤汁清澈度及风味上，这时才会舍它不用。但多数的汤都会因为酥脆的口感而更好吃。可能就只是简单配个烤酥的长棍面包，或是放几片饼干在汤旁边。还有更费工的做法，像是将根芹先切片油炸，再放在根芹做成的汤里；也可利用天生就很清脆的东西增加口感，如生食蔬菜。

油脂配料：汤有意思的地方就在于没有放太多油却能让人心满意足。但也因为如此，有时候汤需要额外加点什么，也许需要一丝油脂来平衡干净无油的状态。常用的配料多是带着酸味的乳制品，像是酸奶油或法式酸奶油。这些配料不但增加了浓郁酸度且带着某种视觉反差。浓香四溢的油脂在视觉上更让人心动不已。橄榄油是最常用的，但很多美味的坚果油现在也买得到。还有一个较少用的油脂配料、对于风味却有极大影响，那就是磨碎的帕马森奶酪，它不但增加浓郁感，更带来新鲜实在的滋味。

调味：让好汤更棒

为汤调味的过程也就是训练自己的过程，不断试吃，不断思考，不断牢记自己曾经历过的。

训练自己如何调味的最好方法是先试喝一点原汤，再试喝一匙加了少许调味料的汤。如果觉得该加的调味料是盐，舀一匙汤，加几粒盐，试试味道，再比较看看。要了解加入醋后会有什么效果，也请依照同样方法去做，特别是奶油汤，加几滴醋或柠檬汁比较两者差别，你就会感受到酸的力量。

先把汤舀在汤匙里调味，可以让你知道是否找到正确的调味品。也许这道汤不需要盐也不需要酸，在你改变整锅汤的味道前，先试一汤匙看看。

另一个厉害的调味工具是鱼露（参见第21页），它带有咸味，可为汤带来深度。再说一次，用汤匙试试味道，让自己感受味道差异。

你也许可以考虑加一点辣，这时候卡宴辣椒或Espelette辣椒粉就可派上用场。

熬汤的策略：要做有娱乐效果的汤？还是做当平日餐点的汤？

因为熬汤很简单，选择汤当平日晚餐就很实用。只要三两下，就能端出一锅汤，美味又营养，而且是剩菜再利用的好方法。

因为汤不易解体变形，可提前一天做好。作为套餐的首道菜极有娱乐效果，可能只是简单的奶油汤，可以冷着吃，或在上菜前一分钟再回温。如果想要来点花哨的，摆盘时可用碗装着热配料，再舀入桌上的汤。

汤是最棒的餐前小点。在众多顶级名厨中，"法国洗衣店餐厅"主厨托马斯·凯勒率先用咖啡杯盛装汤品。这种餐前小点在家做也很容易。如果汤品的焦点集中在主食材，此时的汤应该油浓香滑令人满足，如果是油脂不丰厚的汤，就该用汤料突显特色。

总之，汤是食物操作最好也最有力的方式。

Cooking Tip

要在整道汤或酱汁中加入会影响整体味道的食材前，先用汤匙把汤汁酱汁舀出来，滴几滴你想要加的味道在汤匙里，再试试味道。这么做，如果有什么差错，也不会改变整锅汤和酱汁的味道。

香肠莴苣汤 4人份

这道汤的应用方法有无限变化，可做出无数清汤。只要是你喜欢的香肠都可放进去：德国香肠（bratwurst）、辣味香肠、羊肉、鸡肉或猪肉做的香肠，或像kielbasa这种烟熏香肠。你也可以用鸡肉代替香肠，然后用煮熟白豆当配料增加汤的分量。若要做玉米饼汤，可先将玉米和大蒜煮熟，用大量青柠调味，最后加入一大块鳄梨，还有新鲜香菜和油炸玉米饼。素菜汤则可以用蘑菇取代香肠，鸡汤换成蔬菜汤。如果你喜欢清清如水的馄饨汤，请用葱取代洋葱，放入大蒜和姜一起爆香，倒入高汤后煮到汤头充满香气，然后将汤过滤到干净的平底锅中，加入馄饨，最后撒上红葱头末。

我用法国长棍面包来配这道汤，如果你喜欢，也可以用酥脆面包丁来搭配，面包丁的做法很简单，用橄榄油将隔夜面包煎到香脆就可以了。

材料

- 1大颗洋葱，切成小块或中型丁状
- 1汤匙大蒜末
- 芥花油，如果需要
- 犹太盐
- 4杯（960毫升）简易鸡高汤（参见第64页）
- 455克香肠，先用平底锅煎香，或用烤箱以165℃（325℉）的温度烤10分钟，再切成块状
- 225克莴苣，横切成12毫米宽的细丝
- 2个李子番茄，去籽切丁
- 1汤匙鱼露
- 2茶匙柠檬汁或白葡萄酒醋，如果需要
- 卡宴辣椒粉（自由选用）
- 1条长棍面包，可整条或切片，预先烤过
- 橄榄油

做法

大酱汁锅放入适量芥花油，将洋葱、大蒜炒到软烂出水，用三指捏起的盐量调味。当蔬菜都炒软了，加入高汤煮到汤汁小滚，再加入香肠、青菜、番茄、鱼露、柠檬汁，煮到青菜变软。试吃一点，如果需要，再用柠檬汁、盐、鱼露和一点卡宴辣椒粉调味。

烤过的长棍面包刷上一层橄榄油，再轻轻撒上一点盐、搭配着汤一起享用。

根芹奶油汤 4人份

传统的浓稠奶油汤都是以油糊稠化过的高汤或牛奶（如白酱）做汤底，再加上主要汤料增添风味。主汤料可以是任何食材，从花椰菜到根芹再到南瓜都可。这些汤很容易做又经济实惠，能带来极大满足。按照这里的方式，可将根芹用花椰菜、马铃薯、防风草、芜菁或胡萝卜代替。奶油蔬菜汤的食材则可用芦笋、西蓝花或其他蔬菜，用鸡高汤或蔬菜汤取代牛奶，如此就创造出了"天鹅绒酱汁"，而不是用白酱做汤底了。

材料

- 3汤匙中筋面粉
- 5汤匙（70克）黄油
- 1颗中型洋葱，切成小丁
- 3杯（720毫升）牛奶
- 犹太盐
- 455克根芹，3/4切成大块，剩下部分切成小丁做最后装饰
- 1/3杯（75毫升）高脂鲜奶油
- 柠檬汁或白葡萄酒醋
- 自由选用的装饰配菜：新鲜欧芹、褐色黄油（参见第151页）

做法

大酱汁锅放入面粉和黄油以中火炒到面粉散发出焦香味。加入洋葱炒到软，再加入牛奶，酱汁煨到小滚，将面粉搅散。用三只手指捏起的盐量调味。当白酱变稠，加入大块的根芹煮10～15分钟直到软烂。

用搅拌机将汤汁打成泥，但请把搅拌机的盖子打开用餐巾纸覆盖，不然机器会因为汤而炸开，弄得一团乱。而打好的汤用细目滤网过滤到干净的酱汁锅。试试味道，如果需要可再加一点盐。做好的汤可以放在冰箱冷藏达2天。

切成小块的根芹放进小酱汁锅，加水、加盖用小火煨煮大约3～4分钟，倒出水分后，放在餐巾纸上滤干。

汤以小火煨到微滚，拌入鲜奶油。加入1茶匙柠檬汁。一面拌一面试味道,如果需要可再多加一点。

烫好的根芹配菜放在平底锅中回温，用微波炉也可以。装饰配菜放在各个碗中，再将汤舀入。如果需要，最后再放上选用的装饰配菜，即可食用。

薄荷蜂蜜冷豆汤 4人份

绿色蔬菜利用水煮冰镇的方法最能保留鲜亮的颜色，等到要用时，蔬菜的熟度刚好完美。将这些完美煮熟的蔬菜打成菜泥，放凉后用滤网过滤，你就有了一道美味的汤。这是一道很棒的夏日汤品，夏天正是甜豆高挂枝蔓的时候。而冬天，就用同样的技巧做温暖的花椰菜汤。汤回温时可拌入少量鲜奶油，以柠檬调味，再用烫过的花椰菜做装饰。

材料

- 8杯（2升）水
- 1/4杯（55克）犹太盐，可再加1/2茶匙或更多
  455克甜豆
- 12片大薄荷叶
- 冰块
- 1汤匙蜂蜜
- 柠檬汁
- 自由选用的装饰配菜：1杯（115克）氽烫冰镇
  过的豆子、几块法式酸奶油、几滴松露油

做法

大汤锅放入水和1/4杯盐，将水煮滚且把甜豆烫到软。烫豆的时间约2～3分钟，放入薄荷叶立刻将甜豆滤出。甜豆和薄荷用冰块水隔水冰镇（参见第47页），要记得不时搅拌直到完全冷却。然后再把水倒掉。

甜豆和薄荷放入搅拌机中，加入少许冰块、半茶匙盐和几滴柠檬汁，全部打成滑顺的菜泥。用汤勺或刮刀将厚重菜泥压到滤网中，菜泥用细目滤网过滤到干净的碗中。试吃调味，用蜂蜜和盐调味。如果需要可再加柠檬汁。汤用勺子舀到碗中，汤上可撒上装饰配菜，上桌享用。

甜椒汤 8人份

想做道爱心汤让最心爱的人永难忘怀吗？很简单。"法国洗衣店餐厅"的厨房传授了一道浓郁的奶油汤，而且这道奶油汤不会让名厨瑞秋·雷（Rachael Ray）觉得她的食物过于复杂。关键在于工具，这道汤需要很细的滤网才可创造出极富快感的质地。先把甜椒或彩椒浸入鲜奶油里，然后用搅拌机打到质地滑顺再过滤。这是准备汤点的美好方式，成果如此浓郁，让我只能建议以餐前小点或开胃菜的方式少量饮用，才会使一切更诱人。这道汤呈现迷人的柔和色泽，可以热饮，也可以当冷汤。如果当冷汤享用，要在汤冷的时候试吃调味（比起热食，冷食多半需要更明显的盐量）。

几乎所有蔬菜都可以用这种方式做汤，但最好的选择还是像根茎类、茴香、花椰菜和蘑菇这些非绿色蔬菜。这道食谱可以做你毕生喝过最顶级的蘑菇汤，不像其他蔬菜，蘑菇得先煎过（参见第218页），并用新鲜现磨的胡椒调味，再加一撮咖喱也不错。

材料

- 455克彩椒或红椒、橘椒、黄椒，去籽切成5厘米块状
- 1杯（240毫升）高脂鲜奶油
- 犹太盐
- 柠檬汁

做法

蔬菜和奶油放在酱汁锅里，以高温将奶油煨到小滚，再关小火降到低温，将蔬菜煮到软烂，时间大约需要5分钟。然后将蔬菜奶油打成菜泥，加入一撮盐（约三只手指捏起的量），请不要盖上搅拌机的盖子，另用餐巾纸覆盖机器，均匀搅拌2分钟直到内容物完全成为菜泥。试试味道，如果需要再加一点盐。加入柠檬汁。把汤压入细目滤网过滤到干净的锅子或碗中，再次试吃调味，以每份1/4杯（60毫升）的分量享用。

1.彩椒先放入鲜奶油中，以高温加热。

2.煨煮到小滚。

3.鲜奶油冒出泡泡，汤汁浓缩。

4.倒入搅拌器。

5.搅拌机不盖盖子，而是用毛巾覆盖盖口。

6.完全打成菜泥。

7.用细目滤网过滤到干净的锅中。

8.倒入杯中啜饮品尝。

14

煎炒

SAUTÉ

厨房的热区战场

"所谓煎炒，"那天在厨艺学校刚开始上课，帕尔杜斯主厨对全班同学说，"就是一阵烈焰。煎炒就是星期六晚上的火爆场面。煎炒也是你们这群家伙三年来费尽心力想得到的东西，对吧？煎炒还是二厨的下一步。煎炒是有个家伙一次耍弄七八个锅子，让它喷火，让东西跳来跳去。煎炒就是厨房的热区战场！"

之后他停顿了一下，滔滔不绝的激动主厨又变成装模作样的教授。他转回白板架，拿着木勺子当教鞭，这是他授课时的话语子弹："煎炒就是快速的、即做即食的烹饪技巧。没有软化的效果，所以下锅食材必须柔嫩。你不可能把整块小羊腿下锅炒，因为煮得快，所以也充满乐趣。一阵乒、乓、砰，菜就送出门。只用少量的油，高温煎炒。"

这是我对这项特殊烹饪技法的介绍，以大胆笔触开启教学。随着时间过去，随着教育过程发生的种种，我了解更多也更深，所以也更懂得在煎炒中费心注意，思考问题并请教他人。我离开美国厨艺学院不久，着手撰写《大厨的诞生》（ *The Making of a Chef* ），在 1996 年访问了当时的校长费迪南德·梅茨（Ferdinand Metz），我们讨论了有关烹饪教育的本质及定义。

最后他表示，一切与基础有关。"我是否了解基础呢？"他说。

"所以说到煎炒，"他立刻接着说，"你大可以说，老天，也许煎炒有10种不同温度水平。有些东西需要高温热炒，有些东西只要逼出水分的和缓火候。不论是鸡还是培根，几乎所有东西都需要不同温度。"

就是这个时候，就在这间办公室，我又往前进了一步。我从没有想过培根也可以拿来炒。也许这是语意的问题，但真相是，这些话自有一番道理。当我们煎炒东西，的确需要知道辨别各种温度层级。煎牛排的温度绝对与炒西葫芦丝的温度不同，这也是为什么煎炒就算不是最难的，也是最难精通的技巧之一。煎炒需要更多判断力，比起其他部分，它要依赖更多细微差异。

帕尔杜斯主厨说的都是对的，但烹饪这件事没有什么是绝对的。学习分辨各种煎炒需要的温度很重要，但其他因素也很重要，就像你下锅煎炒的食材是什么？用的锅子大小如何？以及无论你煎炒什么，锅里的状态又是如何？是直接从冰箱拿出来的还是已经回温的？有没有上过盐？是湿的还是干的？

煎炒sauté这个词源自法语动词sauter，意思是"跳"，意指煎锅里有很多小块食材时主厨会做的动作。他们会把食材翻抛到空中再用锅子接住，这是翻动食材最简单的方法。现在sauté则变成我们认知的：平底锅放在炉上，放入少量油或黄油煎炒任何食材，好比煎鸡胸肉，即使我们不会把鸡胸肉抛得跳来跳去。

但sauté这词很好，连结了动作、行为及速度。我们通常用fry这个词当成sauté的同义词，大家也都接受。但我更喜欢用fry这个词来表示食材用大量油高温"油炸"（参见第19章《油炸：热焰之极》）。油炸总需要很多油和高温才做得成，而煎炒所需的温度各有不同，用油量极少。

此外，油炸锅的锅缘无论是垂直或斜上的皆可，但多半是垂直的。而煎炒用的锅子就需要斜上的锅缘（但锅子每家品牌都不一样，像All-Clad这家公司就将斜边锅子叫作油炸锅，但这样的锅子对我来说却是煎炒锅。而厨艺学院教我们的也是斜边锅子是煎炒锅，或叫深炒锅sauteuse，但是锅身比较浅，而有着垂直锅缘的锅子则是煎炸锅sautoire，这样区别很有用）。几乎所有煎炒都该使用干净的不锈钢锅（有关锅子的更多讨论请参见第365页《附录：工具器皿》）。斜缘锅具不只可以让厨师翻抛炒豆，也可以让煎炒的食材热气循环，如此可带走温度较低的水气。所以若用油很少火力却很大，这时请用斜缘锅具，但如果用低温煎炒，锅具的选择就不太重要。

德高望重的梅茨先生认为煎炒有10种温度，我却认为分成三个层次最有用。

第一种也是最普遍的就是高温。以高温煎炒的理由是创造香气，方法在于把食材外层煎上一层完美的壳。为了达到这样的效果，我们希望油脂温度尽量提高但不能高到冒烟。依照所用油脂的不同，温度大概在180℃~230℃（350℉~450℉）之间。植物油的温度会比动物油高(如猪油、澄清黄油或鸡油)。所谓"起烟点"是指油脂开始冒烟的时刻，也是油脂开始分解的时候，此时油会劣化，开始释放大量油烟。如果用这种油煎煮，任何食物的味道都是苦的，不但对食物不好，因此引燃更是危险（如果遇到这样的事，请别慌张，只要盖上锅盖就好）。

基于上述理由，用清洁干燥的锅先加热再加油比较好。你也可以用冷锅先加油再加热，但这会增加危险。你可能因为分心忙着其他工作而忘记锅子还在炉上，直到看到冒烟或闻到烟味，更糟的是让锅子烧起来。锅热好再加油，油会热得非常快。你也不想加太多油，但也不能加太少。如果油太少，肉一下锅，油和锅子就冷掉，这时就会粘锅。

要做好高温煎炒的下一个关键是要知道什么时候该把食材放进锅中。如果你没有把锅子和油热好，食物就会粘锅。更重要的是，食物会一直散发水气却不发生褐变，而褐变是高温煎炒的主要目的。

请学会用眼睛估量油温，油下到锅里会出现什么状况，是又慢又黏吗（如果是，则表示锅子不够烫）？还是立刻在锅里快速流动（这表示锅子很热）？或是立刻开始冒烟（这就是锅子太烫了）？高温煎炒需要很热的油才可完成，但不能油一接触锅子就开始冒烟，而是应该一开始在可察觉的流动中产生波纹。

高温煎炒的下个步骤是把肉下锅煎。这之前肉应该早从冰箱拿出来，至少用盐腌了一个半小时，腌到盐被吸收，肉也回温软化了。也就是让肉有机会先变热一点，以确保在煎煮时受热均匀。请看看那块肉是干的，还是放在肉汁里？这很重要。如果湿的肉放进热油里，水气会立刻把油温降低，无法产生褐变还可能粘锅。如果肉是湿的，入锅前请把它拍干。有些主厨甚至喜欢给肉上一层很细的面粉，以确保表面完全干燥，让褐变多些复杂深度。但别用太多粉，因为面粉掉到油里就会烧焦。

肉慢慢放入锅里。不要害怕热气热油，也别把肉丢进油锅里，而是等手接近锅面再放掉肉，如此热油就不会溅得到处都是，但如果真溅开了，溅出的热油也会离你远远的。

肉一放入锅子，最要紧的下一步骤就是：什么都不做。不要碰，不要动、也不要摇晃锅子，就让肉这样煎。如果锅子和油都够热，你就不会有粘锅的问题。肉也许在刚开始下锅时会粘底，如果真的这样，冒着肉会撕破的危险，不要动它就显得格外重要。如果锅子够热，肉会煎上一层酥焦外层，之后再把肉拉开就很容易了。

　　肉翻面时，请考虑火候。如果你煎的东西很薄，也许要以高温烧烤。如果煎的东西有点厚度，或许要多点时间煎到熟透（就像鸡肉），你可能要降低火力让外层不要煎到焦黑。或许也可以把肉翻面再放入热烤箱，这种做法称为"盘烤"（pan roasting，参见第276页）。重点是，肉一旦煎出焦壳发出香气，就该考虑下一步是要把食物煮透。

　　煎炒工作的最后关键在于知道什么时候该把肉从锅里拿出来，这需要练习和多加注意才能完成。确定肉有没有熟的最好方法是触碰。这需要学习。先用手指压进生肉，体会这种感觉，再把手指压进煎煮中的肉及煎很久的肉，注意其中的差别。不断练习及注意，就能训练自己经由碰触就知道肉有多熟。基本上肉煮得越熟，质地越坚实。确定熟度的另一种方法是用温度计，但做煎炒时，这种方法并不实用，特别是煎很薄的肉片。 有些肉片和鱼排如果连内层都煎到温度很高，就会变得粘黏且越来越硬。 再次提醒，只有练习及留意才是熟悉食物特性的不二法门。

　　肉从锅子拿出来后，请静置半小时，时间要与它在锅中油煎的时间一样长。把肉放在餐巾纸上静置是个好方法，因为它会吸收多余的油脂。肉静置一段时间是烹煮过程的最后阶段，集中在外层的热度需要时间才会内外均匀。当你判断要把肉放在锅里多久时，请把食物后熟的特性放在心里。当食物离锅后还会继续再熟，这段静置时间将让你有时间完成上菜前的其他事情。

　　中温或低温的煎炒温度会让你有较多余裕控制食物。如果你不想让食物褐变煎出香味，就可以用低温处理，就像你只想把食物煮到熟透（就像汆烫过的蔬菜），或逼油的时候（如第95页的鸭胸）。柔软又无油的肉块如果煎出一层焦褐香酥的外壳会很美味，这需要高温处理，但不是必需。我们之所以选择某种火候，都因评量过要煎的食材及想创造的效果。 本章的食谱是表现煎炒技巧和不同火候的例子。

高温油煎

- 油煎鸡胸肉佐龙蒿黄油酱

- 生煎干贝佐芦笋

- 油煎蘑菇

煎炒技巧

- 甜椒炒牛肉

中温和低温油煎

- 生煎夏日南瓜

- 香辣培根油煎球芽甘蓝

- 煎培根的方法

甜椒炒牛肉 4～6人份

我每星期都要为女儿做这道菜，即使放到隔天菜冷了，她还是很爱。这种做法基本又全面的煎炒，使用去皮、去骨、切片的鸡腿肉来做最好，也可以用切成薄片的猪肩肉。如果你喜欢非常辛辣的口味，我强烈建议将彩椒全换成干辣椒。用这方法料理，干辣椒会带有坚果般的风味。炒辣椒时会散发浓烟，最好让抽风机全速开着。辣椒可预先几小时或几天前先炒好，之后再加入甜椒或彩椒。这道菜应该酱汁浓厚，我喜欢在最后用玉米粉和水做成芡汁勾芡，食材上就会覆着一层浓酱。

酱汁料

- 2汤匙广式海鲜酱
- 1汤匙豆豉酱
- 1汤匙蒜蓉辣椒酱
- 1汤匙花生酱　　　● 1汤匙酱油
- 1汤匙青柠汁　　　● 1汤匙鱼露
- 半杯（120毫升）水

材料

- 910克牛腩，逆纹切成细条
- 犹太盐
- 1把葱，去掉葱尾破损处，葱白葱绿打斜刀切丝
- 5瓣大蒜，切片
- 1块生姜，约2.5厘米，去皮后随意切碎
- 1/4杯（60毫升）芥花油
- 5～10片干辣椒（视辣度自由选用）
- 3个甜椒或彩椒，最好绿红黄椒各1个，去籽切丝

- 3/4杯（110克）花生碎
- 2汤匙玉米粉，拌入1汤匙水
- 2汤匙香油（自由选用）
- 2汤匙烤过芝麻粒（自由选用）

做法

制作酱汁：碗中放入所有酱料备用。牛肉丝放入中型碗，撒入两撮盐调味（一撮约三指捏起的量），再加入葱姜蒜。可在前一天先腌好牛肉。

准备中式炒锅或厚底煎炒锅，用高温热锅5分钟。加入油和辣椒（自由选用），拌炒30～60秒直到辣椒变黑。加入腌好的牛肉，均匀分散尽可能接触锅面。如果锅子不够大，肉无法散开成一层，请将牛肉分两次炒。下锅的牛肉先不要翻炒，摆着不动煎1分钟，然后再翻炒1分钟，均匀受热。

牛肉中间拨出一个洞，倒入酱料，开始搅拌确定花生酱融化在酱料中。当酱汁开始滚了，加入甜椒，此时锅中汤汁会由大滚转为略滚。如果你想，可以盖上锅盖煮1分钟，让汤汁温度再升高。加入花生拌炒2分钟，把蔬菜炒软。最后拌入玉米芡汁，关火。可用香油提香及芝麻装饰，上桌享用。

油煎鸡胸肉佐龙蒿黄油酱 4人份

这道菜来自厨艺学院的初级课程，那时的我对只用鸡胸肉做菜十分担心。但是如果做得好，配上美味酱汁，鸡胸肉也能让人吃得开心，价钱实惠，好吃又让人满足。

我喜欢用"至尊鸡"（supreme）做这道菜，有时也称为"航空鸡"（airline breast）或是"史塔勒鸡胸肉"（Statler breast）[1]，就是半只鸡胸肉连着一只鸡翅关节，为求美观还可以把整只鸡翅去掉，再刮除上关节的肉，看来就会迷人些。但无论鸡翅是不是保留，这道食谱一样都可以做，只是带鸡翅关节的鸡胸肉烹煮时间需要多几分钟。

你可以在订货时直接要求至尊鸡，当然也可以自己切。以这道食谱而言，需要买两只鸡。先把鸡尾巴朝外，刀锋沿着脊骨把鸡胸划开，取下一整片肉，沿着许愿骨[2]切到鸡翅连接鸡身的关节处，把鸡翅膀第二关节后面整个去掉。如要修整鸡翅关节，先把关节后面的翅膀切掉，再把骨头上的肉和筋都刮干净（鸡腿和鸡翅可以留着做炸鸡，参见第334页。骨架可留下来熬简易高汤，参见第64页）。

因为鸡胸肉没什么油，我喜欢简单配上加了新鲜香草、红葱头和白葡萄酒的黄油酱。这种酱料再简单也不过，但如果你有客人，或是想在周间的日子充充场面，可以称这种酱汁为"白葡萄酒黄油酱"，而它的确是。

材料

- 4块带皮去骨鸡胸肉，或4块带皮去骨带鸡翅关节的鸡胸肉
- 犹太盐
- 芥花油或其他植物油
- 简易黄油酱（参见第214页），调制时请配上龙蒿

做法

做这道菜前的一个半小时，就要把鸡胸肉从冰箱中拿出来。把肉冲洗干净，拍干，两面都随意撒上一些盐，放在垫上餐巾纸的盘子上，回到室温。

烤盘放入烤箱预热到95℃（200℉或gas 1/4），这样煎过的鸡肉就可以移入烤箱保温，你也可以用煎鸡的锅子做酱汁。或者也可以用不同的锅子把酱汁预先做好，放在炉台上，等你准备好了再回温上菜。

大煎锅以高温加热几分钟直到锅热。用手在锅面上方检测温度。锅子加热时，一面把鸡胸肉拍干。在锅中加入适量的油盖住锅底，理想的深度是5毫米。请千万小心别放太多油，你不是在吃油，而是用油煎东西。油只要热了就会出现明显油纹，鸡肉鸡皮朝下放入油里，不要再动它了，让它煎到褐变。大概煎一分钟左右，可以把肉稍微抬起来看一下，确定没有粘底而鸡皮都有沾到油。煎了几分钟之后，只要鸡皮变成焦褐色，就把火关到中温。煎到一半时请把鸡胸肉翻面，要全部上色大约要4分钟。然后再煎5分钟左右。如果是连着鸡翅关节的鸡胸肉

---

1 "史塔勒鸡胸肉"的称号来自旅馆业之父E.M.Statler，1927年在他的波士顿饭店开始供应这种鸡胸。

2 禽类在胸骨下方都有一根尾端分岔的骨头，西方人用来许愿，故名许愿骨。

大约要10 ~ 12分钟才会全部煎好。鸡胸肉移到烤盘上，放入烤箱中。

倒掉多余的油，按照食谱步骤制作黄油酱汁。上桌时把酱汁舀在香煎鸡肉上就可以了。

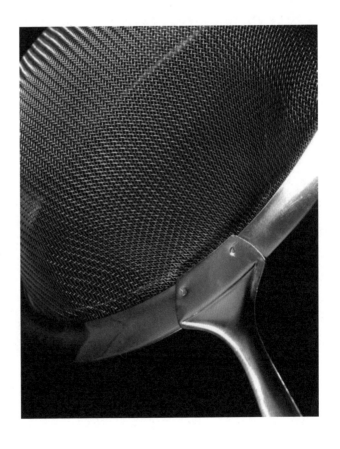

香煎干贝佐芦笋 4人份

我第一次看到这道菜的类似版本是在"法国洗衣店餐厅",当时在那任职的厨师格兰特·阿卡兹(Grant Achatz)[1],正把松露和绑着香葱的可爱芦笋加在菜上,额外的叶绿素让酱汁绿得浓烈。这道菜真是人间美味。美味的主要原因是干贝和芦笋在各方面都是绝配,颜色和口感对比,滋味完美结合。

关键点在于芦笋要煮得刚好,冰镇得刚好,干贝还要煎上一层带着美丽色泽的外壳。最难的部分在于找到好干贝。试着找找好鱼贩,能够在秋冬丰收时节供应你干燥包装的大干贝。干贝越大,这道菜越好吃,准备起来也越简单。

材料

- 680克芦笋,煮好冰镇备用
- 680克干贝
- 3/4杯(170克)黄油,切成均等三份
- 细海盐
- 芥花油
- 犹太盐
- 2汤匙柠檬汁
- 柠檬皮切细末做装饰

.

---

1 格兰特·阿卡兹,美国天才厨师,前途似锦,却在33岁那年被诊断为舌癌四期,之后是与化疗及失去味觉奋斗的人生,至今仍努力不懈,在芝加哥经营Alinea餐厅。曾多次获颁"美国年度大厨"奖项,2011年当选《时代》杂志百大人物。

做法

芦笋的尖端切掉留着做装饰,再把芦笋杆切段用搅拌机搅打成完全滑顺的菜泥。你可能需要加一点水确保菜泥均匀,分量大约1/4杯(60毫升)。你也可以用食物料理机处理,但如果使用,就要用滤网滤掉长纤维。芦笋可以在24小时前准备好,放冰箱冷藏。做菜的一小时前就要把干贝从冰箱拿出来放在垫了餐巾纸的盘子上。干贝边上通常有小小尖尖的结缔组织,请拿掉丢弃。煎干贝前,芦笋泥放在酱汁锅低温加热。

芦笋尖端和一块黄油放在煎锅低温加热。干贝两面撒上细海盐。高温加热大煎锅。锅子容量要大,不可让干贝挤在一起。挤在一起就煎不好了,而焦香外层是这道菜的乐趣之一。锅中放入适量的油盖满锅底,理想分量是目测约有5毫米。千万别放太多油,你不是喝油,只是用油煎炒食物。油温热到极高快达到起烟点前,放入干贝油煎两分钟,煎到表面有美丽的焦痕。翻面再煎两分钟,煎到干贝里面五分熟。千万要小心别把干贝煎过头,生干贝还很美味,但熟干贝就像橡皮一样了。干贝移到餐巾纸上吸油。

煎干贝时,把放芦笋泥和黄油芦笋尖的两只锅子都开到中火。芦笋泥煮到微滚,再放入犹太盐调味,然后再拌入剩下的黄油。

上桌前在芦笋酱汁立刻加入柠檬汁,酱汁倒入盘子或大碗中。再把干贝摆在酱汁上,用热好的芦笋尖及柠檬皮做最后装饰。

1.先氽烫，氽烫的水必须大滚。

2.立刻拿出，用冰块水冰镇。

3.冰镇会让颜色生动鲜艳。

4.切下芦笋尖当作配菜。

5.余下部分切段加入搅拌机。

6.如果需要可加一些水。

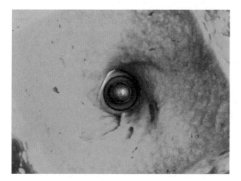

7. 搅打得越久，菜泥酱汁越细致。

8. 加入黄油完成酱汁。

9. 搅拌让它乳化。

10. 出现油纹流动就是锅子已热好了。

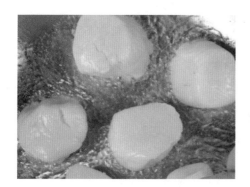

11. 干贝放入热油中。

12. 干贝一面煎好，再翻面煎完。每面须煎几分钟，煎到五分熟，口感软嫩。

油煎蘑菇 4人份，可当配菜或主菜中的组合食材

除非你能拿到各种野生菇，这种菇无论你怎么料理，口感和香气都是最棒的。但一般买到的蘑菇需要适当油煎才会散发香味，就像白色洋菇或咖啡色蘑菇，还有龙葵菇、香菇、蚝菇都得靠煎才能让香气三倍释放。为此，你需要极热的锅子，而难度在于蘑菇蕴含大量水分，如果在还没煎好之前，就让蘑菇把水分释放出来，那么上桌的就是蒸蘑菇而不是煎蘑菇了。

要煎好蘑菇，你需要大锅子，还要豪气地倒入一层油。就在油煎到起烟点时，加入适量蘑菇，分量足以盖住锅底却不会拥挤，然后就这样放着，不要翻动，直到煎好。

这样做的蘑菇单吃就很好吃，可以直接当配菜，也可以当成配料加入炖菜、酱汁、汤品、炖饭和意大利面中。为了增加香气，煎过之后一定要加入大量的盐（太早加盐会让它们释放水分）和新鲜现磨的胡椒。放点红葱头末也很好。你还可以用一些白葡萄酒洗锅底收汁，这样更增添复杂深度。如果不加酒，就用几滴柠檬汁引味，一小撮咖喱粉也会激出美好香气。如果是放在炖菜里的蘑菇，我会把蘑菇切成大块。如果要做配菜，就不切了。如果要放在酱汁里或做最后盘饰，则会切片。煎好的蘑菇可以移到盘子里放凉备用。后续完成只要用一点黄油和缓回温再调整味道就可以了。

无数菜肴都以蘑菇增加风味的深度及香气。要做好吃的牛排酱，可以将香煎蘑菇和焦糖化洋葱以同等分量拌在一起，再加一点黄油或鲜奶油，有时候还可以加一点葡萄酒或干邑白兰地的酸气。要做简单的好汤，只要把蘑菇放在奶油里回温再打成泥，加入柠檬和咖喱调味。或是煮红酒炖鸡或炖牛肉时，在快煮好时加入蘑菇，一样焖在酒里就成了。蘑菇还可做肉和意大利面的多汁馅料。有道配料叫作Duxelles（香煎蘑菇酱），就是煎过的蘑菇碎或蘑菇丁，用法多样，可以加在各种酱汁里（参见第218页）。

材料

简易版香煎蘑菇

- 芥花油（12寸约30.5厘米的煎锅需要1/4杯约60毫升的油）
- 455克蘑菇，切十字刀分成四份，或切成6毫米厚的片状
- 犹太盐
- 新鲜现磨黑胡椒

加强版香煎蘑菇

- 芥花油，油煎用（12寸约30.5厘米的煎锅需要1/4杯约60毫升的油）
- 455克蘑菇，切十字分成四份，或切成6毫米厚的片状
- 红葱头末2汤匙
- 犹太盐
- 新鲜现磨黑胡椒
- 1/4茶匙咖喱粉
- 半杯（120毫升）白葡萄酒

做法

　　制作简易版香煎蘑菇：煎锅先用高温加热3～5分钟，加入足量的油，分量需盖过锅底，让油温升高到快要冒烟。加入蘑菇，分量恰可铺满锅底浅浅一层，若需要也可分两批煎。蘑菇煎1分钟后拿锅铲压，让它更受热。翻面再煎，用盐和胡椒调味，然后移到盘子或碗里。如有第二批蘑菇需要煎，则将煎锅擦干净，重复步骤。

　　制作加强版的香煎蘑菇：煎锅用高温加热3～5分钟。加入足量的油覆盖锅底，油加热到起烟点，放入浅浅一层足可盖住锅底的蘑菇，如需要可分两次煎。蘑菇煎1分钟后用锅铲加压，让煎的效果更好，再把蘑菇翻面再煎。

　　加入红葱头与蘑菇一起拌炒，用盐、胡椒及咖喱粉调味。如果蘑菇分两次煎，咖喱粉也要分成两次用。拌炒30秒让红葱头和调味料均匀。加入1/4杯（60毫升）酒（如果蘑菇只有一批要煎，就加入全部的酒）。炒好后将蘑菇移到盘子或碗里。如需要煎第二批，则将锅子擦干净，重复以上步骤。

快炒（Stir-Fry）

快炒是"煎"（sauté）的变形，但不是"炸"（fry），是用高温和少量油快炒质地柔软的食材。真正的快炒需要剧烈高温，锅面温度要高到无法把食材放着不动，不然就会烧焦，只好让食物在锅里面跳舞。如此剧烈高温和料理速度说明了为何好的快炒会带来如此独特的风味。这种滋味极难复制，因为家庭厨房不具备这种火力，可以让食材入锅后锅子仍保持如此高温。

但也有几个可以用来提升快炒技术的技法，过程中还可以训练你的厨艺肌肉。第一，无论你是用中式炒锅还是煎炒锅，都要确定用来快炒的锅具得有厚底钢材锅面。第二，食材要全部切好准备好放在炉台旁。第三，锅子一直放在热源上受热，温度要高到把一茶匙水倒在锅里，水会迅速形成水银状的水球在热锅里滚来滚去。第四，要先放肉。如果肉块还有水分，要先拍干，这样就不会有那么多水气，让锅里的温度一下就降低了。第五，放在锅里的肉要散开，尽量让肉接触到锅面。第六，肉放入后大约20秒不要动它，然后再放入其余食材。可加入充满香气的蔬菜，再下调味料（多使用葱、姜、蒜）。

对于那些坚持快炒须达到所需温度才算完成的人，我的主厨师傅迈克尔·帕尔杜斯建议，他们应该买一个炸火鸡用的深炸锅，再准备中式炒锅放在瓦斯炉上。但就算缺少这些器具，上述技巧也行得通，仍可做出最棒的快炒，就像这章介绍的。

香煎夏日南瓜 4人份

这道小菜颜色鲜艳，清新简单，特别适合搭配白肉和鱼。制作上使用中温比高温好，只要几分钟就可完成。南瓜和胡萝卜可以手工切成丝，但如果你有刨丝器，用刨的会更简单。我推荐日式刨丝器。

材料

- 1颗中型南瓜
- 1块黄油
- 1根大胡萝卜，去皮
- 新鲜现磨黑胡椒
- 1/4颗柠檬
- 1根黄色西葫芦
- 犹太盐

做法

如果用手工切，请将南瓜和胡萝卜尽量切成细长丝。请用外表看来新鲜的南瓜，内层去籽不用。如果使用刨丝器，请装上刨丝刀，直接从南瓜外层的肉开始刨，刨到内层碰到籽为止。蔬菜可以提前4小时先切好，盖上湿毛巾，放入冰箱冷藏。

中温加热煎炒锅，加入黄油。当黄油融化后，加入南瓜和胡萝卜煎到软。随意用盐和胡椒调味，再挤入柠檬汁，即可食用。

香辣培根油煎球芽甘蓝

用油煎方法烹煮绿色蔬菜，是将普通食材转变成绝顶美味的最好策略。这里的方法适用于所有绿色蔬菜，可以是豆子、菜豆、菠菜或芹菜，但是用球芽甘蓝搭配培根和辣椒碎最好吃。做法是将球芽甘蓝烫过再冰镇，再用培根油加热回温。比起一般将甘蓝对半切的做法，建议用日式刨丝器将甘蓝刨成细丝，生煎一下甘蓝丝就好。

材料

- 225克培根，切成6毫米宽的块状，将油煎出来保留备用（参见第264页）
- 1茶匙辣椒碎
- 犹太盐
- 450克球芽甘蓝，对半切，烫到软，用冰块水冰镇

做法

大型煎炒锅用中温回温培根及培根油。加入红辣椒碎煎30～60秒。加入球芽甘蓝，拌炒一下让它全部沾上油，再煎3～4分钟熟透。如需要可用盐调味，即可食用。

煎培根的方法

这项技法可以放在水的那章，因为水的一致性加上低温特色可以将培根先煮过再逼油。我第一次见识这方法是在缅因州罗克波特的"普里莫"（Primo）餐厅的厨房，当时我正和餐厅主厨梅利莎·凯利（Melissa Kelly）和普赖斯·库什纳（Price Kushner）叙旧。其中一位主厨告诉我煮培根要先放在水里，这么说令人匪夷所思，水不是会把风味和盐洗掉吗？其实这方法很棒。

培根放在水里以100℃（212℉）的温度煮过，这时较硬的肉会变软，油开始流出。这就是水煮的好处，它有软化的效果，对于培根条或大块培根肉特别有帮助。同时你也不需要耗费心力注意锅子，当水全部煮干，这时培根会发出吵闹的噼啪声。是的，水会带出风味及盐分，但一旦水被煮掉了，就只剩下培根在风味浓郁的油脂中煎着。

我放了厚片培根在冰库里，每次做沙拉或炖菜需要培根丁的时候，很快就可以准备好。冰冻的培根放在水里煮真是最完美的方法。

"这是我在拉里·福希奥内（Larry Forgione）的纽约餐厅'美国圣殿'（American Place）学到的，是里奇·多拉齐（Rich D'Orazi）主厨教我的。"凯利告诉我："自从那时起，我再没有用过其他方法料理培根丁。"

我也是！

材料

● 培根，视需要可将培根切条、切丁、切块

做法

选一个可以让培根一层排好的煎炒锅，将培根放入锅中，加入冷水，分量需盖过培根，用高温煮开。当水几乎煮掉，你可以听到噼啪声，把火关到中低温，继续油煎培根，煎到培根变成美丽的金褐色，外层酥脆，内层酥软。立即享用。

15

烤 ROAST

高与低的艺术

就像定义"煎炒",厨艺学院的老师将"烤"定义为"干热法"（dry heat），那就是，不需水作为降温调节的烹调法。这项技法可以分为两项：高温炉烤与低温炉烤。

料理术语中，"烤"（roast）的定义并不稳定，就好像它与烘焙中的"烤"（bake）没有差别。以前可能只有用明火烤肉才能叫作roast，而在密闭烤箱中烤东西才叫作bake。但今日我们都把roast用在烤肉，而把bake用在烤面团或烤面糊上，这就是两者最大的差异（即使我们也会将roast用在烤火腿上，但肉丸子就不会用roast，而马铃薯就两种烤都可用）。

高温的作用在于引发风味，就像肉要好吃，就需要将禽鸟的皮和肉的外层先褐变才办得到。而低温让大型食材烹烧均匀。因此，烤鸡时，我们会用高温让鸡烤出香味。而做大块排骨时，则要放入烤箱以低温加热，让它在外层烤过头之前，中心就要熟透。

烤与水无关，但肉质坚韧的结缔组织需要水才能软化，因此我们通常无法用烤来处理坚硬的肉块，就像我们无法"烤"出炖肉，因为肉会被烤得又硬又干。但另一方面，羊腿却要用烤的，烤的羊腿才有风味。那是因为烹烧过后，羊腿还会切成薄片，肌肉中坚硬的结缔组织因此软化。

对于烤，以上就是全部该知道的事。它是最简单常用的技巧之一，也是最棒的烹饪方法，让厨房充满不可思议的香气。当你思索某样食材要怎么烤才好时，请想想食材的质感，好比它是否天生软嫩？有多大块？有没有皮（皮里含有大量水分，得将水烤掉才会起褐变反应）？你的目的是想让外层好吃？还是从外到内全部煮熟？一般而言，我们认为可以焦糖化的东西就可以用高温引发香气（虽然你不会真的把什么东西都焦糖化，除非你在烤翻转苹果挞或苹果派）。所谓焦糖化，就是烤东西时又甜又香的复杂味道，只有当温度达到150℃（300 ℉）或更高时才会发生。如果你只想煮熟食物而不需要引发额外的香气，也不需要外层焦内层生的效果，那就把温度定在低于150℃（300 ℉）。

我做高温炉烤时，几乎都把温度定在220℃（425 ℉或gas 7）到230℃（450 ℉或gas 8）之间，温度升到高点，全部油脂开始冒烟，所以要有效率高的烧烤温度，你需要干净的烤箱和良好通风。如果要做大块肉类这种大型烤物,我会用低温,通常定在110℃（225 ℉ 或gas 1/4）左右,而这已接近水波煮的温度,特别是当食物的冷却作用让表面布满水气时,这样的温度可以让水气蒸发。

蔬菜是美味的烤物。蔬菜一经高温烹烤,散发的香气与用水煮区别明显,以致两者需要分门别类。芦笋用烤的滋味比用水煮的更为复杂,烤球芽甘蓝简直像美梦,而烤西蓝花则宛如天启。

烤这门技法,只有几件事需要讲究,而这些事都是常识,对其他烹饪形式也适用。首先,食物在送去烤之前必须回到常温。而且食物必须相当干燥,只有水分烤掉之后,食物才会烤出香气。最后,永远要预热烤箱。

很多烤箱都有热风对流,就是烤箱内装有风扇,会不断循环空气。如果希望禽鸟烤出酥脆的皮,热风对流特别有帮助,因为对流可以把从鸟皮上烤出来的水分带走,对流也让你的烤箱没有热点与冰点。我建议,高温炉烤都应该用对流烤箱,因为对流可以让热气更有效率。好像装了一台涡轮增压器,使用对流的烧烤比没有对流的要快多了。请留意你的对流装置如何运作,再据此调整烧烤时间。

不要用太高的器皿做烧烤,器皿太高,热气就无法循环到食物。我最喜欢用来做烧烤的器皿是可烤式的煎炒锅,或铸铁做的平底锅。

炉烤不需要在食物上加盖子,把食物包住就像在蒸而不是烤。而把食材盖上锅盖或覆上铝箔纸,就比较像是焖炖也不是烤,因为这会让料理食物的方法由“干热”变成“湿热”（moist heat）。但这点也可变成优势,比方烤的食材太硬时,可以先把猪肩肉用低温加盖炉烤,让水蒸气对付结缔组织,然后当烤物变软时,再打开盖子,烤出颜色。

这里,我以炉烤蔬菜开始,因为它们很美味,而我也觉得我们并不常把蔬菜拿来烤。更别说蔬菜一经过烤,就像是吃大餐,因为增添了复杂的滋味。水煮花椰菜很好,但依我看,你需要更精致的酱汁才能衬托,或放点盘饰才能让它更有趣。而烤花椰菜几乎就可当主菜,就像烤牛肉烤猪肉当主菜一般。

唯一不适合用烤的蔬菜是叶菜，你不会把菠菜拿来烤，它会烤到整个干枯。你也不会烤甘蓝菜,因为它决不会被你烤软的（不过,你倒是可以把这种绿色蔬菜烤成"脆饼"）。除此之外，其他蔬菜都可以烤，像是绿色蔬菜或根茎类蔬菜。因为蔬菜几乎都是水，得采取某些措施才不会干枯。我喜欢让它们沾上一层薄薄的油，再送入热烤箱。油也有助于让热气扩散均匀而不只是停在表面。此外，烤东西时，请注意水分多寡，也许有些蔬菜你喜欢口感脆些，就像西蓝花，而其他根茎类蔬菜就要外层金黄内层多汁才最好吃。

烤花椰菜佐褐色黄油 4~6人份

（依据花椰菜的大小和你的食用方式）

烤花椰菜会飘出阵阵焦糖香，加上褐色黄油味道就更好了。这是一道很实在的菜，可以当素食者的主餐，或是烤肉的配菜。如果你想减少摄取碳水化合物，换成烤马铃薯也很好。花椰菜需要烤一个多小时，快烤好时加入黄油，烤好时花椰菜就会泛着一层油膜。

材料

- 1颗花椰菜
- 1汤匙芥花油
- 6汤匙（85克）黄油，室温下回软
- 犹太盐

做法

烤箱预热到230℃（450℉/gas 8），如果担心起烟，也可调到220℃（425℉/gas 7）。

去掉花椰菜的茎，切掉的部分要越近底部越好，如果还有叶子也请拔掉叶子，将油抹在花椰菜上。

花椰菜放入适当大小的可烤式煎炒锅或平底锅中。锅子滑入烤箱，让花椰菜烤45分钟。从烤箱拿出花椰菜，在表面抹上黄油，撒入一撮盐（三只手指捏起的量）。放回烤箱再烤30分钟，依此程序将融化黄油多次涂在花椰菜上，直到花椰菜焦糖化也软化，即插入刀子不会碰到阻碍，就可在盘中切开食用。

孜然烤四季豆 4人份

夏天，我会把四季豆煮着吃，冬天则用烤的。这道菜里，我加入了红辣椒碎和孜然。如果手边刚好有培根油，我会用它来作料理油，替这道菜添加深度。

材料

- 3汤匙芥花油或培根油
- 1～2茶匙红辣椒碎
- 2茶匙孜然籽　　　● 犹太盐
- 5～6瓣大蒜，用刀背压碎
- 455克四季豆，去梗茎备用

做法

烤箱预热到230℃（450℉或gas8），如果担心油烟，也可调到220℃（425℉或gas7）。

放入烤箱的平底锅以高温加热，再加入油、红辣椒碎、孜然籽和大蒜。当孜然和红辣椒碎爆到吱吱作响时，放入四季豆拌炒，让它沾上一层油。

锅子放入烤箱烘烤四季豆，中途拿出来翻炒一两次，大约烤20分钟，让豆子上色软化。烘烤中途可撒入三只手指捏起的盐调味。离锅后趁热食用。

香烤羊腿佐薄荷酸奶酱 6人份

羊腿是很有趣的食材，由不同肌肉组成，有些比较柔软，但这些柔软的肉却与坚韧的结缔组织彼此连接。因此烤的时候需要温和的力道让羊肉烤到柔软，火力决不能太大，不然外层就会烤得太老，而骨头上的肉还是冷的。就像做盘烤猪里脊（参见第277页），我喜欢抹上健康的配料，如爽脆的芫荽籽、黑胡椒，在盘中再加入大蒜和百里香。而这里的酱汁只是简单以薄荷为主的酱汁，是传统的羊肉配酱。但如果你想尝试较不传统的新味道，搭配新鲜香菜也很好。烤马铃薯和洋葱是烤羊腿的绝配，可和羊腿一起烤，等到羊腿烤好静置时，它们会在烤箱中慢慢变脆。

烤羊腿最适合在过节时招待众多宾客，因为烤这种技法会让食材的熟度各有差异，可以满足各人不同口味的需求。

材料

- 1颗大蒜
- 1.8 ~ 2.7千克羊腿
- 犹太盐
- 2茶匙芫荽籽
- 2茶匙黑胡椒籽
- 3汤匙芥花油
- 4 ~ 6根新鲜百里香
- 1 ~ 2茶匙柠檬汁
- 1杯（240毫升）希腊酸奶
- 1/4杯（20克）薄荷碎

做法

烤前两小时就要预做准备，甚至早在两天前就可先处理好。先将3瓣大蒜剥皮切片，然后把小刀插进羊腿里，再顺着刀背把蒜片卡进将羊肉里，重复这个动作直到羊腿上均匀镶满大蒜。再抹上大量的盐，盐量约需1汤匙，将事先准备好的羊肉放入冰箱，烤前两小时左右再拿出来即可。烤箱预热到180℃（350℉或gas 4）。

芫荽籽和胡椒粒放在砧板上用锅底压碎。羊肉抹上1汤匙油，撒上芫荽籽和胡椒，如果之前没有用盐腌肉，此时还要抹上盐。

用可放入烤箱的大煎锅或厚底烤盘，放入剩下的两汤匙油高温加热。留下1瓣大蒜，其他的则不去皮和百里香一起入锅爆香。放入羊肉油煎，每面煎3 ~ 4分钟上色（羊腿形状并不好煎，有些部位也许会煎不到）。一面煎，一面替羊腿淋油。煎锅放入烤箱烤1.5小时，烤到羊腿内部温度至57℃（130℉）。

羊肉上桌前20分钟，将剩下的蒜瓣去皮、压碎、捣碎或切末。取一小碗放入蒜末、1茶匙柠檬汁和1/2茶匙盐，静置几分钟，再加入酸奶搅拌均匀，放一旁备用。

羊肉移到砧板上（切肉时会流出大量肉汁），静置20 ~ 30分钟。同时试吃酱汁味道，如需要可再加入柠檬汁，再拌入薄荷。羊腿垂直切成薄片，切时与骨头平行。切完后，将剩下的酱汁舀在切片上，再配上酸奶酱食用。

说到家常菜，没有比烤鸡更具代表性的了。我相信凡是提到家常菜的书都会收录烤鸡食谱，即便食谱多是大同小异。

你想怎么改变配方都行，可以在皮下抹入黄油和香草或烤时以蔬菜垫底，或用提香蔬菜和香草当内馅，或是加上绿色泰式咖喱酱增加风味，不然就放入小茴香和干辣椒的混合物提味。到头来，烤鸡仍是烤鸡，正因为如此，我们才满怀感谢。做道美丽的烤鸡放在桌上让大伙共享，还有什么东西比它更实惠，更能抚慰人心？

也许没有比烤鸡更慷慨的食物了！厨房里弥漫着香气，欢乐满屋，即便你没察觉到。烤鸡从炉中拿出来放在器皿或砧板上静置，此时，大餐在你眼前完成，如此华丽诱人（为了确定好不好吃，赶紧切下翅膀或屁股尝尝味道）。如果你喜欢，还可以用一些油脂、肉汁和卡在盘中的焦香鸡皮做酱汁（参见第 209 页）。切下鸡腿时也会流下肉汁，这也可以善加利用。

所有准备都为了大吃一顿。我们一家四口共享一只鸡，对我是精神上的满足，即便我的孩子不觉得如此。我们通常都会剩下东西，鸡的剩料及骨架可另外熬成高汤（参见第 64 页），鸡骨架在一两天后又是一餐，出现在鸡汤饺子和各种汤品里。

完美烤鸡 4人份

完美烤鸡有三个讲究重点。虽然有许多变数让烤鸡大不相同，如鸡的质量、所用的调味料和烹煮的时间。但如果最后你想烤出完美烤鸡，有三个主要目标很重要，就是调味、烤箱温度以及最常谈论到却很少有实用建议的——维持多汁的鸡胸肉和让鸡完全熟透。

此处的调味料是指盐。烤鸡用盐应该随意大方，应该看到一层盐覆在鸡上，而不是虚应了事地撒两下。就如托马斯·凯勒告诉我的："我喜欢在鸡上下雨。"而用盐的积极态度不仅是在外层调味，让鸡好吃而已，更是借用盐帮助鸡皮脱水，最后让鸡皮烤得金黄酥脆，而不是湿软苍白。

烤鸡时烤箱温度应该非常高，高到炉火及厨房可以承受的极限。烤箱理想的温度应该在230℃（450℉或gas 8），最少也要220℃（425℉或gas 7），这样的高温有两个重要意义：使鸡皮褐变，也让鸡腿熟得更快，而鸡胸不会太快烧干。

人们最常把鸡胸烤得干柴无味的原因，是他们根本不了解在那只鸡的空肚子里会发生什么。如果鸡腿尾端没有绑紧放在鸡肚子前，或者让鸡肚前面空无一物，热气就会回旋在鸡肚子里，鸡胸就会从里面开始熟透。为了避免这种事情发生，你必须把鸡绑起来。我觉得这是烤鸡的乐趣之一，但大多数家庭厨师则认为能省则省。如果你觉得自己是后者，只要在鸡肚子里放点东西就可以了，最好是美味的食材，如柠檬、洋葱、大蒜、香草。再说一次，如果你不想把鸡扎起来，就塞些柠檬在里面。

当然，你不希望鸡没有烤熟或烤太熟。根据我过去20年每年烤鸡无数的经验，一只1.8千克重的鸡，要用230℃（450℉）的温度烤1小时才足够（不到1.8千克的鸡，则需要烤50分钟）。但最高指导原则是以鸡胸腔的肉汁判断熟度。在烤了45分钟后，请把鸡倾斜，如果肉汁噼噼啪啪地流到油里，且看得到红色，则稍安勿躁。但如果你倾斜鸡只，流出的肉汁是干净的，就可以安全地把鸡拿出烤箱。

最后，切开鸡之前，必须静置15分钟。不必担心烤鸡会凉掉，这是一只又大又结实的鸡，保温效果很好（静置10分钟后，可用手摸摸看，再自行判断）。

材料

- 1只鸡，约重1.4 ~ 1.8千克
- 1颗柠檬或加1颗中型洋葱,切成4等份(自由选用)
- 犹太盐

做法

烤鸡前1个小时就要把鸡从冰箱取出，用水冲干净。如果打算制作锅烧酱汁（参见第209页），可以先把鸡翅尖剪开放入烤盘，如果保留鸡脖子，也可放在盘里一起烤。把鸡绑起来，不然就用柠檬或洋葱填入鸡肚子中或者两者皆做。撒上盐，放在垫了餐巾纸的盘子上。

烤箱预热到230℃（450℉或gas 8），如果担心油烟的问题，也可将温度调到220℃（425℉或gas 7），如果有条件，可将烤箱设定在热风循环的状态。准备可入烤箱的平底锅，放入鸡，送入烤箱。

烤了1小时后,检查肉汁的颜色。如果仍是红色,送回烤箱续烤,5分钟后再确认一次。鸡拿出烤箱之后,需要静置15分钟才可以切。

切开烤鸡上桌享用。

1.撒上大量的盐才会把鸡烤好。

2.将鸡扎好,以免鸡胸烤太老。

3.用长柄平底煎锅烤鸡最能帮助空气循环。

附加技术：盘烤

盘烤是你烹饪武器库中重要的烹饪技术。即使标题中没有食物，光听这名字也能让人联想到美味。它简化了烹饪程序，让你能更灵活控制食物，当主菜完成时，还可将炉台位置空出来，让你处理餐点的其他部分。

盘烤结合了两种干烧技巧：油煎和炉烤。一开始肉先用煎炒锅在炉台上煎到焦香，然后翻面，放入烤箱完成后续。换句话说，一开始肉先在极热的锅面上让外层煎出香味，再放在热气围绕的环境让内层熟透。

所有肉类都可使用盘烤这技法，只要它有一定厚度且天生软嫩。盘烤并不适合太薄太瘦的肉块和没有油脂的鱼排，但较厚的肉块和肉鱼就很合适，像是牛里脊、牛排、小排、带翅关节的鸡胸肉，鱼类则有鳕鱼、鲅鲦鱼和石斑等，都是很适合盘烤的食材。

你只需要一个可放入烤箱的平底锅，最好是有着金属把手的厚底不锈钢煎炒锅，或是铸铁做的煎锅。当盘烤完成时，锅子把手会非常烫，我都用厚毛巾抓着拿起热锅。每当我把锅子拿出烤箱时，都会把毛巾留在把手上，如此不论谁靠近炉台，都不会因为抓着把手而烫伤。

盘烤在餐厅厨房几乎随时都用得上，在一般家庭厨房也该更常用。烹饪方法的结合会让我们在各方面都得到好处，盘烤是其中用途最多的。

盘烤百里香猪里脊 4人份

盘烤的最大好处是，可以借着淋油的机会替食物增添风味。就像这道菜，整块猪里脊在炉上油煎后，在平底锅中放入少量黄油，再加入大蒜和新鲜香草，黄油可以吸取香料的风味，就像淋油一般将风味送到猪肉。淋油也会让猪肉表面包上一层热油，可以让肉煮得更快更均匀。这章的任何烤蔬菜都可做为这道菜的完美搭配。

材料

- 570克猪里脊肉
- 犹太盐
- 新鲜现磨黑胡椒
- 1茶匙芫荽籽，稍微烤过再放入钵中用杵磨碎，或放在砧板上用平底锅敲碎，或者就用刀子稍微剁一下
- 1茶匙芥花油
- 4汤匙（55克）黄油
- 3瓣大蒜，用刀背稍微压开，但不要压扁
- 3 ~ 4株新鲜百里香，加上1/2茶匙百里香叶
- 1颗甜橙的皮

做法

料理猪肉前1个小时就要把猪肉从冰箱拿出来，用盐、胡椒和芫荽籽调味。猪里脊的尾端呈现三角锥形，可考虑把锥形尾端折进肉里，用绵线绑住，让里脊肉前后厚度一致。你也可以就这样放着（只是里脊肉五分熟时，尾部的肉就会全熟），或者你也可以把尾端的肉切下来另做他用。烤箱预热到180℃（350℉或gas 4）。取一个可放入烤箱的平底锅以高温加热，锅子容量需可放入里脊肉。锅子热后再放油，等油热了，再把里脊肉正面朝下放入锅中，不要动它，就这样煎1 ~ 2分钟，煎到焦香上色。这时可在锅中加入黄油、大蒜、整株百里香。里脊肉翻面。当黄油融化后，用汤匙淋在里脊肉上，再把平底锅放入烤箱中。烤几分钟后，再把锅子拿出重复淋油。请压压看，这时的里脊肉应该仍十分湿软（生的）。把锅子放回烤箱，再烤几分钟。如果需要，再拿出来淋油。

烤好后，将里脊肉拿出烤箱，全部的料理时间大约为10分钟。这时里脊肉应该有点软，但开始有些变硬的迹象。如果需要，可用即显温度计确定内层肉的温度，温度应该介于54℃到57℃（130℉到135℉）之间。再次给里脊肉淋油，百里香叶加入锅中奶油里，平底锅放一旁静置10分钟。

上桌前，将里脊肉横向切成12毫米厚的肉片，淋上带着香草的淋油，再撒些甜橙皮，即可食用。

盘烤鳕鱼佐香肠油醋汁 4人份

鳕鱼是丰润的鱼种，也是最能表现出西班牙香肠的香气和油醋汁酸度的食物。因为是肉鱼，用烤的方法会有很好的效果。可先将鱼排用热油煎到焦香，再翻面放入烤箱中让它熟透，此时你就可以去准备其他菜肴。

材料

- 4片去皮鳕鱼排，每片大约170克
- 芥花油
- 细海盐
- 西班牙香肠油醋汁（参见第225页）

做法

烤箱预热到180℃（350℉或gas 4）。鳕鱼擦上油，撒上盐。取一可入烤箱的不粘锅以高温加热。锅热时加入适量的油，油量需盖过锅底，深度需达3毫米，使油变热。锅中放入鳕鱼排，两分钟，直到金黄。

鱼排翻面后将锅子放入烤箱，烤4～5分钟，烤到鳕鱼中心都热了。用小刀或蛋糕测试棒插入鱼排中，再把金属贴近你的下唇皮肤，如果它是冷的，把鳕鱼送回烤箱再烤几分钟。

烤好的鱼排放在餐巾纸上吸油，加上油醋汁后即可食用。

16

炖烧 BRAISE

湿热的炼金术

Recipes

炖烧（braise）不止是厨房中宝贵的技巧，也是正牌厨师的某种象征。比起其他技法，这门技术只与一件事有关：转变。将生冷、坚硬、便宜的食材，变成熟热、软烂、美味的菜肴。做炖烧菜时，比起使用其他单一技术，厨师的能耐旨在让炖烧更丰富、更充实、更灿烂。

炖烧也是最丰盈的技术：它充实了厨房。10年前在俄亥俄州克里夫兰的深冬，晚上6点，四周一片漆黑。我写着支票支付那些不确定是否有钱支付的账单，但我想不透为什么我并不如想象中过得那么惨。是烤箱里炖的排骨，厨房窗子被热气蒸上一层雾，我老婆唐娜读着《纽约时报》，煮鸡蛋面的水就快烧开。炖牛肋排配奶油鸡蛋面，就这么简单。炖烧设定了温暖满足的氛围，家就这样圆满了，即使你囊中羞涩。肋排还真对这种状况有帮助，因为它的价钱只是里脊肉和牛排的一半。我们炖煮最便宜的肉块，却把它们变成山珍海味。

炖烧伟大的另个原因是它会随着时间越炖越好。你可以在一两天前，甚至3天前就预先做好，这只会更加深风味。

这些可预先做好的料理，便宜却丰富味美，也让炖菜成为完美的有趣食物。

就连制作步骤的描述方式都是迷人的：肉裹上面粉，放在热油里嗞嗞作响，油腻的排骨煎出一层金黄焦香的外壳，在丰润的高汤中慢慢煨煮至软烂。

另一个使炖烧伟大的理由是它很简单。人人都可以做，而且可以做得很好。它不像蛋糕装饰或是剔骨取下一块鸡肉。每个人都会热锅，都可以油煎肉块上色，在锅里加些汤水，放进烤箱，然后接下来几小时可以去做别的事。

在我介绍这项技法的特殊细节前，我想说明一下到底什么是炖烧。炖烧的意义在文字纪录和主厨间并没有明确共识。braise这个单词源自法文，意思是把煤炭或燃煤放在烹煮器皿之下、周围或之上。也有人认为判别的准则在于只要肉有部分淹在水中就是炖烧，但也有人说水是否盖过食材并不重要。还有人说炖烧的定义必须纳入肉块事先经过褐变处理，其他人则认为不管什么食材，肉也好，蔬菜也好，只要放在汤水里用烤箱煮到软烂就是炖烧。

炖烧由下面几个因素界定。首先，炖烧的食材应该肉质坚硬，多半是大量活动的肌肉，这也是我们需要炖它的原因。其次，食物通常需要油煎上色增加成品滋味，这对肉块尤其重要。油煎可以固定外层，以致当你把肉加到汤水中时，肉不会释出大量血水，而血水会凝结浮到汤水表面。炖烧通常还需用到以高汤为底的汤水，加入锅中和其他食材，如提香蔬菜和调味料等一起炖煮。所有内容物煮到小滚，再放入烤箱焖炖，这时锅子加盖或部分加盖都可以。

当然，炖烧也有无限变化。有时候你不想一开始就油煎食材上色；有时候你想盖上锅盖，有时则不；有时水要盖过食材，有时却只要淹到一半。通常炖烧的多是一大块东西或是几大块食材，如大块牛肉、羊肉、小牛膝。而炖煮（stew）则是炖烧的变形，材料多半丰富或者切成小块。braise 这个词已扩大到连烹煮软嫩食材都可以用，像是炖鱼或炖蔬菜。但这个词意指菜肴有水，尤其炖烧一向被认为是"湿热"（moist heat）的烹调法，与炉烤、煎炒等"干热"（dry heat）烹调技巧正好相对。

炖烧最重要的步骤之一是选用正确器皿。你可以用浅的煎炒锅做炖烧，第53页的红酒炖鸡就是一例；也可以用深汤锅来做，但材质必须厚重且导热良好。我最喜欢用来炖烧的器皿是搪瓷铸铁锅，这种容器非常厚重，可以放在炉台上烧，又可放入烤箱烤。搪瓷表面属于低黏度材质，可以让食材褐变得很漂亮，又容易清洗。各种品牌中，法国锅具品牌 Le Creuset 是最知名又符合业界标准的品牌，这家锅具十分昂贵但值得投资。大锅和小锅都值得拥有，因为炖烧的另一个重要因素是尺寸。小东西很难用大锅子炖烧，因为放入的水太多。选一个可以让食材紧密贴合的锅具，这可让汤水的运用最有效，且能传达最丰富的风味。

锅中放多少水则要看你所要求的效果。如果你希望肉煮得均匀，用水得淹过食材。如果想在外层引发更多香气，只盖到一半即可，让暴露在外的部分继续褐变。如果盖住锅子，炖汤会沸腾。如果不盖住锅子，或只盖住一部分，让锅盖稍微打开一角，或是用烘焙纸剪成盖子覆盖，这样会使火候更加温和，汤汁收得更多，味道更加集中。

水汽是关键。当你利用湿热的力量煮化坚硬的食材，就可以集中精力在味道上。比方，煮软食材并不需要把它浸在汤水里，可以用铝箔纸包好食材，并包入几汤匙水一起煮，不但可达到同样效果，也不会让肉的风味流失在汤水里。

一般来说，最佳的炖烧温度不可超过150℃（300 ℉），但再次提醒，温度取决于你的食材及料理方法。你可以用110℃或165℃（225 ℉或325 ℉）的温度做炖烧，但是以我的经验，你炖煮食物的火候越温和，食物滋味越好。如果你盖上锅盖且把食材浸在水里，此时无论烤箱温度多少，锅中温度会定在100℃（212 ℉）。只要记得锅里的汤水沸腾得越大越剧烈，就有越多的油脂乳化到汤里，也有更多的蔬菜煮散掉。

但是，烹饪里没有什么东西是绝对的。法国有个很流行的料理就需要将羊腿以220℃到230℃（425 ℉到450 ℉）的烧烤高温炖烧6～7小时。

只要你注意炖烧的两个简单部分，肉的软化和菜肴风味，炖烧菜就很难出错。

花点心思做炖烧很有趣，也让炖烧菜变得与众不同。其中有无数可应用或被忽略的细节。炖烧可以是简单的一锅料理，你也可以花点时间制成质地纯净精细却滋味丰富的菜肴。

选用的汤底可以是手工高汤。小牛高汤是做炖烧最好的汤头，会让炖煮食材充满风味，而丰富的胶质会让酱汁更加浓厚。但也不一定需要高汤，因为食材要炖很久，炖煮时就会释放高汤。在这种情形下，用水就可以了。你也可以使用其他风味的汤头，像炖烧猪五花佐焦糖味噌酱（参见第293页）就是用新鲜现挤的甜橙汁炖的，还有红酒炖牛小排（参见第294页）则是用酒炖的。你也可以用罐装番茄泥或番茄糊做炖汤。至于要不要盖盖子？大多数炖菜都要盖上盖子，因为水会蒸发，没盖盖子的锅子温度会比盖了盖子的温度低，且蒸发作用会让最后的酱汁变少。如果有些食材需要煮得很烂，必须让食材在剧烈沸腾的炖汤中煮，那就盖上锅盖。如果你希望有收汁效果，又不希望煮得太干，还需要温和的火候，这时就半开锅盖，或把烘焙纸剪成圆形放在炖物上面。

通常你会希望拿掉煮到酱汁里的油脂，这些油脂会让炖菜十分油腻。若要这么做，就让炖菜静置一段时间，等油浮到表面再用汤匙捞掉。如果炖菜并没有马上吃，可以把菜冰起来，油脂就会变硬更容易去除。当你冷藏炖菜时，请将肉放在汤汁里再冰起来，不然肉会干掉，变成一丝一丝的纤维状且味道尽失。如果肉要在没有酱汁的状态下冷藏，一定要包上保鲜膜。

当炖烧完成，炖肉的大半风味都会被汤汁吸收，但是汤里的蔬菜却会煮得过久。平日的炖汤如此无所谓，但如果你想提升炖菜的水平，最好过滤汤汁，添加新的蔬菜，再用茨汁或油糊调整浓度。蔬菜一煮到刚好熟，就加入炖肉再热过（参见第294页的做法）。

盐渍柠檬炖羊膝 4人份

很少有其他炖烧肉类具备炖羊膝的丰腴和深度。这道食谱以摩洛哥料理中的独特香料为炖汤调味。请试着找到ras-el-hanout，这是北非的综合香料，类似咖喱，会让这道料理增加额外的风味深度。如果没有，也一样好吃。找不到北非香料，自己制作也很容易，网络上有各种配方。

就像大多数炖烧肉类一样，最好在食用前一到三天就把羊膝事先做好，如果当天做好当天食用，要确定煮出来的油已先捞掉。这道菜我喜欢的配菜是咖喱风的库斯库斯（cous-cous），淋上番茄为底的酱汁，再搭上油煎红椒，搭配印度香米或水煮马铃薯也可以。

材料

- 4只羊膝
- 犹太盐
- 中筋面粉
- 芥花油，油煎用
- 1大颗洋葱，切成中型丁状
- 5瓣大蒜，用刀背拍扁
- 1汤匙孜然粉
- 1汤匙香菜碎
- 1/2茶匙卡宴辣椒粉
- 2茶匙北非香料粉ras-el-hanout或咖喱粉
- 1根肉桂棒
- 盐渍柠檬（参见第32页），1颗柠檬刮去内膜和筋，切细丝或细末
- 800克罐装番茄，连同其中番茄汁，用搅拌机或手持搅拌棒打成番茄泥
- 1汤匙新鲜欧芹碎或香菜碎（自由选用）

做法

羊膝用大量盐调味，放一旁静置让盐有时间溶化，腌渍时间少则15分钟，多则两天。塑料袋放入适量面粉，放入羊膝裹上面粉。

取铸铁锅或其他材质厚重可放入烤箱的汤锅，加入适量的油，分量需高达6毫米，高温加热。当油温升高接近起烟点时，把羊膝上多余的面粉抖掉，放入锅中油煎，直到外层煎出美丽的外壳。再移到餐巾纸上。

烤箱预热到150℃（300℉或gas 2）。锅子擦干净，放入薄薄一层油，中高温加热，放入洋葱和大蒜爆香10分钟，直到洋葱上色。加入孜然、香菜碎、卡宴辣椒、北非香料粉、肉桂、3/4个柠檬，拌炒1分钟，直到洋葱均匀沾上香料。

羊膝摆入平底锅，番茄连同番茄汁一起加入锅中，加热煮到微滚。烘焙纸依照锅子形状剪成圆形（参见第179页）。此时可将烘焙纸盖在羊膝上，或用锅盖盖住锅子，也可将锅盖微微开口。再将锅子放入烤箱，炖烧3小时左右，直到羊膝软烂，用叉子一拉就可拉开。

锅子拿出烤箱，羊膝放凉至室温，再放到冰箱直到完全冷却。去除表面凝结的油脂，再把羊膝以中低温回温，不然就放入温度150℃（300℉或gas 2）的烤箱直到完全热透。当羊膝回温时，将剩下的盐渍柠檬在水中浸泡5～10分钟。如需要，最后用柠檬和欧芹点缀装饰，羊膝搭配酱汁食用。

1.炖肉裹上面粉。

2.肉放在热油中煎。

3.肉被面粉裹出一层干燥表面,可使油煎上色得更好。

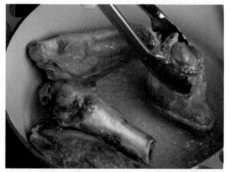

4.面粉褐变增加风味。

5.煎好的肉有一层美丽的壳。

6.将肉滤掉多余的油。

7.先将洋葱出水,再加入干香料。

8.拌炒后让洋葱沾上香料。

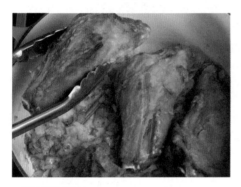

9.羊膝摆放在锅中。

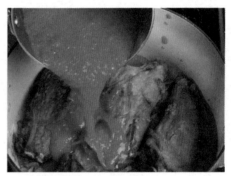

10.加入炖汤,这里用的是番茄泥。

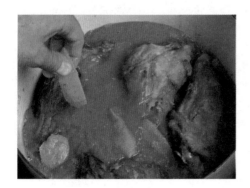

11.加入盐渍柠檬。

12.做烘焙纸盖。

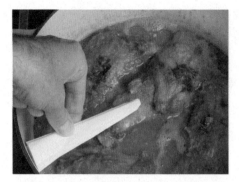

13.对准锅子中心量出圆形，依照锅边形状剪出三角形。

14.盖上圆形烘焙纸。

15.烘焙纸盖在羊膝上,纸张可保温也会让水分蒸发。

16.炖好的羊膝。

17.冷藏保留纸盖，等冰好了再拿掉纸张。

18.回温食用前刮除凝结的油脂。

百里香炖茴香 4~8 人份

茴香是做炖菜很好的提香蔬菜，滋味芳香，口感软烂。我喜欢用它搭配炉烤或炭烤的鱼，就像第326页的鲈鱼，就是用茴香做鱼腹中的内馅。

材料

- 中筋面粉
- 2颗球茎茴香，每个切成4等份
- 3汤匙芥花油
- 4 ~ 5株新鲜百里香
- 2汤匙鲜奶油
- 犹太盐

做法

烤箱预热到165℃（325℉或gas 3）。

盘中放入面粉，将一切为四的茴香球茎每面都沾上面粉。取一个可以放入烤箱烤的锅子，容量可足够放入茴香。放入油后以中高温到高温加热，目的是让油热，但不需烫到把面粉烧焦。加入茴香，将沾有面粉的各面煎到焦黄。加入适量的水，水量需与茴香同高，高度约12毫米，再加入百里香、奶油和三指捏起的盐量。炖汤煮到小滚。

盖上锅盖，锅子滑入烤箱。炖煮20 ~ 30分钟，直到茴香变软（用刀插入不会有阻力的程度），即可食用。

炖烧鸭腿 4人份

如果有一道被低估的鸭子料理，应该就是这道炖烧鸭腿了，它应该更常出现在厨房才对。这道菜十分实惠，容易准备，却极度美味。这道炖菜的配料只用了水和提香蔬菜，而香料的作用在于让汤汁充满风味，当然鸭子也更香。你也可以用自做的鸡高汤和蔬菜高汤来炖。这道菜搭配马铃薯泥、库斯库斯及鸡蛋面特别对味（马铃薯泥的做法请参见第151页，也可用褐色黄油代替酱汁）。鸭腿可以全部上桌，但得先去骨只取肉，腿肉可搭配沙拉，或者把长棍面包剖面朝上，让鸭肉躺在上面也很棒。和烤马铃薯丁拌在一起，就是一道花哨的鸭肉饼。

材料

- 4只鸭腿
- 犹太盐
- 1汤匙芥花油
- 1大颗洋葱，切丝
- 2根胡萝卜，切成2.5厘米宽的条状
- 4瓣大蒜，用刀背压碎
- 1汤匙番茄泥或糊
- 1～1.5杯白葡萄酒（240～355毫升）
- 7～10株新鲜百里香，绑在一起
- 1～1.5杯水（240～355毫升）
- 1汤匙鱼露
- 1汤匙雪利酒醋
- 新鲜现磨黑胡椒
- 2茶匙玉米粉，加1汤匙水化开

做法

烹烧之前，鸭腿用大量的盐腌30～90分钟，腌制时间可长达两天。

烤箱预热到150℃（300℉或gas 2）。取有盖可容纳鸭腿的锅子，放入油后以中温加热。加入洋葱，用三只手指捏起的盐量调味，煮3～4分钟，让洋葱变软且颜色呈现半透明状。再加入胡萝卜、大蒜和番茄泥，煮1或2分钟。鸭腿摆入锅中，加入酒、百里香和适量的水，让汤汁正好盖过鸭腿。炉火开到高温煮开汤汁。盖上盖子煨30秒，再将锅子放入烤箱。盖上盖子炖烧约3小时。

鸭子熟后要静置才能准备上桌食用。上桌前，打开小烤箱或炭烤炉，将鸭腿从锅中移到小烤箱中烤到外皮酥脆。再将炖汤过滤到小酱汁锅中（香料则去掉不用）。汤汁煮滚，用汤匙撇掉浮到表面的油（如果你想这么做），收汁收到1/4，加入鱼露、雪利酒醋和胡椒调味。试试味道，如果需要可再加多点醋。加入玉米粉水勾芡酱汁，上桌时鸭腿搭配酱汁一起食用。

炖烧猪五花佐焦糖味噌酱 4人份

五花肉是拿来做培根的肉块，也是我最喜欢的猪肉部位。肉汁多，脂肪丰富，可以用在各式菜肴上，从中式叉烧到美式培根，从意大利培根再到这道炖菜。你得在享用前1～5天就把这道菜做好，因为猪肉在炖汤里冰着才会入味。炖汤可以是水、猪高汤或鸡高汤，或者像这里用的橙汁。

我建议猪肉完成时可搭配焦糖味噌酱，撒上青葱和红辣椒作最后装饰。但基本的炖烧猪五花可以用你喜欢的方式增加风味，比方加入豆子一起拌炒，或煎到酥脆配着沙拉和红葡萄酒醋一起吃（参见第228页）。或者还可以油煎五花肉，做个什么都不加，只用美味芥末酱和面包的猪肉三明治。很少有比五花肉更值得赞颂的肉了。

材料

- 1茶匙半芫荽籽
- 1茶匙半黑胡椒粒
- 1.4千克五花肉
- 犹太盐
- 2片月桂叶
- 1大颗洋葱，切丝
- 5瓣大蒜，用刀背拍碎
- 1杯（240毫升）新鲜现挤橙汁
- 芥花油
- 焦糖味噌酱（参见第193页）
- 2汤匙去籽切末红辣椒
- 2把葱，只要葱白，打斜刀切成细丝

做法

芫荽籽和胡椒粒放在煎炒锅中以中高温烘两分钟，直到散发香味，然后将辛香料移到砧板上用锅背敲碎。

烤箱预热到120℃（250℉或gas 1/2）。猪肉每面都以大量盐调味，有猪油的那面朝上放在烤盘上，排得越紧密越好。敲碎的香料、月桂叶、洋葱和大蒜四散撒在猪肉上，加入橙汁，用铝箔纸盖紧（你也可以把猪肉和其他食材，以及分量只有1/4杯约60毫升的果汁一起用铝箔纸包好，一定要封紧）。烤盘放入烤箱，炖6小时左右，炖到猪肉软烂，可以用叉子一插就开。猪肉在汤汁里放凉，然后盖上盖子放入冰箱完全凉透。冷藏时间可放隔夜或长达5天。

猪肉从盘中拿出来，刮除调味料（所有调味料都可以丢弃，而汤汁可过滤之后用在焦糖味噌酱里），切成12等份块状。

不粘锅加入芥花油用中高温加热。猪肉块入锅油煎，每面都要煎到上色。然后把淋酱放入锅中回温裹住猪肉。当猪肉都热了，也沾上酱汁，再取出摆盘。将淋酱舀在猪肉上，最后用辣椒及葱白装饰。

红酒炖牛小排 <small>4人份</small>

当我在冬天想请客的时候，牛小排是我"拿了就走"的食材。价钱便宜，又能带来极大满足，如果我花点力气把酱汁做得精致些，牛小排绝对是桌上最好的佳肴。这道食谱是4人份，但很容易依照需求增加分量，让每人可分得两块牛小排。排骨最好在一两天前先预备好，这样做起来也最容易。做好放在奶油鸡蛋面上一起食用。

材料

- 芥花油
- 中筋面粉
- 8块牛小排
- 2大颗洋葱，切成大丁
- 犹太盐
- 4根胡萝卜，切成一口大小
- 2把芹菜，切成2.5厘米宽的块状
- 2汤匙番茄糊或泥
- 3杯（720毫升）仙粉黛（Zinfandel）红酒或其他水果味重的红酒
- 1颗大蒜，横切成一半
- 一块生姜，约2.5厘米
- 月桂叶2片
- 1/3杯（75毫升）蜂蜜
- 1茶匙胡椒粒，用锅背压碎
- 1汤匙黄油
- 455克蘑菇，预先油煎（参见第218页）

意式三味酱（Gremolata）

- 2汤匙新鲜欧芹末
- 1汤匙大蒜末
- 1汤匙柠檬皮切碎或切末

做法

在铸铁锅或其他厚材可烤的汤锅中加入足量的油，高温加热，油的分量需高6毫米。盘中放入少许面粉替排骨裹粉，抖掉多余部分。油一热，放入牛小排，每面都煎上色。你可以分批煎，因为食材不可太挤，太挤则无法褐变。煎好后将牛小排移到垫了餐巾纸的盘子上。这步骤可以在炖排骨前一天就预先做好，然后盖上盖子放入冰箱，冰到准备进行下一个步骤再拿出来。

烤箱预热到120℃（250℉或gas 1/2）。盘子擦干净，放入薄薄一层油以中温将一半洋葱炒软（另一半放入冰箱备用），加盐调味后拌炒（四只手指捏起的量），再加入一半胡萝卜（另一半放入冰箱备用）和芹菜烹炒4分钟左右。蔬菜炒的时间越长，炖菜汤汁的风味越有深度。如果希望炖菜的味道浓厚强烈，就要把胡萝卜和洋葱炒到褐变。加入番茄糊或泥，将汤汁煮热。

牛小排放入锅里，加入红酒（分量需达排骨高度的3/4）、大蒜、生姜和月桂叶。用盐调味（三指捏起的量），再加入蜂蜜和胡椒，煮开炖菜。铺上烘焙纸盖（参见第179页）或锅盖半开，放入烤箱炖4小时。

锅子从烤箱拿出来一旁放凉，但仍需盖上盖子。

当牛小排温度降低到可用手拿时，把它们放在盘子上，用保鲜膜包起来放入冰箱冷藏。炖汤过滤到有深度的容器中（最好是4杯或960毫升的量杯），盖上盖子放入冰箱。当汤汁冷却，去除凝结的油脂。

炖锅中放入黄油融化，加入剩下的洋葱和胡萝卜煎炒3～4分钟，直到炒软。再将牛小排放回锅中，加入油煎蘑菇及留下的炖汤。炖菜煮到小滚后盖上盖子，以中低温煮15分钟，煮到胡萝卜变软，牛小排回温。

制作意式三味酱：小碗中加入欧芹、大蒜和柠檬皮拌匀。

牛小排连同胡萝卜、洋葱、蘑菇、酱汁一起盛盘，最后淋上意式三味酱即可享用。

17

水波煮 POACH

温和的热力

我们使用水波煮（poach）这门技法，是因为它的温和力道以及它对菜肴成品湿润度的影响。有些鱼或肉放在煎炒锅或烤箱中高温干热烹煮，不是会煮干就是会焦掉，但以水波煮的方法处理，就能保有柔软及多汁的口感。就像虾和龙虾以高温烹煮，肉就会变老，但以水波煮的温度慢泡则肉质软嫩（参见第146页）。

我们用poach这个字，多半是指烹煮某些肉质已经很嫩的东西。我认为这是有意义的区别。你可以把牛胸肉放在高汤里用水波煮上几小时又几小时，直到软烂，但是对于这种需要长时间水分慢煮的肉类，我宁愿给它保留"炖烧"（braise）或"炖煮"（stew）这类词汇。只有一个例外会让我使用"水波煮"这个词，也就是作为基础料理技巧时，需要烹煮鱼、肉质软嫩的肉和香肠、根茎类蔬菜、豆类和蛋等质地柔软或没有丰富结缔组织的食材。当我们使用水波煮这词时，也同时表示在微滚的温度下烹煮。因为只有极少食物要用高于85℃（185 ℉）的温度来料理，没有理由水波煮的温度要高于此。水波煮最适当的温度应在71℃到82℃（160 ℉到180 ℉），也是在略滚的温度下。而水刚开始冒泡的温度是88℃（190 ℉）。最常使用水波煮的食物是鱼。而对没什么做菜经验，只会做一般料理的人来说，也许水波煮是料理鱼最容易的方法了，尤其是肉质厚、种类多的鲑鱼和大比目鱼。我就偏好水波煮鱼，而不喜欢用煎的，因为高温煎鱼或烤鱼容易把鱼油逼出来，鱼油则会让鱼腥味较重。

适合水波煮的食材还有一些质地细嫩的香肠和海鲜，例如鸡肉慕斯林[1]。这类食物若用水波煮可以让脂肪固定在食物内不会掉落，就像慕斯林用汤匙塑型做成的蛋丸子（Quenelle），向来就是用水波煮烹调。还有像牛里脊这种柔软的肉用水波煮也会有很好的效果（参见第306页）。去骨鸡胸肉也可以用水波煮，只是口感像是煮给病人吃的东西，让我有些吃惊。比起用水煮的方式，根茎类蔬菜还是用水波煮最适合，这样才会让食物在外层崩散之前内层就已熟透。基于同样的道理，菜豆或干豆子最好也用水波煮的温度烹调，让它们煮熟却不煮破。

---

1 慕斯林（mousselline），鱼或肉搅碎后加入蛋白和鲜奶油做成的鱼浆或肉泥，可做内馅或丸子。

水波煮的第一个特性在于温度，必须是高度控制又均匀作用在食物上。第二个特性在煮汁本身，可以只是水，也可以是用香料提味过的汤。事实上，水波煮的煮汁就是简易快速的蔬菜汤，因此法式海鲜料汤的法文，字面上就是"简易汤料"或"快速高汤"的意思。这种高汤多半用来煮鱼，材料通常包括醋、酒、柑橘等酸性食材。煮汁也可以是传统的高汤或任何有味道的液体，像番茄汁。然而，前提是水波煮的汤必须是有味道的，这样你的食物才会有味道。水的密度很高，也是让食物受热的绝佳材料。用82℃（180 ℉）温度的水烫熟鲑鱼，速度会比用80℃（175 ℉）的烤箱快两倍。水的另一个优点是保温效果好。当你调整到适当温度时，水就会维持这个温度不变。

做水波煮汤汁的另一个选择是脂肪，而用橄榄油或鸭油泡熟的比目鱼简直是人间美味。当你食用时，油脂会在鱼肉上形成一层浓郁感，也是这层浓郁让油成为上好的水波煮介质。你可以用鸭油水波煮鸭腿，也可以把猪五花放在猪油（或橄榄油）里慢泡，这种做法就是"油封"（参见第310页）。在我"永远只将柔嫩食材水波煮"的法则中，油封是个例外。它更像是水波煮下的子技术，不能归在炖烧那一类。脂肪比水更具有让食物保持风味的优点，水会从食物中拉出风味，但是油不会汲取如此多。是的，在烹烧过程中，的确会有肉汁从肉里流出，但肉若用油脂烹烧却会比用水煮更容易保留较多风味。准备油封料理需要注意的重要事项是油温，油可达到的温度比水高多了，如果你让油烧得太热，肉就会太老而焦掉，而不是入口即化。水波煮的最后一类是"水波浅煮"。这招很少在家使用，但它非常简单，是烹制酱汁的最佳技法（参见第302页）。

───────── 脆片的重要 ─────────

对比的口感对每道料理都很重要。请牢记水波煮食物永远柔软细致，所以一定要放上脆口的东西一起吃，像是饼干、烤过的长棍面包或酥脆的蔬菜。

───────────────────────────

水波蛋的最佳煮法

水波蛋是我最喜欢做的菜之一，简单健康又不贵，可当成主食材，也可作为丰盛的盘饰，从沙拉到汤品任何菜肴都适用。

好像有不少人建议在煮水波蛋的水里加醋，他们相信酸性可让蛋白加速凝结。我不会说这种说法是胡说八道，因为酸性的确会与蛋白质互相作用，但我认为在煮水波蛋的水里加醋对蛋白的影响并不明显，反而会让蛋的味道变酸。因此，我不建议在煮水波蛋的水里加醋，我只用水来煮水波蛋。如果你希望煮出漂亮的蛋，就要了解蛋白由不同蛋白质组成，各自在不同温度下凝结，这样的组合包括稀薄如水的稀蛋白，以及浓厚有黏性的浓蛋白。稀薄的蛋白就是在水中会一丝丝散去的部分，就是它让水波蛋看来一团乱且形状难看。如果要煮出华丽的水波蛋，就要遵循以下法则，这是我从马基的无价宝典《食物与厨艺》（*On Food and Cooking*）中首次读到的讯息。首先将蛋打入小烤盅或碗里，再把蛋倒入大漏勺里静置 1 ~ 2 秒，让稀蛋白从洞里流出，然后再把漏勺里的蛋和浓蛋白倒回烤盅。

我做水波蛋的唯一技巧就是水不可大滚，甚至连微微滚动都不行。我事先煮开一锅水，然后把火调到低温，等所有翻动的水泡消退后再加入蛋。煮蛋的时间要够长，好让所有蛋白凝结，时间约需 3 ~ 4 分钟。用漏勺或漏铲从水中拿出蛋，再把勺子放在折好的毛巾上，这样在你把蛋送上桌前水就会流走。

水波蛋培根佐芝麻菜温沙拉 2人份

这是我最喜欢做的午餐，当我们夫妻可以忙里偷闲，一星期中好不容易挤出一段无子时光，就会做菜给老婆和自己吃。它不仅是道沙拉而已，这段用餐时光，我和唐娜可以关注彼此，难得这段在安静房子里独处的时间，不是晚餐结束、盘底尽空、一天精疲力竭的时刻。我强烈建议家有学龄孩童的夫妻都应该在一周内，或一个月一两次，找时间在家吃午餐。夫妻俩一起做饭，关系才更紧密，加上沙拉容易准备，说话的时间就更充足。我总是用温热的法国长棍面包、黑皮诺（Pinot Noir）或西拉（Shiraz）葡萄酒搭配这道菜。

材料

- 115克芝麻菜
- 115克厚片培根，切成长条状
- 1大颗红葱头，切片
- 2大颗蛋
- 红葡萄酒醋
- 意大利黑醋
- 犹太盐
- 新鲜现磨黑胡椒

做法

一锅水烧开准备煮水波蛋。芝麻菜放入沙拉碗中。

培根煎到外层香脆，内层柔软（参见第264页），加入红葱头煎到焦软透明。舀起培根、红葱头及需要的培根油淋在芝麻菜上，搅拌蔬菜让蔬菜均匀沾上一层油。

水煮滚后将火转小再加入蛋（有关技巧说明请见前页）。

1～2汤匙红葡萄酒醋洒在蔬菜上，试试味道，再加几滴意大利黑醋。用盐及胡椒调味后，将蔬菜分装到小盘。等蛋煮好，在沙拉上摆上水波蛋即可食用。

水波浅煮鼓眼梭鱼佐白酒雪利酱 2人份

水波浅煮的意思是只用极少的液体来水波煮鱼，所以鱼并没有被水淹过。这道食谱及技巧适用于任何鱼，但是肉质紧密的鱼效果最好，就像玻璃梭鱼、石斑、真鲷或比目鱼，因为它们的肌肉紧密结合，煮熟之后仍然保有一些嚼劲。

健康的煮鱼方式，讲究煮得恰恰好，然后利用原本锅中替鱼增味的煮鱼汤料做出快速的锅烧酱汁，然后油煎西葫芦或炉烤花椰菜（参见第271页），搭配鱼和酱汁。

材料

- 2汤匙半黄油
- 1汤匙中筋面粉
- 1大颗红葱头，切末
- 1杯（240克）无甜味的白葡萄酒
- 3～4支新鲜百里香（自由选用，但强烈建议）
- 4片（每片约170克）鼓眼梭鱼排，去皮备用
- 细海盐
- 1/4颗柠檬
- 1汤匙新鲜欧芹碎

做法

1汤匙半黄油及面粉放入小碗中搅拌揉，揉到面粉和黄油要均匀混合，做成黄油酱。

酱汁锅以中火加热，放入红葱头，用剩下的1汤匙黄油拌炒出水。再加入酒、1/2杯（120毫升）水及百里香（自由选用），将汤汁煮到微滚。鱼排放入锅中，盖上盖子，最好是用烘焙纸剪成的盖子（参见第179页），可以收去一些汤汁。鱼放入水波煮3～4分钟，煮到熟透。汤汁应只淹到鱼的一半才对。

将鱼移到大盘子上，包上保鲜膜，放在温热的烤箱中保温。另一方面，将炉火温度升高，黄油酱拌入酱汁中持续搅拌直到黄油酱融化，酱汁也变浓稠。试试酱汁味道，再以盐和柠檬汁调整。上桌前，舀些酱汁在每片鱼排上，再撒上欧芹。

橄榄油泡比目鱼 4人份

我喜欢用橄榄油做水波煮，因为结果永远美味。请记得，油脂无法渗透肌肉，只会让鱼裹上一层油，所以你吃下去的不全是油脂，而油脂会保留住原本因水波煮流到水里的风味。为避免使用太多油，要选鱼可以紧贴摆入的锅子。如果你手边有鸭油或鹅油，就会做出极棒的类似版本。

比目鱼是扁平的鱼，美味好吃，肉质肥美，搭配任何配菜都很对味，可以配香煎蘑菇、玉米、芦笋和当年新收的马铃薯。

材料

- 4片（每片170克）大比目鱼排
- 橄榄油
- 细海盐
- 柠檬汁

做法

依照鱼的分量选适当的锅子，倒入适量的油，油的分量需淹过鱼排。把油加热到65℃（150℉）再放入鱼，注意油温要保持在63℃到68℃（145℉到155℉）之间（鱼排刚放入时油温会降低）。鱼排就在油里10～15分钟直到中间熟透，只要油温维持低温，就不需要担心鱼会煮过头。

用漏铲将鱼拿到架子上沥油，或放在垫着餐巾纸的盘子上，用盐和柠檬汁调味后就可以吃了。

海鲜料汤烫鲑鱼 4人份

要做鲑鱼料理或烹烧任何鱼类，水波煮都是确保完美烹饪的简单方法。它有温和的火候、低温、充满水分的环境，对于肉质细致的鱼类，这是最好的烹煮火力。用水波煮泡煮鲑鱼，不太可能把鲑鱼煮得太老或煮到水分尽失。最适合用水波煮烹调的鱼类是油脂较多、肉质结实、游泳有力的肉鱼，就像鲑鱼、大比目鱼、梭鱼、鲷鱼和石斑。

因为效果好，鲑鱼常用水波煮料理。品质好的鲑鱼若用水波煮烫熟，它的风味及口感会宛如奶油般香滑。用来水波煮的汤汁也会增添鱼的风味，就像海鲜料汤。如果在汤水里用酒，我喜欢水和酒以大约2∶1的比例调成煮汁；如果用醋，水和醋的比例就是10∶1（当然你可以在汤里多放一点酸性食材）。在高汤里经常使用的香料也可以放入汤汁中。

任何尺寸的鲑鱼都可使用这个方法料理，无论是两片鱼排还是一整片鱼。但要注意锅子尺寸要刚好符合鲑鱼大小，这样海鲜料汤就可放得尽可能地少。依照鲑鱼大小及所用锅子的尺寸，你用的海鲜料汤可能是此处的加倍。最好事前将鲑鱼分切好，这样每片才会煮得均匀。我喜欢先拿掉鱼皮，但你也许觉得等鱼煮好后再去皮会比较容易。下面所列的料汤分量，足可料理在锅子里紧密排列的四片鱼。如果你不确定要做多少海鲜料汤，可以先把鲑鱼放在锅子里用水覆盖，再测量水的分量，就知道要做多少海鲜料汤了。

我会用荷兰酱搭配鲑鱼（参见第213页），它是搭配鲑鱼的传统酱料，当然也可以简单挤上柠檬汁就好。

醋底海鲜料汤

- 6杯（1.4升）水
- 1颗西班牙洋葱，切薄片
- 2根胡萝卜，切薄片
- 2片月桂叶
- 1小束新鲜百里香（自由选用）
- 1/2到3/4杯（120～180毫升）白葡萄酒醋或柠檬汁

酒底海鲜料汤

- 4杯（960毫升）水
- 1颗西班牙洋葱，切薄片
- 2根胡萝卜，切薄片
- 2片月桂叶
- 2片新鲜百里香（自由选用）
- 2杯（480毫升）白葡萄酒

材料

- 1片630克鲑鱼，去骨去皮

做法

制作海鲜料汤：水、洋葱、胡萝卜、月桂叶和百里香（如果使用）放入平底锅中，锅子容量需正好可放入鲑鱼。汤汁煮到微滚后，温度转为低温煮20～30分钟。再将温度调高加入醋或酒。

汤汁的温度调到82℃(180℉)。鲑鱼滑入锅中，锅里的汤汁必须能完全覆盖鲑鱼。鲑鱼煮到三分熟，内层的温度须达57℃～60℃（135℉～140℉），根据鲑鱼大小，需要大约10分钟，或者煮久一些，将鲑鱼完全煮熟。用漏铲将鲑鱼从海鲜料汤里拿出来，即可食用。

牛高汤泡牛里脊佐根茎蔬菜 4人份

这道菜是参考"陶锅炖肉"的花哨版本。陶锅炖肉的法文是pot-au-feu，是法式的牛肉炖菜。但是让这道菜新意盎然的是用大蒜及捣碎芜荽籽调味的柠檬油醋汁（如果有些芜荽籽没有破也没关系，它们会带着有趣的脆度及爆发的香气），以及惊人的鲜味食材：鱼露。20世纪90年代初期，我在《纽约时报》看到类似食谱，便开始做这道菜，但原始数据已找不到了。收录这道食谱，是因为我喜欢牛肉水波煮，牛肉通常不会想到用水波煮的方式料理有。使用新鲜牛肉高汤就变得很重要，其他汤料都会破坏高雅风味和肉的质地。这道菜值得从高汤开始，而高汤在汲取牛肉的风味和根芹及青蒜的美味后，成为带有强烈味道的汤料，可最后盛盘一起享用。

这是很棒的冬季料理，材料需要用到里脊肉块，但如果你买到整块里脊肉，也可以自己动手切，如果切下很多碎肉也没关系，在这道菜里，这些形状不规则的肉块一样适用。

油醋汁料

- 2汤匙柠檬汁
- 2茶匙蒜末
- 2茶匙鱼露
- 3汤匙橄榄油
- 2茶匙芜荽籽，烤过后稍微敲碎备用

材料

- 1茶匙黄油或油
- 犹太盐
- 2大根青蒜，剖成两半，仔细清洗，再切成2.5厘米长条状
- 4杯（960毫升）新鲜牛肉高汤
- 2根胡萝卜，切片或切成滚刀块
- 1大颗马铃薯，去皮切成大块
- 1颗根芹，切成条状（大小就像薯条）
- 新鲜现磨黑胡椒
- 12块牛里脊，每块约12毫米厚，用盐和黑胡椒粒先腌过（整块里脊肉的切法见下页，每份肉约170克）
- 1汤匙新鲜香菜末

做法

制作油醋汁：小碗放入柠檬汁、大蒜、鱼露后静置几分钟，让大蒜有时间发挥作用。把油拌入，再加入芜荽籽。

黄油用容量4.7升的锅子以中高温融化，再放入青蒜炒软出水。加一撮盐调味（四指捏起的量），再加高汤，煮到微滚后关小火到低温。然后放入胡萝卜、马铃薯，以温火煮5分钟左右，加根芹，持续煮到蔬菜变软。试试汤汁味道并用盐及胡椒调味。

加入牛肉，压进汤料中。火升高到中高温，煮1～2分钟。牛肉煮到一分熟。再准备四个温热的碗，将青蒜及根茎蔬菜平均放入四个碗中，上面再放三块牛肉，而牛肉汤则淋在牛肉上。油醋汁搅拌均匀，再淋在牛肉和蔬菜上。最后撒上新鲜香菜即可食用。

1.牛肉放到室温，用盐让青蒜出水。

2.加入高汤。

3.加入根茎类蔬菜。

4.加入牛肉。

5.温和地烫牛肉。

6.制作芫荽籽油醋汁。

7.为成品淋上芫荽籽油醋汁。

油封鸭腿 8只

制作简单，风味诱人，油封鸭腿是我一直很喜欢的一道菜。最重要的是它可以一次做很多，因为鸭肉可以放在冰箱6个月或更长。一定要留一些在手边，可及时做出开胃小菜、午餐或晚餐。例如，第301页的芝麻菜沙拉，就可以用鸭子代替培根。

油封的做法很简单：制作前一天先腌好鸭腿，再放入油中水波煮，煮到用叉子一拨就开的软嫩度，然后泡在油中放凉。传统上，要做某物的油封，就要用那个动物的油来泡，鸭子就用鸭油，猪肉就用猪油，但这并不是硬性规定。在家里，我们会把鸭油放在桶子里保存，但经济实惠的橄榄油也是很好的替代品。

这道食谱用了8只鸭腿，你也可依所需增加或减少。我提供两种腌渍鸭子的腌料，可看个人喜好及时间允许自由选用。

第一种腌料

- 2汤匙犹太盐
- 2茶匙砂糖
- 1茶匙新鲜现磨黑胡椒

第二种腌料

- 2汤匙犹太盐2汤匙
- 1茶匙新鲜现磨黑胡椒
- 1撮丁香粒
- 2撮肉桂粉
- 4瓣大蒜，用刀背压碎
- 1汤匙红糖

- 4 ~ 8支新鲜百里香
- 3片月桂叶，揉碎备用

材料

- 8只鸭腿
- 橄榄油

做法

制作调味料：所有食材放入小碗，搅拌均匀。

鸭腿放在烤盘或大型塑料盘中，调味料均匀地撒在鸭腿上并磨擦入味。覆盖好后放入冰箱冷藏18 ~ 36个小时，冰到一半时，要把鸭腿拿出来再揉一次，让调味料重新均匀散布。

烤箱预热到80℃ ~ 95℃（175℉ ~ 200℉）。鸭腿上的调味料冲洗干净后拍干，放入尺寸适当可放入烤箱的锅子或盘子中，加入橄榄油，再盖上盖子。以高温加热，让油温达到82℃（180℉）。再把锅子放入烤箱中，开盖，让鸭腿在油里泡上8 ~ 12小时。鸭腿若完全煮熟，就会沉到锅子底部，油也会变得清澈。

让鸭子就在油锅里放凉，然后将鸭腿移放到保鲜盒中，这样油才可以把鸭腿完全浸泡。把油倒在鸭腿上，锅子底部会留下一层浓缩肉汁，如果你想，可以留下来另做他用。如果你要将油封保存超过1星期，必须将鸭腿完全浸泡在油中，然后冰到冰箱备用。

鸭肉完成时，把鸭腿从油中拿出，动作要小心，以免把十分细致的皮或肉撕破了。将鸭腿用不粘锅回温，也可将鸭皮朝下煎到皮酥，再翻面续煎，让鸭腿完全热透。你也可以把鸭腿放在220℃(425℉ 或 gas 7) 的烤箱回温。鸭皮要焦焦脆脆的才最好吃，所以最好把鸭腿煎炸1 ~ 2分钟确定鸭皮酥脆。

你也可以将鸭肉去骨再油煎，如此就可以放在沙拉上或搭配面包丁，或者加入炖饭中，还可配着烤马铃薯一起吃。

18

烧烤

GRILL

火的味道

Recipes

火让食物的滋味美妙，所以我们用明火烧烤食物。当然这不是烧烤的唯一理由，还可能因为厨房热到无法做饭，只好出外烧烤。或者停电了，只好用火烤，因为这是唯一让食物加热的方法。烧烤可能是公共活动，我们烧烤取乐共享料理时光，我们烧烤因为烧烤很有趣。但最主要的，我们因美味而烧烤。

如同其他烹饪方式，烧烤成功的关键也是控制火候。但烧烤与其他料理形式不同的地方，在于它用的火是真的火。不像150℃（300℉）的烤箱或中高温的电炉，烧烤的火持续燃烧。而且，我们通常没有计量温度的工具，所以烧烤攸关我们的感知，而此感知却与其他料理形式无涉。要感觉火的热度，就要走近火源，伸手探探煤炭，感觉脸上的热度。我们事前就该想到食物会改变火的状态——就像逼出脂肪时会产生浓烟和火苗。

烧烤用其他烹饪方式不会产生的香气满足我们。鸡用油煎的香气无法与用火烤的香气相提并论，夏日烤肉传来阵阵烤汉堡的味道，令人不由放松起来。

就是这一切让烧烤如此有趣，因为它比其他料理形式更与我们的身体和心灵息息相关。

这也解释了为什么我不喜欢瓦斯烤炉的一半原因。当我们将点燃自然材质，等待热火成灰烬的过程，与转瓦斯钮的方便交换时，我们也把在生火煮食间身体感官可得的愉悦推出门外。另一个理由是，我们使用瓦斯烤炉时相对也减少了对烹饪的控制。事实上，当我们选择使用瓦斯烤炉，我们让出的控制权比使用其他热源还更多。我们对直接加热的控制力降低了，它似乎只有低与高的差别，我们对环境火源的控制力也减弱了，烤炉不是打开的就是关上的，但如果是一个大火坑则无法完全封住。请想象开着一辆只有两种速度的车，你会觉得这样很舒服吗？这简直是噩梦。对我而言，用瓦斯烤炉料理食物就是如此，差别只在我还不想杀人。

有些料理我不建议用瓦斯烤炉烹调，就像烤全鸡，这是一种需要颠倒放在烤箱炙烧的食材，如此，全部脂肪才会滴到加热工具上。老实说，我并不介意放弃对真火的感官刺激，有时也十分感谢瓦斯烤炉的实时火。如果你常常做烧烤，没有比瓦斯更好用的工具了，在需要时可以开了就烧。但是我恨我在做瓦斯烧烤时放弃并缴出的控制权。瓦斯烤炉没有错，只要你承认，陶瓷蜂架下瓦斯火焰与我们升起的火苗状况不同，差异之多总让我觉得它们是不同种类的料理形式。

我该说说应用于瓦斯及自然煤炭的烧烤技术，但它们如此不同，以致我们从瓦斯烧烤学到的知识大概只有我们做真火烧烤学到的一半。在这里，我将重点放在煤炭烧烤。本章介绍的菜肴大多也适用于瓦斯烧烤，但不是全部。

烧烤的基础：三种热源

烧烤时，我们使用两类热源："直接加热"与"间接加热"，但通常也把子类别"环境加热"纳入讨论。

直接加热是指食物直接在煤炭上烧烤。它的温度高，食物里的汁液直接滴在煤炭上，再升起味道迷人的熏烟。

间接加热是指食物并不直接放在热煤炭的正上方，相较于离火点，食物在烤炉上的位置反而是在无法取得足够热气的那一边，所以比起在炭火上直接受热，间接受热的火候更温和平均。

间接加热的做法多是盖上烤炉的盖子，利用盖上炉盖产生的强劲环境热气烘烤食物。当我们直接加热烧烤食物时却不是这样，而是把食物直接盖在火源上方，如此可防止火苗窜升，也增加食物及四边的受热度。

这样的方法我们如何应用，又何时使用？那要了解你追求的效果是什么，请好好想想。我们基于两个理由烧烤，一是让食物变熟，二是让食物有风味。依照你所烹调的食物及调味方式，每项理由都需要独特的策略才可完成。如果你料理的食材质地软嫩，不需要烤太久，通常放在火源上直接加热一下就会有浓烈的香气（如羊排）。但如果这东西须经过烹调才会软嫩，你就要间接加热。通常情况下直接加热产生风味，间接加热得到软嫩。你也可双管齐下，两者皆用（参见第322页蝴蝶鸡的做法）。请将盖上盖子的烤炉当成烟熏炉，也可说它真的就是有烟在内的热烤箱。烟贴着肉，烧着肉，加深肉的滋味。

最后一件需想清楚的事是火候要多大。你想要极高温的火力（这会让食物烤出焦香的脆壳，是牛小排最需要的）？还是温和的火候（让食物完全软烂，就像肋排需要的效果）？

有些小细节可让烧烤更成功。比如在铺煤炭放烤架时，先等烤架烧热再把食物放上去（就像你先预热煎炒锅一样），如此就可以预防粘黏。烤架先涂上一层油也有帮助，也可以防粘黏。烤架可先喷一层植物油或用沾了植物油的布擦拭都可以。有些食物需要在开始前先擦油，这样可以让热气传到食物上。而一般的烧烤，我就很少使用木屑，因为总觉得食物已经被煤炭烧出很丰富的香味了。与其他燃料相比，我偏好使用一般的煤炭，但这只是个人的喜好。我生火时会先搭起煤炭并加上报纸升火。在我看来，燃料是成本的问题而与风味无关。而大多数烧烤爱好者却认为用打火机的煤油生火会带给食物不好的味道。但我从小跟着只用机油又常做烧烤的父亲长大，所以对这点倒是充满着怀旧感。我还是喜欢做个炭井生火，但除非是需要大火——井里要放很多煤炭才够，如果时间急迫，我会用煤油点火。

再次提醒，烧烤的重点还是在风味及口感。可以拿来油煎、水波煮或炉烤的食材都可拿来炭烤，其实也就是所有肉和鱼。另外，像梨子桃子这类水果用烤的也极好。大多数的蔬菜，甚至是莴苣，用烤的方式料理都会有很棒的效果。唯一要注意的是，蔬菜也许会从烤架上掉落。我们因为风味而烧烤，只要风味达到了，就需要适当烹调食物，也就是软嫩的食物要烤得快，较硬的食物要慢慢烤。

炉烤或烧烤大型肉块时，烤箱温度计是最有用的工具。它会让你更确定烧烤的状态，无论是肋排、整条猪腰或是大块面包。当你把高汤放在烤箱慢炖时，温度计是观察高汤温度的最棒工具。大多数的烤箱温度计都附有警铃，当到达所需温度时就会响起。这可以让我从书桌遥控食物在烤箱里的温度，虽然很方便，但没有必要。最重要的是温度计上的探针，它可以持续测知食物内层的温度。

香肠是例外：质地柔软却需要间接加热

香肠是最常用来烧烤的品种，也是最难烤得完美的。烟熏的味道和香肠十分契合，可能多数香肠用烧烤做都会达到最棒的效果。但烤香肠需要特别注意，虽然需要火来增加风味，但也需要温和烹烧才会在外层烤焦前让内层熟透。发生过最惨的事，就是香肠在熊熊火焰下烤得太猛，空气和肉汁膨胀让肠衣整个爆开，里面的油脂及美味全都掉进火中，产生又苦又不健康的烟雾残留，结果不是烤得太老没有水分，就是外面太老里面还是生的。香肠肉是经过绞磨软化的肉，尤其需要间接加热，直接加热也需要极低的火源。要做烤香肠，首先要以中高火焰让它上色，最后再间接加热，也就是盖上炉盖将香肠焖在里面。

创造间接加热的环境：铺设你的烤炉

除非我一次要烧烤的品种太多，不然我都会在烤炉上留下很大的空间，以此放慢烧烤程序，或者更准确地说，让生冷食物的内层有机会赶上热烫的外层。

这都需要我在烤炉里放入足够的煤炭，铺设的分量需盖住底部的一半。如此就有一个热区和凉区，而当我把食物放在凉区，盖上炉盖时，食物就好像放在230℃（450 ℉）

的烟熏炉中，就像我处理蝴蝶鸡的做法。烧烤成败只在管理火候，所以确定你有多种选择。只用半边炉子架设火源，食物可以放在三个温度区域中的任一区：直接加热的热区，间接加热的热区，以及间接加热的温热区（也就是炉子里没有铺设煤炭的凉区）。

组合式烧烤：先炭烤，再炉烤

据我所知，这是最有用的烧烤技巧。当我烤大块肉时，就会用这种方式来处理。一方面有炭烤的香气，但也需要时间让肉完全熟透。第96页的猪肉就是很好的例子，第323页的炭烤肋排也是如此。如果要做整块牛里脊和猪腰肉，先炭烤再炉烤也是很好的方法。

做法和概念都很简单。首先，升起非常大的火（为了炭烤风味），肉放在火上直接加热烤出金黄外层，肉汁及脂肪也开始滴下产生烟熏热气。肉拿出炭烤炉放入烤箱中，以低温烧烤，烤到内层达到所需温度。如此，肉块既留有炭火的香气，额外的受热时间也让肉烤到入味，让烟熏香气更有深度。这也是请客时的理想做法。我多半会在当天稍早就把肉先炭烤好，之后再用烤箱完成。炭烤的部分甚至可以在一天前先做好，然后放在冰箱冷藏，等需要时再完成。要注意的是，如果你把肉冷藏，最好在放入低温烤箱前，有较长的时间让它回到室温。

烤肉酱的真相

烤肉酱无法软化肉类，也无法完全渗透肉类，且酒精和酸对肉类的伤害大于帮助。如此还要烤肉酱做什么？因为它们让肉的表层有味道，仅此，烤肉酱就是好用圣品。

真正软化肉质的方法只有敲打或烹烧。此外，某些酵素及酸性物质也会使蛋白质变性，渗透肉类，主要功能是让外层柔嫩。

是的，经过长时间的作用，烤肉酱的确可以渗透肉的组织到一定程度，但不会很深，也不太有效。如果你希望风味可以渗透肉里，最好的策略是用重盐水腌渍或是用盐干擦，·或者在烤肉酱里加入一定分量的盐。

烧烤时腌酱加入酒精成分会对肉的表层很有效，但这不是指好的方面。酒精的确可让烤肉酱的风味更好，所以若你想做个含酒腌酱，建议先把酒煮过，让酒精挥发，风味会更浓缩。白葡萄酒做的烤肉酱用在常见的无骨无皮鸡胸肉上很好用，这种鸡胸肉可说是蛋白质世界的脱脂牛奶。红酒用在牛肉上风味极好，只要简单将提香蔬菜及香草用红酒煮过，放凉，然后把要烤的肉类浸泡在里面即可。

腌渍肉类也需清楚目的，酱料有时也会沾在肉上一起烧烤，所以当我们吃下肉时，也吃进了某些酱料。

利普的独门烤肉酱（适合伦敦烤肉和烤牛腰）

1.5 杯（360 毫升）

老爸的好友彼得·察赫尔（Peter Zacher）说他去过夏威夷海滩 tiki[1] 酒馆的创始店 Don the Beachcomber 餐厅，居然还拿到他同名店里最出名的招牌菜烤肋排的食谱。他把酱料秘方传给我爸，并叫它"彼得的独门烤肉酱"。我爸爸融会贯通之后再自创新法。他在腌酱里加糖，让牛肉有酸脆的风味，而酱油则平衡甜味。这是让肉表层腌渍入味的最佳范例。我爸用它来做伦敦烤肉，用来腌渍牛的上腰肉、斜腰肉和肋排，拿来做烤鸡，味道也都很棒。肉要先腌至少 6 小时，最长可腌到 3 天。

材料

- 半杯（120 毫升）酱油
- 半杯（120 毫升）番茄酱
- 1/4 杯（50 克）红砂糖
- 4 ~ 5 瓣大蒜，刀背拍碎后切末
- 1 汤匙梅林辣酱油
- 1 汤匙姜粉
- 半汤匙洋葱粉

做法

取一小碗，把所有材料拌在一起即成。

---

1 在毛利人神话中，tiki 是人类始祖，tiki 文化在美国流行则起自 1934 年美国青年欧内斯特·雷蒙德·博蒙德-甘特（Ernest R.Beaumont-Gantt），他航行南太平洋后，将自己的名字改为唐·比奇（Don Beach），且在好莱坞开设 tiki 的主题酒馆，从此 tiki 逐渐成为航行者与冲浪者的流行次文化。

基本白葡萄酒烤肉酱（适合烤鸡烤鱼）

1.5 杯（360 毫升）

这道烤肉酱的关键在于煮掉酒里的酒精，如此就不会使肉的表层变性。它可以用来烤鸡或做第254页的油煎鸡胸肉佐龙蒿黄油酱。先将鸡腌6～8小时。如果是鱼，就腌2～4小时。如果想将鸡腌久一点，记得盐的分量要减半。

材料

- 1.5杯（360毫升）质量良好的白葡萄酒
- 2瓣大蒜，用刀背拍碎
- 1/4颗洋葱，切丝
- 1茶匙黑胡椒籽，放在砧板上用锅背敲碎
- 1汤匙龙蒿叶
- 犹太盐
- 冰水或冷水

做法

酱汁锅以高温加热，放入酒、大蒜、洋葱、胡椒粒及龙蒿，以1汤匙盐调味，小火煨煮5分钟。握住点燃的火柴放在酱汁上烧去剩下的酒精。底下小火不关继续煮到没有火焰燃烧，也没有任何酒精可以点燃。

烤肉酱过滤到量杯中，加入适量的冰水或冷水让容量升到1.5杯（360毫升），把滤出的食材再加回酱汁中。

蝴蝶鸡佐柠檬龙蒿黄油酱 4人份

这道菜可做夏季的主食，但在我们家从春天就开始吃了，受欢迎的程度就像从春天到冬天被吞下肚的无数烤鸡。父亲在我童年时期花了整个克里夫兰的严寒冬日教会我炭烤之乐，他会做淋油，目前我还没有看过做得比他更好的。

这是一个我觉得用干燥龙蒿比新鲜龙蒿好的例子，新鲜叶子被热火一烧就枯死了。父亲只是简单地把黄油化了，一点也不担心它会油水分离。而我用乳化黄油的技巧保留全部黄油，也就是将黄油一块块拌入加热的柠檬汁里，然后再加入剩下的食材，因为浇油里的配料粘在鸡上会更好。

鸡一开始要先用火直接加热，让它立即上色，皮上的油也能减少一些。但人不能离开太久，不然等你回来就可能发现鸡被火苗吞噬了（我不建议用瓦斯烤炉做这道菜或做任何全鸡料理，因为火焰窜烧是无可避免的问题）。如果想留下鸡而人离开，请盖上炭烤炉，将火焰乱窜烧焦烤鸡的概率降到最低。等10分钟后，就把鸡放在烤炉的另一边，鸡皮部分朝上，然后盖好炉盖，用间接加热完成烤鸡。记得要不时浇油，让黄油固质及红葱头引起的熏烟烤进鸡里。

如果你想要，可以留下鸡骨头做简易鸡高汤（参见第64页），这样高汤里就有美好的腌熏味。

材料

- 1只鸡，重约1.4～1.8千克
- 犹太盐
- 1颗柠檬

- 半杯（115克）黄油，切成4～5块
- 2汤匙红葱头末
- 1汤匙干燥龙蒿
- 2汤匙干燥芥末

做法

鸡洗干净后拍干，鸡翅尖去掉丢弃，或保留起来做高汤。抵着脖子和鸡胸把鸡竖起来，屁股朝上，用厨师刀从肋骨处切开，从任一边去掉鸡背骨。打开鸡，鸡胸肉往下压平，鸡腿往里折，小腿横在鸡的中间下方两根平行，小腿的尾端用棉线绑起来。在鸡的两边都撒上大量盐。

烤炉半边铺上厚厚一层煤炭，搭井生火。小型酱汁锅以中高温加热，放入柠檬汁和一块黄油持续搅打，打到黄油融化一半后再加入另一块持续搅拌，等融化后再加入其余。黄油全数融化后，开小火，加入红葱头、龙蒿、芥末，搅拌均匀。火关掉，盖上锅盖让黄油保温。半边烤炉铺平煤炭，烤架放在上面预热，等到热了将鸡皮朝下放在炭火上烤10分钟。

如果火舌开始乱窜，就盖上盖子。鸡再烤10分钟，然后翻面让鸡皮朝上放到炉子另一边的凉区。盖上炉盖继续烘烤，大约再烤50分钟。之后翻开鸡，用黄油浇淋有骨头的那一面，让黄油在鸡上慢烧，再把鸡翻面，替鸡皮浇油，盖上炉盖。记得留下一点黄油，好在鸡拿出炭烤炉时再刷上一遍。切开享用前，先让鸡静置10～20分钟。

烧烤牛肋排 多于6人份

烧烤整副牛肋排及整块牛里脊，我认为没有比组合炉烧烤更好的方法了。这个方法会让肉块烤出极棒的炭火香味，也让你能完美控制温度和时间。在夏天和冬天假期，我都会用这方法做菜。自助餐做牛里脊三明治，如果人更多，我还会用这方法烧烤整副牛肋排。

做牛肋排有附加的好处，你可以做好立刻吃，但我喜欢留一点，还可以做成隔夜菜。肋排抹上第戎芥末酱，搭配面包丁就是美味一餐。如果你喜欢辣味，就撒上卡宴辣椒粉后再入小烤箱里烤。我为每个人准备455克的肋排，通常这样的分量做隔夜菜也是够的。

如果你想用里脊肉取代肋排，就先把里脊肉每一面都煎3分钟左右，煎到焦香，再放凉至室温备用，或者放入冰箱，等到烤前3小时再拿出来退冰。每455克里脊肉需要15分钟才会烤到一分熟。如果你希望烤肉风味较浓重，可在2～4天前就开始备料，肉用盐腌过之后放干，不需加盖，放入冰箱冷藏。

这道菜可搭配褐色黄油马铃薯泥（参见第151页）或和蘑菇炖饭（参见第355页）一起吃。

材料

- 1副牛肋排，2.7千克
- 2～5汤匙犹太盐
- 2汤匙芥花油或橄榄油
- 2茶匙黑胡椒，事先大致压碎或切碎
- 2茶匙芫荽籽，大致压碎

做法

牛肋排洗干净后拍干，放入适当尺寸的烤盘或铺了餐巾纸的大盘上，撒上大量盐，让表层包上一层漂亮的盐壳。这步骤最好在烧烤前几天做好，然后不包不盖放入冰箱直到要用时再拿出来。

牛肉在烧烤前3～4小时就要先从冰箱里拿出来退冰回温，然后抹上油，撒上黑胡椒和芫荽籽。

在烤炉半边搭井生火（预备把牛肋排每一面先烤到焦香），铺开煤炭，烤架上油后摆上预热。牛肋排放在有炭火直烤的烤架上，然后盖上炭烤炉。牛肋排每一面烤3～4分钟烤到焦香上色（盖上炉盖可让肉沾上更多腌熏香气，油滴下时也不会火舌乱窜）。当各面都烤上色后，将肉移到炭烤炉的凉区，盖上盖子，再烤10分钟。

如果这牛排要立即享用，先将烤箱预热到120℃（250℉或gas 1/2），再将肋排骨头朝下放置烤盘上。如果要吃一分熟的，则烤到内部温度达52℃（125℉）；要吃三分熟的，就烤到54℃（130℉）。每磅牛肉炉烤的时间需要15～20分钟，但还是要看肉开始放进烤箱时的内层温度。如果牛肋排要隔几天才吃，请用保鲜膜包好放冰箱冷藏，等要做之时提前4小时先拿出来回温，然后按照指示操作。

从烤箱拿出肉静置15～20分钟，再去骨取肉，直刀划开排骨，取下整块肉。最好放在外围有沟槽或引流的砧板上做这个动作。牛肋排会流出大量肉汁，可以将这些肉汁舀起来在最后享用前再淋在牛肉上。可以将肉切片，如果你想整块连骨一起端上桌，只要分开整块肋排，再淋上肉汁就可以了。

炭烤春季蔬菜佐意大利黑醋 4人份

炭烤蔬菜吃起来满足且有复杂深度。每当温暖气候来临，应季蔬菜一上市，餐食的内容可以全是炭烤蔬菜。春天最好的一餐，莫过于一大盘炭烤蔬菜搭配少量炖饭（参见第355页）。当有各种不同蔬菜要炭烤，最重要的是只用一边的炉子生火，要留下很大空间放置烤蔬菜，这样可让这些蔬菜保持温度又不会烤过头。这里的蔬菜可以任选，唯一的要求是只能选品质好的。可以在油醋汁里加入意大利黑醋增加风味，意大利黑醋的甜味和焦香的蔬菜十分对味。

材料

- 1颗夏季南瓜，直切成四份
- 1颗西葫芦，直切成四份
- 1颗甜洋葱，从根部直切成四份，所以每片洋葱瓣在炉上烤时可以不散落
- 4颗成熟李子番茄，直切成两半
- 1颗紫甘蓝，直切成两半
- 12 ~ 20支芦笋(看尺寸大小，每人可分3 ~ 5支)
- 橄榄油

意大利黑醋酱料

- 1.5汤匙红葡萄酒醋
- 1.5汤匙意大利黑醋
- 1汤匙红葱头末
- 半茶匙第戎芥末酱
- 犹太盐
- 1/4杯（60毫升）橄榄油或芥花油

做法

半边炉子搭井生火。

蔬菜抹上油，半边炉子的煤炭摊开，架上烤架，放上夏季南瓜、西葫芦和洋葱以直火加热，每面烤3 ~ 4分钟直到焦香上色。然后将西葫芦和南瓜移到炭烤炉没有火的那边，再将洋葱放到炭火的边缘（可以多烤一些时间）。接着将番茄和紫甘蓝烤香上色，每面需烤3 ~ 4分钟，然后移到炭烤炉的凉区。再来是芦笋，放在火源上直接加热，盖上炉盖烘两分钟，再翻动芦笋。等到芦笋变软，所有蔬菜移到大盘子。

制作油醋汁：小碗里放入醋、红葱头、芥末酱。用两只手指捏起的盐量调味，再将油搅入醋里。

油醋汁淋在蔬菜上即可享用。

炭烤梨子沙拉佐蜂蜜核桃醋 4人份

水果也能做出令人赞叹的炭烤料理，菠萝、桃、哈密瓜都因为焦香味而更美好。这里，烤好的梨可做搭配火腿和坚果的夏日沙拉。

油醋汁料

- 2汤匙柠檬汁
- 2汤匙蜂蜜
- 少许卡宴辣椒粉
- 犹太盐
- 2汤匙核桃油或芥花油

材料

- 1/4颗柠檬
- 3颗梨
- 芥花油
- 4片长棍面包或其他质量好的面包
- 橄榄油
- 225克芝麻菜
- 115克火腿肉，切丝
- 半杯（55克）核桃，预先略烤
- 半杯（60克）帕玛森奶酪，大致磨碎
- 新鲜现磨黑胡椒

做法

制作油醋汁：小碗放入柠檬汁、蜂蜜、卡宴辣椒粉，加少许盐调味（约两只手指捏起的量），再慢慢搅入油里。

炭烤炉的半边搭灶生火。准备好后，1/4颗柠檬挤汁到一碗水里。梨切成四块去核，准备时就让梨子泡在水里。烤梨时，从水里拿出拍干，抹上芥花油，放在炉上以直火加热，烤到梨变软，刀切面上出现漂亮烤痕，就可以把梨子移到凉区（如果你不喜欢一咬烫口，也可以直接放到盘子上）。长棍面包切片放在火上两面烤香后取上抹上橄榄油。

沙拉碗放入芝麻叶，拌上油醋汁，酱汁留下1到2汤匙。盘子分好，摆上火腿、核桃和帕玛森奶酪。每瓣梨子再直切为两半摆入沙拉盘上。淋上剩下的油醋汁，以胡椒调味，搭配长棍面包一起享用。

炭烤鲈鱼配茴香球茎柠檬红葱头 4人份

炭烤鱼是个好技巧，无论做鱼排或带骨的鱼都是如此。鱼骨让肉湿润多汁。炭火的高温使鱼皮脱水变得酥脆金黄，而鱼里面塞了水果蔬菜，就在鱼骨头旁，如此会让鱼肉更多汁。

我建议这道菜应搭配第263页的生煎夏日南瓜，还可以拌入没有当作内馅填料的茴香球茎。或者搭配水波煮马铃薯一起吃。做法是先煮软马铃薯，对半切再拌入新鲜百里香、欧芹、虾夷葱和大量黄油，加上去皮后的茴香球茎沙拉。上菜时，旁边点缀一瓣柠檬也是不错的主意。替那些不喜欢鱼皮的人准备一个碗放鱼皮鱼骨，这道温和却香气逼人的鱼料理中，大多数骨头都可直接挑掉。

Branzino是欧洲的海鲈鱼，若用炉烤也是一道绝妙好菜，全鱼放在预热过、温度达230℃（450℉或gas 8）的热烤箱炉烤（有对流功能也请开启）。

材料

- 1颗带叶的茴香球茎
- 细海盐
- 4条海鲈鱼，去掉鳞片鱼鳃鱼鳍（每条鲈鱼25～30.5厘米长，重455克以下）
- 8片柠檬片
- 1颗红葱头，切细丝
- 橄榄油

做法

炭烤炉架煤升火，要用足够的炭，让鱼都可以用直火炭烤。

切下茴香球茎上的叶子留着做鱼腹填料。剖开球茎，切成8片，也做内馅。每条鱼的肚子里略微上盐，塞进2片柠檬片、2片茴香切片、茴香叶及一些红葱头（如果担心翻动鱼时里面的馅料会掉出来，可用两根牙签固定好）。每面都刷上橄榄油并撒上盐。

烤架先抹上一层油，鱼放在烤架上烤4分钟，烤到鱼皮金黄焦香。将鱼翻面时，请小心勿让内馅掉出来。盖上炉盖，烤到鱼中心都热了。即显温度计插到鱼肚子贴近脊骨的地方，若显示温度达60℃（140℉）就是好了。多谢鱼骨头，当你做配菜时，只要将鱼静置5分钟左右，鱼仍然多汁温热。上菜前请将填料全部拿掉，即可食用。

1.准备鲈鱼。

2.香料塞进鲈鱼肚子。

3.一面烤好后再翻面。

4.享用前先拿掉肚子里的香料。

19

油炸 FRY

热焰之极

Recipes

油炸食物是最有风味的烹调方式，但也可能是最受误解、最少在家使用的料理技巧。无可否认地，油炸（deep frying）食物定会留着一些炸进去的高热量油脂，所以我们就以为油炸食物一定是高热量食物。但只要炸得适当，食物不会太过油腻。油炸之后，油不该渗入鸡腿的紧实肌肉，而是将鸡皮里的水分炸出来，风味透进去。当热力穿透鸡腿时，鸡皮就会变得金黄酥脆。当我们把薯条丢进热油里，薯条里的水分会沸腾蒸发变成无数的泡泡，把马铃薯的油逼走。

朋友拉斯·帕森斯（Russ Parsons）是《洛杉矶时报》的美食编辑，著有《如何解读法国薯条》（*How to Read a French Fry*），其中有个重要观点，认为："依据温度及入锅油炸的食物，存在的蒸气和欲穿透的油脂互相碰撞，达到一种不稳定的平衡。这就是为什么炸得好的食物外层酥脆内层柔嫩的原因。事实上，食物外层是用炸的，内层是用蒸的。"

高温是美味酥香的原因，而油脂密度的影响则带来更多好处，让油的导热更有效。鸡腿放在180℃（350 ℉）的油中炸熟的时间会比放在180℃（350 ℉或gas4）的烤箱快两三倍。油的密度让肉的风味不会随着蒸发的水分挤出去。这是炸鸡也许比烤鸡有更多鸡香味的另个原因。

虽然油炸食物是令食物美味的有效技法，但缺点就是花费太高。油可比你烤箱里不太花钱的热空气要贵得多，但炸油可以过滤到容器里再次使用。为了减少花费，我们可以使用第二种油炸技巧，"半煎炸"（panfrying）。半煎炸就是以浅量的油煎炸食物，不是只放一层薄油的煎，所用的油量要浸到煎炸物一半的高度。我们使用这个技法处理扁薄的品项，就像猪排骨或鸡肉，半煎炸的鸡肉多半先裹上粉（参见第334页）再炸。任何可半煎炸的食物都可以用油炸，比方裹了粉的猪排。在大多数情况下，用油炸的反而浪费油，因为油炸和半煎炸的效果基本上都一样。半煎炸和油炸都用高温均匀有效地烹调食物。除了费油之外，很多人回避油炸的理由是害怕，还有些人能避就避的原因是油炸与高热量有关，其他人则是因为隔天还会在屋里闻到油烟味（装台抽油烟机很有帮助），还有人则是不喜欢清理厨房。

那么为什么要油炸？因为油炸食物实在太好吃了！如果你想要让食物变得好吃，也许没有比油炸更好的烹饪方法。这不是每日常备技巧，但遇上特殊日子，也许没有比炸鸡（参见第334页）或苹果肉桂甜甜圈（参见第342页）更好的食物了。

油炸的三项规则

1.永远使用大锅子，至少要6.6升大，只需加1/3高的油（2.4～2.8升）。油炸会炸出大量泡泡，锅子里的油会升高到2倍的量。大量油放入太小的锅子只会让油溢出来，弄得到处一团乱，更糟的是，还会烧起来。

2.使用温度计确定你炸东西的温度正确（通常是180℃～190℃或350℉～375℉）。别让油烧得过热。

3.火上放着油锅时，决不让它离开视线。

这就是油炸应该注意的全部事项。最大的安全议题就是别让油烧得太热，油不可以冒烟。如果冒烟，就是开始崩解的时候。这时请加入少许的油让它冷却。如果油开始烧起来，切勿惊慌，只要盖上锅盖，关掉炉火，让油冷下来。

还有几项较不重要的因素要考虑。花生油是最好的炸油，风味十足，烟点又高。芥花油、玉米油和其他植物油也不错，都比花生油便宜。

食物放入锅中不可太挤。放入太多食物会降低油温而无法油炸食物，还会让食物吃油。确保使用足够的油，否则可能会炸不熟，或者外层无法炸出相同的脆度。

完美的炸薯条

马铃薯是惹上油炸麻烦的最好理由。照理说，所有食物都应该以180℃～190℃（350℉～375℉）的温度油炸，但马铃薯是唯一的例外。要炸爽脆的薯条或薯片，都该先用135℃（175℉）的油把马铃薯泡上10分钟，让它泡到软，再放在架子上冷却（放入冰箱冷藏甚至冷冻都可以）。当你要吃时，再用180℃～190℃（350℉～375℉）的油炸到金黄酥香。然后拿出薯条沥掉油，放在垫了餐巾纸的大碗里，一面撒上细盐，一面翻搅薯条，立刻享用。

绝赞马铃薯片

你需要削皮器或可以均匀切马铃薯的方法。我会用日式削片器来削马铃薯片。油炸关键是不要放太多薯片在油里，太挤就炸不好，所以我每次只放一颗马铃薯的量。

油加热到180℃（350℉）后，把第一颗马铃薯片丢进油里，动作快一点，每次丢一片入锅，就像丢扑克牌一样。若可能，最好找人帮忙一起做，越快把薯片丢到油里，就会炸得越均匀。用一个漏勺或滤网轻轻搅动，我都用很大的滤网搅动油，这在亚洲超市买得到。趁这锅在炸时，赶快切下一颗马铃薯，当第一批已炸得金黄，就从油里捞出来，抖掉多余的油，放在垫了餐巾纸的碗里。替马铃薯片撒上细海盐时，请大力摇动碗。可放入95℃（200℉）的烤箱中保温，继续做下一批。

如何半煎炸

平底锅里倒入6～8毫米高的油，高温加热。当油开始起油纹，看起来油亮亮，就是油够热可以放入食材了。如果你不确定，就用木头筷子插入油中，如果立刻冒出泡泡就是好了，如果没有，表示油还不够热。当油够热后，加入你想煎炸的食材，煎到底面金黄就翻面再煎炸，煎到另一面也呈现金黄色。

保持油炸食物

制作油炸食物的好处之一是可以放在热烤箱里，然后还维持得很好。如果你已炸出漂亮的外壳，放进热烤箱会让食物内层又烫又多汁。对于油炸比较硬的肉块，或是像鸡腿这种可以耐高温的食物，这种方法特别有用。

我通常将烤箱温度热到120℃（250℉或gas 1/2），再把油炸食物放在烤架上烘烤，这温度已经够热，可以让外层酥脆，肉也会继续熟成。食物放出的蒸气会让外层软化，所以如果你的烤箱有热气对流，请使用这项功能。

标准裹粉程序

给原本不酥脆的食物带来酥脆外壳的方法之一是裹粉再炸。标准的裹粉程序是用面粉、蛋和面包粉三重奏。

摆好三个盘子，第一个盘子放面粉，第二盘子放打好的蛋液，只要用一两个蛋打到均匀就好，第三盘放面包粉。我喜欢日式面包粉，因为成果特别干脆，特别适合用来炸。食物沾上面粉，让表层干燥，再沾上蛋液，让它沾在干面粉上。接下来放入面包粉中，让它沾在潮湿蛋液上。

我不喜欢太厚的炸壳，除非是用来防止汤汁流出去（就像基辅鸡防止黄油流出去的做法，或如油炸冰激凌），如需要，可重复沾粉程序。

在面粉或蛋液里调味是增加外壳风味的好方法。试着在面粉里拌入大量黑胡椒、辣椒粉、洋葱粉或大蒜粉，在蛋液里也可加入泰国式拉差酱（Sriracha）或其他辣椒酱，也可加入新鲜香草，就看你油炸什么来决定。

重复使用及丢弃

油炸的油可以再利用。如果经常油炸，可能需要附锅盖的深炸锅。而要保存油，只要盖上盖子，把油锅放入储藏室就可以了。或者，你也可以过滤油，放在保鲜盒中储藏。如果是炸马铃薯，油可以重复使用，而炸面糊类食物的油特别容易坏，尤其是炸过肉的油，这种油就只能用一两次了。

最好别将废弃的油倒入排水孔，时间一久，油会在水管中固化，也许会堵在某个地方，让你不得不用通水管的工具。废弃的炸油最好先放凉，然后放回原来的空油罐再丢掉。有些城市有油品丢弃方案或油品回收计划。

迷迭香酪乳炸鸡 6~8人份

这是史上最棒的炸鸡！没错，是我说的。如果不是，我倒想试试你的。当我开始写《艾德哈克在家做》（Ad Hoc at Home）这本书时，才真正开始留意炸鸡。"艾德哈克"是托马斯·凯勒在纳帕谷（Napa Valley）开的餐厅，专攻家常菜。每晚会供应一种家常餐点，人人都吃这道菜，而炸鸡是里面很热门的菜，一周要供应两次。主厨杰夫·切尔切洛（Jeff Cerciello）和戴夫·克鲁兹试过各种方法，主要都集中在如何炸出最棒的脆皮。他们最后认定炸鸡裹粉用面粉、酪乳、面粉三重奏最棒。这点我同意，但这道菜的关键因素在于重盐水。盐让鸡多汁有味，让迷迭香的味道更深入肉里。所以就算脆皮欢天喜地地吃完了，鸡肉的风味还是会令你沉醉。

这里用的浓盐水，像所有浓盐水一样，都使用提香料提味，最好将所有食材放到水里煮到小滚。但如果你跟我一样有时喜欢快捷方式加快脚步，就请拿出秤。先将一半的水加入浓盐水需要的食材，煮到微滚之后，让香料在里面浸泡20分钟。量好剩余的水，与冰块同分量，然后将煮好的浓盐水倒入冰块里。或者干脆将浓盐水与冰水混合。

很少人在家做炸鸡，所以我喜欢请朋友一起吃。幸好这是一道可以事先做好的美味料理，鸡在几小时内都还很好吃。你可以先炸好摆在架子上，再放入120℃（250℉或gas 1/2）的烤箱中直到要用时再拿出来。如果你的烤箱有热风循环的功能，请开着让炸鸡的皮保持酥脆。鸡腿在低温多放一些时间，会变得超美味又软嫩。最后炸鸡放在大盘上，用几支干燥迷迭香和柠檬皮碎做装饰，就可上桌享用。

浓盐水

- 1颗小洋葱，切细丝
- 4瓣大蒜，用刀背拍平
- 1茶匙植物油
- 犹太盐
- 5 ~ 6支迷迭香，每支10 ~ 12厘米长
- 4.5杯（1升）水
- 1颗柠檬，切成4等份

材料

- 8支鸡腿，小腿和大腿分开
- 8支鸡翅，去掉鸡翅尖
- 3杯（420克）中筋面粉
- 3汤匙新鲜现磨黑胡椒
- 2汤匙红辣椒粉
- 2汤匙细海盐
- 2茶匙卡宴辣椒粉
- 2汤匙泡打粉
- 2杯（480毫升）酪奶
- 炸油

做法

制作浓盐水：中型酱汁锅以中高温加热，洋葱和大蒜入锅油煎3 ~ 4分钟直到半透明（参见第69页的出水）。加入3汤匙盐，煮30秒左右。再加入水和柠檬，去掉籽将柠檬汁挤到水中。水煮到小滚，

加盐融化，然后离火放凉，放进冰箱冷藏。

　　全部鸡块放进大而牢固的塑料袋，袋子放进大碗中以免垮掉。冷却的浓盐水和香料倒入袋子，密封好袋子，尽可能把空气挤出。鸡块浸在浓盐水里，放入冰箱冰8～24小时，期间要不时摇动袋子让浓盐水重新均匀分散。

　　腌好后，从浓盐水中拿出鸡，用冷水冲净，拍干，放在垫了餐巾纸的架子上。烹饪前，鸡可以放在冰箱长达3天，或者也可以直接料理。但理想的状况是放入冰箱，不加盖，静置一天让鸡皮稍微干燥，通常我都等不及，直接烹调。

　　面粉、黑胡椒、红辣椒粉、海盐、卡宴辣椒粉及泡打粉放入碗里搅拌均匀。将粉料分成两碗，酪奶放入第三个碗，烘焙纸放在架子上。鸡先沾上面粉，抖去多余面粉，放在架子上。再将鸡浸入酪奶，放在第二个面粉碗里蘸上大量面粉，然后放在架子上。

　　油加入深炸锅加热到180℃（350℉）。只要锅子不会太挤，可以尽量放入鸡块油炸，偶尔翻动。依据鸡的大小大炸12～15分钟，炸到熟透。再拿出来放在干净架子上，静置5～10分钟再食用。

1.用加了香料的浓盐水腌鸡。

2.酪奶和两碗面粉各自拌和备用。

3.先将还没裹粉的鸡块放入大碗中。

4.让鸡块全部沾上面粉。

5.再把鸡块浸泡在酪奶中。

6.用第二个碗再沾料粉。

7.抖掉多余面粉。

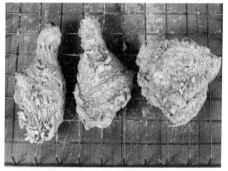

8.放在架上。

鱼柳玉米饼佐鳄梨莎莎酱 6人份

油炸上浆食物是一种承诺，所以最好留给特别的料理，就像这道鱼柳玉米饼。我的厨师朋友桑迪·伯格斯滕（Sandy Bergsten）是鱼柳玉米饼的忠实爱好者，她有句话说得真好：

"我点餐时总会点鱼柳玉米饼，当它端上来时，我打心底兴奋。清淡香脆的鱼、爽脆的生菜、一点滑嫩的鳄梨，再稍微淋上一点酱汁，完美结合在一起，仿佛加勒比海的假期尽在你嘴里。再来罐加了青柠的冰凉科罗娜啤酒，皮肤晒得红红的，有什么比得过。"

你可以依己所愿将食物提升到任一境界。你可以用市售的意大利三味酱和莎莎酱，但这两种酱汁都很容易制作，绝对值得花些工夫。玉米饼也可以自己烤，如果你不想这样做，我建议你用面粉饼皮，它比市售的玉米饼更能带出鱼和莎莎酱的风味。

油炸前，鱼柳先沾上天妇罗面糊。鱼切成粗条，是因为当食物表面积有大片面糊和脆皮时，这样做才不会丧失鱼的风味。

新鲜莎莎酱料

- 3颗李子番茄，切成小丁
- 1颗小洋葱，切细丁（分量大约是番茄丁的一半较理想）
- 1小颗墨西哥辣椒，去籽切细末
- 1小瓣大蒜，切细末（约1茶匙）
- 犹太盐
- 少许孜然粉
- 新鲜青柠汁
- 1汤匙新鲜香菜碎

意大利三味酱料

- 1汤匙红葱头末
- 1汤匙青柠汁
- 2个熟鳄梨
- 犹太盐

材料

- 3/4杯（105克）低筋面粉
- 1/4杯（35克）玉米粉
- 1茶匙泡打粉
- 680克白鱼，可用大比目鱼、石斑、鲽鱼、黑线鳕鱼、深海鳕鱼，或大西洋胸棘鲷，切成约2厘米×2厘米的块
- 细海盐
- 炸油
- 1杯（240毫升）气泡水
- 6个中型玉米饼，温热备用
- 1杯（50克）西生菜，切丝
- 半杯（40克）新鲜香菜碎
- 6片青柠

做法

制作莎莎酱：制作前至少30分钟就要把鱼拿出来。小碗放入番茄、洋葱、辣椒和大蒜。用孜然、青柠汁及三指捏起的盐量调味，搅拌均匀。上桌前，请再拌一次，再加入新鲜香菜，再拌匀。

制作意式三味酱：小碗放入红葱头和青柠汁，红葱头浸泡5～10分钟。鳄梨去皮去籽，肉挖到碗里，用叉子或压马铃薯的压泥器将鳄梨压成奶油状。用三指捏起的盐量调味，但要足量。加入红葱头和青柠汁，与鳄梨一起搅拌均匀。用保鲜膜包好，如果你提前几小时就做好酱汁，要把保鲜膜贴紧酱汁。

面粉、玉米粉和泡打粉放入大碗，让鱼柳沾粉。鱼柳用盐调味，放在垫了餐巾纸的盘子上滤干。

油放入深炸锅里，加热到180℃（350℉）。当油变热，在粉料里加入气泡水，用叉子或用两根筷子搅拌成稀疏的面糊。面糊虽稀，但应可薄薄地包在鱼柳上。裹上厚厚一层面浆则不宜，也不可以稀到会从鱼柳上掉下来。所以，如果面浆太厚就加少许水，太薄就再拌入少许面粉。碗里加入鱼柳，温和搅拌使其均匀裹上一层面糊。拿出鱼柳，让多余面糊流去一些。将鱼柳放入油里，温和搅拌确定炸得均匀，如需要则可翻面。炸2分钟左右，当鱼柳呈现美丽均匀的金黄色时，移到大盘子上。每个盘子上都放上玉米饼，将鱼柳平均分在每个玉米饼上。最后淋上大量意式三味酱，加上一些西生菜，舀入很多莎莎酱，撒上香菜碎。最后卷起玉米饼，摆上青柠片，即可食用。

香辣玉米炸馅饼佐辣椒青柠酱

15~20 个

当我写《美食黄金比例》(Ratio)时一再想起我有多喜欢蔬果炸馅饼。炸馅饼是水果或蔬菜裹上面糊再油炸，所用的面糊就是做松饼的面糊，这里的食谱只是在面糊中加入新滋味。你不会想用太多面糊的，油炸时面糊会膨涨，馅饼就变得厚重结块。

淋酱料

- 1汤匙红葱头末
- 1汤匙青柠汁
- 1杯（240毫升）蛋黄酱（参见第121页）
- 1/4杯（20克）香菜碎

材料

- 半杯（70克）低筋面粉
- 1茶匙泡打粉
- 2茶匙孜然粉
- 犹太盐
- 1/3杯（75毫升）牛奶
- 1大颗蛋
- 2瓣大蒜，切末
- 2条罐装墨西哥腌熏辣椒，去籽切细末
- 1汤匙腌熏辣椒里的酱汁
- 2杯（300克）新鲜玉米粒
- 半杯（50克）洋葱丁
- 炸油
- 新鲜香菜，撕碎
- 青柠片

做法

制作淋酱：小碗放入红葱头和青柠汁，红葱头浸泡5～10分钟。加入蛋黄酱和红葱头、青柠汁搅拌均匀，再加入香菜。

面粉、泡打粉、孜然和三只手指捏起的盐放入大碗中。再用小碗放入牛奶、蛋、大蒜、腌熏辣椒及罐头酱汁搅拌均匀。倒入干性食材中，搅打到二者完全混合。再把玉米、洋葱放入另一碗中，加入面糊，份量刚好盖住食材即可。

大型煎炸锅放入12毫米的油加热，当油变热，油纹也出现，就用汤匙将面糊舀入油炸，一次约2汤匙的量。如果需要，可以油炸再翻面，约炸5～7分钟，炸到馅饼外层金黄酥香且完全熟透。馅饼移到垫了纸巾的盘子上，再撒上盐。

香菜撕碎撒在馅饼上，摆上青柠片当装饰，最后淋上酱汁即可食用。

炸猪排佐柠檬刺山柑酱 4人份

以我的口味来说，做猪排最棒的方法是用半煎炸，这方法会带出猪肉的甜香。请努力寻找当地猪商，你的努力会以美味回报。不然，就要找猪肉来源都是人道饲养的店家，如天然食物超市（Whole Foods）。一般食物卖场的猪肉多半没什么滋味，但如果那是你的唯一选择，用这个方法料理铁定最好。面包粉增加风味及酥脆，也是猪里脊的保护壳，以免它煮过头，肉汁干掉。我建议用厚度2.5～4厘米的猪排，如果肉太薄，会在脆皮形成前就老掉。

要做更好的猪排，请事先用第28页的鼠尾草蒜味浓盐水腌渍。浓盐水会增加猪排风味，也会让肉更多汁。最后再配上简单酱汁就完成了。

材料

- 4片带骨猪排
- 犹太盐
- 新鲜现磨黑胡椒
- 1杯（140克）中筋面粉
- 1大颗蛋，加几汤匙水打散
- 1.5杯（175克）日式面包粉
- 炸油

柠檬刺山柑酱料

- 6汤匙（85克）黄油
- 4片柠檬，每片约3毫米厚
- 3汤匙刺山柑
- 1汤匙欧芹末

做法

猪排在料理前1小时就先从冰箱拿出来，两面都撒上大量的盐和胡椒调味。

另外找不同碟子分别放入面粉、蛋液及面包粉。猪排先沾面粉，抖掉多余的粉、沾蛋液，再裹上面包粉。

平底锅放入6～12毫米的油，高温加热。当油热出现油纹，猪排放入锅里炸3～4分钟，炸到金黄色，翻面再炸，一样炸3～4分钟，炸到金黄。炸好的猪排放在架子上，此时正好可做酱汁。如果你要先停住半煎炸程序，或者猪排需要分批炸，可以将它们放入95℃（200℉或gas 1/4）的烤箱烤30分钟。如果你要停顿较久的时间，可以先将它们由一分熟炸到三分熟，后续的熟成就可以在烤箱中完成。

制作酱汁：黄油放入小煎锅以低温加热。融化时放入柠檬片，平放成一层，再放入刺山柑。温度调高到中高温，搅拌锅中食材。当黄油大滚且冒出泡泡时，加入欧芹，离火，继续搅拌。

每片猪排都淋上一点酱汁，放上柠檬片及一些刺山柑，即可食用。

苹果肉桂甜甜圈 30 个

这道甜点对那些下厨上瘾的人来说，非常简单。这个可迅速做成的面团叫作pâteàchoux（就是泡芙面团），可做奶油泡芙，但这里让它裹上苹果丁，再油炸，再滚上肉桂糖粉。这道甜甜圈作为一天的开始可以说太美好，当作晚餐后的宵夜点心更是令人印象深刻。

材料

- 4汤匙（55克）黄油
- 半杯（70克）中筋面粉
- 2大颗鸡蛋
- 1 ~ 1.5杯（120 ~ 180克）苹果丁，1 ~ 2颗欧洲青苹果，去皮切细丁
- 1.5杯（300克糖）
- 1又1/4茶匙肉桂粉
- 炸油

做法

小酱汁锅高温加热，放入黄油和半杯（120毫升）的水。当黄油融化水煮滚了，火关到中温加入面粉。拌到面粉吸掉水分变成面糊，再把面糊煮30秒左右，离火。迅速搅拌，一次加入一颗蛋，再拌到完全均匀，让面团冷却到可以用手碰的程度。

面团中加入苹果拌到充分混合。抓着塑料袋从里朝外抓住苹果面团，然后把塑料袋一角剪出一个12毫米的洞。

取一个碗，大到可放入所有面团，放入糖和肉桂粉拌匀。平底锅或深炸锅装入油加热到180℃（350℉）。面团挤入油中，每5厘米为一段，也可依个人喜好重设大小（或将面团用两只汤匙塑型，再送到油里）。面团炸到金黄熟透，时间需3分钟。一个面团切成两半，看看中间是否固定及温热。从油里捞出面团到垫着餐巾纸的碗上沥干，然后滚上肉桂糖粉，即可享用。

1.从水和黄油开始做基本的泡芙面团。

2.加入面粉。

3.面粉会吸收水分。

4.面糊并不粘锅,可以翻动。

5.一次一颗加入蛋。

6.拌到蛋与黄油面糊完全均匀。

7.加入苹果了。

8.用塑料袋抓出面团。

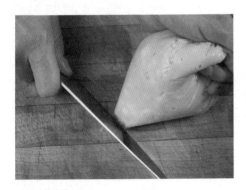

9.剪掉带子一角。

10.将面团挤到油里。

11.炸到金黄即可。

20

冷冻 CHILL

移除热度

Recipes

当我们定义烹饪这件事，总是把它归纳在用火煮食的范畴，我们很少承认，去除热度也是烹饪的一部分。没错，我们会从烤箱或锅子里拿出东西。谁都可以加热食物，但真正的技巧是知道何时移除热度。

厨艺技巧大多教导我们食物与厨艺的作用和方法，但在了解停止加热或扭转火的应用上，这方面的知识却不多。我们得注意料理的各个阶段——了解蔬菜如何由硬变柔再变软，这种学习帮助我们停止让它由软再到烂。我们学到设想牛排的变化应是先由软，变成外层硬内层软，再到整个变硬，而这就是煮过头了。我们学到看出并了解"后熟作用"的力量：食物拿出烤箱或锅子后，食物的温度会继续让食物熟成，无论是羊腿还是卡仕达酱都是如此。最终我们学到更会掌控食物，在厨房也更利落。

餐厅厨房出于必要，一定得掌握移除热源的技巧。如果餐厅做菜像多数人在家里那样，做一道菜从头开始，然后到要吃时再完成，这样的餐厅一定不久就倒闭了，因为厨房出菜的时间会太久。餐厅能够运作，就在于把大多数食物预先煮好，然后冷却。他们不会先煮柔嫩的肉和鱼，但绝对会先煮汤和酱汁、蔬菜及淀粉类食物。有时餐厅厨房会先把肉过油煎过，等到有人点餐时再用另一半时间完成。

某种意义上，餐厅存在的目的，在于提供精美的剩菜。家庭厨师同样能受惠于预煮食物的餐厅策略。这会让你有更多时间在晚餐派对上陪客人，或在平常工作日还能为家人准备营养美味的一餐。

冰冻冷却的技法可以分为两类：把食物拿离火源和将食物放进低温环境——也就是，温和渐进的降温以及急遽迅速的降温。温和渐进的降温是你在享用菜肴过程中必然的状态，这是料理程序的一部分，但注意到这种现象可以让你成为更好的厨师。我们知道蓝莓派在切之前必须先放凉，但你可不想把鸡蛋放凉，这样入口就不美味了。我们也要注意鸡和羊腿的状况，当把它们从烤箱拿出来时，热度就像小电灯泡般热气腾腾的，无法迅速降温。油脂多的食物也较容易保留热度。如果是表面积大的食物就会很快散热，如一把绿色蔬菜或意大利面。

通常，当我们希望停止食物熟成，就会把它放到极冷的环境里，如冰箱、冷冻库、放了冰块的碗里、放着冰水的碗中。很多情况下，用这种方式冷却的食物之后会再加热，就像柔软的绿色蔬菜经过冰镇再加热才完美，用这种方式烹煮颜色会更鲜活，熟成会更准确。

意大利面也可预先煮好，放入冰块水中冰镇，过滤后再拌上油。水煮蛋也需要冰镇，以免蛋黄表面因为蛋里的铁及硫变成绿色。大块柔软的肉可以先油煎或烧烤，然后冰冻起来等需要时再完成。香草酱和其他卡仕达要过滤到碗中隔水降温，蛋才不会煮过头。

也有许多东西不需要先煮再冷却的程序。让鱼再加热一次并不好，甚至大多数的鱼都不适合静置。这对小牛肉片等又薄又软的肉块也适用。但一般而言，大多数的食物都可先煮到部分熟成，放凉之后再加热，效果都不错。

学习如何冰镇及再加热是餐厅厨房的技巧，但对家庭也妙用无穷。

我可以预煮什么食物？

几乎所有食物都可以先预煮再加热，特别是那些会干掉的食物或是有酥脆外壳的食

Cooking Tip

后熟作用（Carryover Cooking）

食物煮好后仍继续熟成的作用。食物在起锅、关火或出炉后，依然会继续熟成。决定后熟作用会持续多久以及以几度热度烹烧有各种因素，但经验告诉我们后熟会让温度提升5℃（10°F）。例如，如果你需要把羊腿烧到60℃（140°F），请在内层温度达到54℃（130°F）时就把羊腿拿出烤箱。肉中余温也是你不需要担心静置的肉会太快冷却的原因。食物的块头越大，后熟的温度就升得越高，热得越久。

1.使用大量盐时需要称重。

2.水必须是浓盐水。

3.与要烫的蔬菜相比，水量必须够多。

4.加入蔬菜后，水仍须持续滚沸。

5.立刻拿出蔬菜进行冰水浴。

6.冰水浴的冰块和水的分量要一样多。

7.若要快速冰镇，请晃动蔬菜。

8.完美预煮（并冰镇过的）四季豆，仍然保有鲜绿。

物，如油脂不丰的肉、鱼和很多油炸食物。有些东西熟得很快，就算你想预先煮好也不实际（如新鲜玉米）。同样地，食物冷却得快，再加热就越好。

水果:任何可以煮的水果都适用，从苹果、核果到青椒、彩椒和茄子，都可以事先预煮，需要时再加热。

绿色蔬菜:所有绿色蔬菜也可以事先预煮，用冰块水冰镇后，再加热。质地较嫩的蔬菜（如豌豆、菜豆、花椰菜）煮完就要立刻冰镇，过滤，用餐巾纸垫着，包覆储藏。叶菜类可以同样方式烹煮冷却，然后冰到冰箱，之后再加热。烤过的绿色蔬菜也是如此，如芥蓝菜和羽衣甘蓝这种用于炖烧的蔬菜。

非绿色蔬菜:洋葱可以先煮好。胡萝卜和马铃薯等根茎类蔬菜，如果不需要热腾腾上桌，通常较好的做法是先保温，要吃时再拿出来，而不是放进冰箱。

谷物和谷类制品:这类食物全部都可以事先预煮。我会提前大致煮过意大利面，而米的再加热效果非常好。

干燥豆类:所有干燥豆类都可以事先煮好。

肉类:厚实柔软的肉块可以先煮到外层有风味，放入冰箱等到要用时再拿出来。厚实但坚韧的肉块通常需要炖烧才会好吃，可先冷却再加热。

鱼贝类:鱼通常不该预煮。贝类要先煮过，冷却后可吃冷的，但如果你想吃热的，最好吃前再烹煮。

冷冻

当我们大幅移除食物的热度，就是冰冻。我们利用冰冻使美味酱汁变成更美味的冰激凌，或者加入糖和果汁冰成冰沙。

把食物冷冻起来保存是平日烹饪的

Cooking Tip

在冰块水中加盐会使水的温度降低到零下。想要迅速冷却温热的白葡萄酒吗？用冰块水加盐的冰水浴可以让它在5分钟内迅速冷却。

一部分。现在我们有了冷冻柜可以放食物，把食物冰起来已习以为常，我们很少想到这是多么奢华的事。就像我们把许多事视为理所当然，我们也忘记冷冻也有好坏之分，就像厨房的其他技巧一样。

经过深思的冷冻技巧包括两部分：第一要了解冰库里的空气是食物的敌人，暴露在冷空气中的食物会脱水且冻伤，所以最好把食物包起来。暴露在空气中的面积越少，冷冻的保存期限越长。把东西保存在冰库的最好方法是用真空袋密封。真空袋迫使食物表面紧贴着一层塑料，可让水留在食物中。如果你没有使用真空袋，就用保鲜膜把食物包得紧紧的，再包上第二层，或把包好保鲜膜的食物放在塑料袋中。包越多层，就越能保护食物隔绝空气，也隔绝异味。

第二个冷冻技巧就是，千万别冰起来就忘记有这些东西，然后放到坏掉。我们有多少次把东西放入冰箱，就忘了它们，任它们腐坏？我不知犯下多少次这样的过错。送它们进冰库前请将食物标记好，还要经常整理冰库，这样才知道要及时利用花了时间包好、记好放进冰库的食物。

脆烧小牛胸 4~6 人份

我们通常看到的小牛胸的做法是填馅料，但我喜欢用炖烧的方法，牛肉炖到软烂，然后再冰冻，最后裹上面包粉油炸到外层酥香但内层仍然多汁柔软。久炖的过程会产生如梦般的酱汁，让这道菜完美无缺。市面上卖的小牛胸有些已经去骨，有些则骨头和软骨都留着。如果你买的是带骨小牛胸，请先炖烧，在放凉后、冰冻前，温度达到可以手碰时，再拿掉胸肉里的骨头和软骨。我偏好小牛胸的油花，肥美的口感让我总想买到带骨的小牛胸，骨头可以加入到最后的酱汁中。如果食材取得方便，这道菜也可用小牛后胸或牛后胸代替。这种方法用来做米兰炖牛膝（osso bucco）也很好。

材料

- 2.3 ~ 3.2 千克小牛胸
- 犹太盐
- 芥花油
- 1 大颗西班牙洋葱，切丝
- 4 ~ 5 瓣大蒜
- 1 汤匙番茄泥或糊
- 2 片月桂叶
- 2 ~ 3 根胡萝卜，视需要而定
- 4 杯（960 毫升）牛肉高汤、鸡高汤、蔬菜高汤或水
- 2 汤匙黄油和 2 汤匙中筋面粉，拌和均匀备用
- 新鲜现磨黑胡椒
- 1/4 杯（60 毫升）第戎芥末酱
- 面包粉
- 意大利三味酱（参见第 295 页）

做法

小牛肉清洗后拍干，整块都撒上盐。铸铁锅或厚底耐烤的汤锅倒入 6 毫米高的油，高温加热，装小牛肉的锅子必须够大。油烧热后，小牛胸每面煎香上色。拿出牛肉，倒掉油，再把小牛肉放回锅中。洋葱丝塞在小牛肉旁边，加入大蒜、番茄泥或糊和月桂叶，再把胡萝卜塞到有空位的地方。加入高汤，完全盖过小牛肉，但是分量越少越好。

烤箱预热到 135℃（275℉或 gas 1）。中高温将汤汁煮到小滚，盖上盖子，放入烤箱烤 4 小时，烤到小牛肉用叉子一插就开。盖上盖子，小牛肉放凉到室温后，再小心将肉从锅子移到砧板上。拿掉所有骨头和软骨，再把小牛肉放回炖汁中，盖上盖子，放冰箱冷藏 1 ~ 3 天。到了要完成这道菜的时候，先去掉表面凝结的油脂，小心将小牛胸移到砧板上，再把汤汁重新热到滚烫。用细网筛将汤汁滤到小酱汁锅里，以中温将汤汁煮到只剩一半，将火转到低温。上桌前再拌入黄油面糊，拌到酱汁变浓稠。

小牛胸切成 4 ~ 6 块长方肉块，用盐和胡椒调味。先在每片牛肉上层和底部都刷上第戎芥末酱，两面都压入面包粉中。取一个分量够大可放小牛肉的煎锅，油倒至 6 毫米处，以中高温加热。加入小牛肉块煎 3 ~ 4 分钟，煎到上层底部金黄酥香。

每个盘子内都放入一些酱汁，再加入牛肉块，最后淋上意式三味酱即可食用。

蘑菇炖饭 6 人份

我认为，人间极品炖饭只会发生在以下情况中：从开始做到结束上桌事事讲究。做炖饭的历史悠久，有许多需要了解的细微之处。也许，这就是炖饭为何如此难做的原因，因为它很费工，得格外留意。但还有一说，就连最没经验的厨师也可以做出上好的炖饭。此外，你需要在几个小时前或一两天前就开始制作，最后再花10分钟完成。基于这个理由，炖饭成为请客最理想的菜肴。既可作为令人眼睛一亮的配菜，也可当素食者的主菜，炖饭是真正优雅温暖的食物。

做炖饭，我只有一条必守准则：新鲜的高汤。因为制作炖饭需要大量水分，水会被米吸收而减少，无论你用何种高汤都会浓缩到米中，成为整道菜肴的主色调。当你用市售高汤来浓缩时，缺点因浓缩而放大，特别是盐分。当你使用新鲜高汤，全部的优点也被浓缩。这比在炉上的一切技巧都重要，也是做绝品炖饭的秘密。幸好取得好高汤十分容易——请参见第64页的简易鸡高汤。

这道食谱可做4人份的炖饭，但是还是用眼睛看最准确。你甚至不需要测量米，只要简单抓起一把米，就是一个人的份量。如果要做较轻盈的春天版本，就用西葫芦丁、南瓜和甜椒代替蘑菇。

材料

- 6汤匙（85克）黄油
- 1颗中型洋葱，切成小丁
- 犹太盐
- 3/4杯（150克）Arborio或Carnaroli米
- 1杯（240毫升）无糖白葡萄酒
- 3.5杯（840毫升）鸡高汤或蔬菜高汤，或其他高汤
- 香煎蘑菇（参见第260页）以及蘑菇流出的汤汁
- 1/4杯（60毫升）高脂鲜奶油
- 半杯（60克）新鲜帕玛森奶酪碎片
- 1/4杯（20克）新鲜欧芹碎（自由选用）
- 1颗柠檬皮碎（自由选用）

做法

大煎炒锅以中高温加热。放入2汤匙黄油，加入洋葱及三指捏起的盐一起拌炒1分钟左右，直到洋葱软化透明。加入米继续拌炒。煮2分钟后，稍微放着烤一下，等汁收干，再加入酒持续搅拌。如果你想，可将火开到高温，让酒烧掉后再继续拌炒。大力搅拌，帮助米释放淀粉，而淀粉可使这道菜如奶油般滑润。

加入1杯（240毫升）高汤，持续搅拌直到高汤煮干，米也开始出现软滑状。再加入1杯高汤重复相同程序。当高汤煮干时，将米饭移到盘子上或容器里快速冷却。此时米粒的边缘应该呈灰色，中心是白的，略带咬劲。

当米饭冷却，用保鲜膜包好放在冰箱可长达两天（但当天使用效果最好）。等到要完成炖饭时，放回煎炒锅，加入剩下的高汤以高温加热，一面搅拌直到高汤微滚后加入蘑菇再搅拌。当高汤煮干时，试吃炖饭调整味道。如果米饭吃起来太有嚼劲，可加入水或高汤煮到米饭软而滑润，但不能煮到烂。把火关到低温，先拌入剩下的黄油，再加鲜奶油拌到均匀，然后是帕玛森奶酪。立刻上桌享用，最后可以欧芹和柠檬碎装饰。

魔鬼蛋 切成四等份的魔鬼蛋可做 48 片

每当有人要请客，如果端上来的是魔鬼蛋[1]，我接受。每次吃它，我就会想："为什么我们不常做呢？"魔鬼蛋是最精彩的餐前小点，令人满足，容易准备，又绝对负担得起。俄式煎饼上放着费工的腌熏鲑鱼和鱼子酱，我还会在上面加颗魔鬼蛋。这又再次证明，食材昂贵，菜肴却不一定美味。

如果真要挑魔鬼蛋的毛病，那就是魔鬼蛋向来上桌都是半颗蛋，这可是很大一份，你们能够吃下多少呢？魔鬼蛋混合着浓郁的食材，你和客人的肚子一下就填满了。所以我喜欢把蛋切成四份，再利用挤花袋或汤匙将蛋黄酱加在蛋白上，这样一口咬下更干净利落。用挤花袋虽然比用汤匙利落，但也乏味不少。

至于蛋上的装饰则看厨师个人喜好。我喜欢在上面撒点甜椒粉。如果是假日，就会改用欧芹末，夏天时加一点龙蒿，或放上酥脆美味的面包丁。在蛋黄酱里也可以拌点东西，这就是主厨所谓的"内馅配料"（interior garnish），可以拌入腌渍红葱头末，或加点切得细碎的欧芹或红洋葱。若你还想把蛋装饰得更花哨一些，扩展蛋的主题，就在每份蛋上加上一小团鱼子酱或少许鲑鱼卵。

材料

- 12颗大鸡蛋
- 1到1.5汤匙第戎芥末酱
- 1/4杯（60毫升）蛋黄酱（参见第121页）
- 1.5汤匙红葱头末，用柠檬汁腌渍（参见第91页）

- 犹太盐
- 新鲜现磨黑胡椒
- 可选用的装饰：2汤匙欧芹末、龙蒿叶、小而细致的面包丁
- 卡宴辣椒粉或甜椒粉

做法

蛋放在平底锅里，锅子的大小需可平放所有蛋，但又不能大到让蛋在里面乱滚。加入适量的水用高温煮沸，水量盖过鸡蛋约2.5厘米。水煮到大滚后立刻离火，盖上锅盖。如果放入蛋已达室温就在热水中焖13分钟，还是冷的就在热水里焖15分钟。

蛋用冰块水隔水冷却（参见第49页）10分钟，至完全凉透。蛋冷却的程序十分关键，可以防止蛋黄转成绿色及带着硫磺味。

剥掉蛋壳。我喜欢在冰水中敲破它们，因为这样有时会比较好剥，蛋如果太新鲜就比较难剥。蛋直切剖成两半，用汤匙把蛋黄挖在碗里，再将半颗蛋白再剖半，等于每颗蛋分成四份。

蛋黄中加入芥末、蛋黄酱、红葱头，再用1/4茶匙的盐及少许黑胡椒调味。所有食材搅拌均匀，蛋黄柔顺如奶油。若加入欧芹末等内馅配料，这时也要拌进去。

馅料放进塑料袋，在一角剪出6毫米到1厘米的洞。如果你有挤花器，就插进洞中（如果只是偶尔做一次魔鬼蛋，这种挤蛋方法就已足够，但若常常制作，就需要挤花袋和挤花嘴）。每片蛋白上挤满馅料，撒上卡宴辣椒粉或甜椒粉，或者其他选择，就可上桌享用。

---

1 魔鬼料理，食物加上刺激芥末和辛香辣味的料理。魔鬼是指辣味，除魔鬼蛋外，还有魔鬼火腿。

蓝纹奶酪培根魔鬼蛋 12个切成两半的魔鬼蛋

这道食谱是我从玛琳·纽威尔那里学来的，她是我的同事，也是首席试吃员。吃早午餐的时候，我首次端上这道菜，热门的程度让我觉得不把它放在这里，可能不太道德。所有食材完美结合在一起。培根和香葱细细剁碎很重要，可以均匀拌在蛋里，不会抢蛋黄的味道。

材料

- 6颗鸡蛋，煮成水煮蛋（见上页），切半或四等份，蛋黄和蛋白分开
- 2 ~ 3汤匙蓝纹奶酪碎
- 1/4杯（60毫升）蛋黄酱
- 2汤匙第戎芥末酱
- 1茶匙干燥芥末
- 少许卡宴辣椒粉（自由选用）
- 2汤匙虾夷葱末
- 85克培根，切细丁，煎到酥香

做法

取一小碗，将蛋黄和蓝纹奶酪用叉子或压泥器拌在一起，再拌入蛋黄酱、两种芥末和卡宴辣椒粉（如果使用）。然后拌入一半香葱和一半培根。蛋黄馅料用挤花器或勺子放入蛋白中，最后用剩下的香葱及培根点缀即可食用。

焦糖胡桃冰激凌 4杯（960毫升）

焦糖配上奶油，冰激凌则完美融合二者的美味。就像很多焦糖料理，盐是调出甜味的关键。只要简单地将胡桃烤过，就可以用在冰激凌里。但我认为加了糖和盐的坚果更好，做个蜜胡桃虽然麻烦但也值得。

材料

- 1杯（200克）糖
- 4汤匙（55克）黄油
- 1杯（240毫升）高脂鲜奶油
- 2杯（480毫升）牛奶
- 8颗大蛋黄
- 1茶匙香草
- 3/4茶匙犹太盐
- 3汤匙波本酒（自由选用）
- 蜜胡桃（见下面食谱）

做法

糖放入高边重底的酱汁锅以中温加热，当锅子周边的糖开始融化时，轻晃锅子带着糖也稍微转动。将周边融化的糖慢慢拨进锅子中间，请尽量不要常常搅动糖液，否则糖会结砂（如果结砂，请继续煮，最后一定会融化）。持续煮到糖全都化开，变成深琥珀色的焦糖。如用糖浆温度计测量此时温度须达160℃（320℉）。黄油加入搅化后，再将鲜奶油和1杯牛奶(约240毫升)加入搅拌均匀。将温度升高，让奶油糖浆煮到微滚。

蛋黄放入碗中，拌入1/2杯（120毫升）的热鲜奶油，再将蛋液倒入酱汁锅，煮到酱汁稍稍变浓。在沸腾前离火，放入剩下的1杯牛奶和香草、盐及波本酒（如果使用）。混合液倒入放在冰块的碗中冷却。

焦糖奶油完全冷却，然后用冰激凌机做成冰激凌，冰激凌移到可装4杯约960毫升的保鲜盒中，再拌入蜜胡桃。

蜜胡桃 1.5杯（200克）

材料

- 1.5杯（170克）胡桃，大致切
- 1/4杯（60毫升）玉米糖浆
- 4汤匙（55克）黄油
- 2汤匙红砂糖
- 盐之花或莫顿盐
- 卡宴辣椒粉（自由选用）

做法

烤箱预热到180℃（350℉或gas 4）

胡桃放进篮状的滤网，有任何坚果碎渣都要摇掉。玉米糖浆、黄油和砂糖放入小酱汁锅以中温加热。当黄油融化时，拌入胡桃，让外层沾上黄油糖浆。

胡桃放在烤盘里烤15分钟，中间要不时翻动。此时胡桃看来有很多泡泡。胡桃在烘焙纸上摊开，趁热撒上盐，如果喜欢还可撒上少许辣椒粉。完全放凉。

放在完全密闭的容器中，室温下可放两个星期。

葡萄柚冰沙 4~6人份

做法简单并不表示它不特别。这道葡萄柚冰沙可说是我吃过最贵一餐中的一道。那是在曼哈顿的四星级餐厅吃到的，真的很棒。冰沙作为大餐清新的结尾，在炎炎夏日更是舒畅。

材料

- 2杯（480毫升）新鲜现榨葡萄柚汁
- 2汤匙糖
- 2汤匙白葡萄酒，最好是白苏维翁（Sauvignon Blanc）或是雷司令（Riesling）

做法

用耐低温的碗，放入果汁、糖、白葡萄酒（如果使用），拌到糖溶化。碗放入冰库冰30分钟。碗拿出冰库，将里面已成冰晶的内容物搅碎。放回冰库再冰30分钟，然后再把碗拿出来搅碎冰晶，重复这道程序直到全部变成冰沙。视冰库的状况，需花上两小时或两个半小时。然后盖上盖子，冰起来直到上桌。

结　语

不久前,我在《赫芬顿邮报》(*Huffington Post*)为一位常上电视的厨师辩护。这位颇受欢迎的厨师因为在她"从零开始"的食谱中使用了加工食品而备受美食圈嘲笑。我要说的是,当开始做菜时,我也用配方粉做大多数的基本备料,因为我不知道更好的选择,而配方粉对我也无害。几十年来,我们已经被跨国食品公司训练成买现成的加工产品就好,而不是吃我们自己烹调的食物。

但这是危险的:如果年轻厨师只会用奶油白酱调理包和布朗尼蛋糕粉,他们就学不会做出自己的菜肴,甚至不知道料理粉包只是一种选择。但是料理包里的粉料,也不失为让人愿意持续做菜的一种机会。越常下厨,就做得越好,而你做得越好,就越想达到更高的境界。就像你现在读这本书,只因为你喜欢做菜,或你想做得更好,或两者皆是。越做越好是下厨最让人欢喜的事。而做菜还有一个事实是,不论你属于哪个程度,是初学者,还是四星级餐厅大厨,一定都会越做越好的。年轻的那个我也是,在用够了奶油白酱料理包后,也不免想象真正的奶油白酱是什么样子,我要怎么样才做得出来。

但要如何积极而不被动地越做越好呢?你已经在做了,因为你正在看这本书,思索厨艺的种种。你借由自问自答食物与厨艺的相关问题,借着比较同一道菜在两本食谱上的异同,了解它们在食材和手法上又有何差别,而更增进手艺。

你也可以因为跟着食谱做而变得更好,而不是靠死记硬背。食谱不是操作手册,不像你做乐高直升机时的说明书。食谱就像乐谱,是无数细微动作的书面描述。如果你是只会按照食谱一步一步做的厨师,我建议你先读食谱,了解相关步骤,把每个步骤的动作在脑海里想一遍,买齐适量食材,然后合上书,依照脑海中融会贯通的食谱用手做出来。

努力成为更好的厨师时,还要尽量买最好的食物。所以你必须知道什么才是好食物。好好运用你的五感,这是最重要的常识。好好评估食材:它看来好吗?闻起来好吗?是否来自好的商家?

"垃圾进,垃圾出",这句餐厅厨房常用的惯用语,对家庭厨房也一样适用。如果你买的生菜已经在卖场放了一个星期,之前卡车运送又花了一个星期,那你做出来的沙拉最好也就如此。但如果你买的生菜刚刚才自当地农场摘下,基本上你可不费什么力气就成为世上最棒的厨神。厨神也无法将饲料猪做出的猪排,变得像自家饲养人工宰杀的猪排一样好吃。但食材来源的好坏却很难说,大卖场里也可能有精美的产品,知名农场也可能养出乏善可陈的牲畜和植物,甚或粗心照料它们。

所有大厨和家庭厨师都该知道,买好菜就像其他厨艺技巧一样需要培养。这是精进厨艺的第一个秘密。

如果你是初学者,我建议你熟练基本功,也就是所有烹饪都依赖的基本技法。这些基本技法主要出现在第2章以及第14到20章。其他章节则视情况附带说明。烘焙师首要的是熟悉面粉。一旦你了解这些基本功,就要练习熟能生巧,越做越好。

如果你已经可以凭直觉及本能做菜和烘焙,就该从做中学习,这是增进手艺的最快方法:一面做一面观察发生什么事。如果你了解基本功,也知道这些基本功的原理,就可以把书丢开,创造自己的食谱。或者也可以像其他大厨一样,在书中寻找灵感和创意,或是特殊的搭配和不太常用的技巧。

磨练基本功时，一定要深入，不能只做表面工夫。也就是说要专注在一项新的备料方法或技巧，而不要同时练习好几个。如果你从来没做过披萨或天使蛋糕，请不要在同一餐中尝试做两样。只要做披萨就好了，然后点心就做 Auntie Em's 餐厅的柠檬小方糕，这个点心你已练习无数次，闭着眼睛也能做好。

只要记得别永远闭着眼睛做柠檬小方糕就好。这方糕可是花了你好多时间才做得完美的。可是，为什么那些主厨这么棒？不是因为那些大厨的天赋比你高，而是因为他们一遍又一遍地烹煮菜肴。他们不是艺术天才，只是非常努力。大厨一开始做的菜决不会像他在餐厅端给你吃的那样好吃。你也应该一遍又一遍地重复做同一道菜，然后这道菜就会越做越好。变化菜色时，也要留意各种变化如何影响每道菜。

留意，留意，再留意。最好的厨师永远比隔壁厨台的厨师更加警觉。每个人，在厨房，在生活中，都该时时保持警觉。有人总是忘东忘西，有人却像后脑勺也长了眼睛，对周遭状况处处警觉，而大多数人介于中间。我们可以越来越警觉，只要我们对周遭事物更仔细更留心。

成为更好厨师的最后方法，我很少看到有人提及，那就是：牢记。

牢记你刚刚做的事。牢记当你把卡仕达拿出烤箱的样子以及后来塌陷的样子，把现在的状况和你上个月或去年记得的状况加以比较。牢记你把牛排离火时是多么柔嫩，静置多久时间，当你一刀切下，牛排的状况又是如何？看来肉汁四溢吗？还是没有肉汁？与你之前做的4块或40块牛排比较。

我记得牢记的重要，因为我很清楚这点。有一次我在旧金山"祖尼咖啡"（Zuni Café）的厨房闲晃，这是我最喜欢的餐厅之一。餐厅主厨朱迪·罗杰斯（Judy Rodgers），是我所知最好的主厨作家之一，跟我说了件烤羊腿的事。她很了解羊，知道当羊肉经过45分钟的烧烤后，如果内层温度达到38℃（100℉），它就毁了！没有什么方法可以把羊烤好，外层一定会在内层烤好前就干了。"我知道。"她说："我在'联合餐厅'（The Union）有两年时间每个星期都要烤一只羊腿。"

她在那家餐厅把所有羊腿都用心研究过了。她记得昨天的羊腿长得什么样，几个月前那只完美无缺的羊腿又如何，还有一年前那只好像永远烤不熟的羊腿到底怎么了。她努力思索为什么那些羊腿会这样？是因为进烤箱时烤箱温度太冷吗？还是因为摆在炎热的厨房一小时的缘故？或者那时候加太多盐了？还是捆羊时绳子扎得不对？朱迪年年都在烹饪，但她记得烤过的每只羊，还记得每次使用的全部材料。

你也办得到。厨师在这方面很像医生。医生看过无数不同案例后学到如何诊断，好像在脑海中发展出病例档案夹。所以当他们诊断新病例，立刻浮现经年执业中已收集好的病况模式。而厨师运用经验评估现况的方法就很类似医生。

下厨做菜很简单，只要你了解基础，并凭借五感料理。一旦我们为自己做一餐，世界就会变得更美好。

后　记

　　这本书是从西维吉尼亚州白硫磺泉镇的绿蔷薇度假村走廊上开始的，当时正在举办一年一度的饮食作家论坛。开了一整天研讨会后，我和比尔·勒布隆（Bill LeBlond）坐在一起，他是 Chronicle 出版社《美食与酒》书系的编辑主任，但更重要的是，他喜欢做菜。那时，啜着薄荷酒，比尔叹息说他做菜一点都没进步，以前总是稳定成长。我说，我听过很多爱做菜的人都有相同的感觉。如果你只照着食谱做菜，那就免不了如此。这就是问题所在。

　　"比尔，"我说，"你大概只需要知道 20 个烹饪技法，就足以做出所有的菜了。只要知道 20 个，就没什么你做不了的。"

　　比尔抬起头，他喜欢这想法。我不假思索就脱口说出这数字，但我知道就是这数量和规模了。厨艺技法不会只有 5 个，也不会有上百个，大概就是20 个。

　　"好，这本书就这么定了！"他说，而且在我们动身去晚餐前，他已经把书名写在度假村的便条纸上，还写了两遍！他把纸条撕成两半，一半给我，一半自己留着。

　　那是 2009 年 5 月，这 20 个烹饪技法的概念就此在我脑海盘桓不去，整个夏天努力构思，然后到了秋天，我决定动笔了。

　　我是偶然间开始我的职业烹饪生涯，至少没有刻意追求以烹饪为职业，而是以写作为职志。但透过练习促进写作的机缘，我一头钻入烹饪世界，而且也爱问问题。

　　我 30 出头时在俄亥俄州克里夫兰的一家杂志社工作，每月写一篇专栏，主题是跟着城里的大厨一起做菜。从那时起，我开始感觉到食谱不是初学本或参考数据，而是别的事综合在一起的结果。这"别的事"才是我需要知道的。这跟食谱一点关系都没有。食谱就像在断肢上搔痒的鬼魂，真正痒的是别处。我想大厨们一定知道别处在哪里。

　　帕克·博斯利（Parker Bosley），是我那时候撰写过的主厨。他在城里很有名，不但第一个与农夫建立关系，还成为季节饮食的代言人，提倡做菜要用当季食材，要吃附近生长的食物。当你这么做时，最简单的菜也很精致。烤鸡就是例子。

　　"你怎么烤鸡？"我问。

　　"先调味，再放在 mirepoix 上，然后……"

　　"什么是 mirepoix？"我问。他停下来看我这个拿着笔和小笔记本的作家。他停了很久才向我解释 mirepoix 就是调味蔬菜，也就是洋葱、胡萝卜、芹菜和其他香料的组合物。他轻蔑的态度仿佛身上烧出一把火。你凭什么认为你可以写美食？你连最基本的东西都不知道，他用那个停顿很清楚地告诉我。那一刻再清楚不过，主厨知道我不知道的事，而这件事没有写在食谱里，也不在书本上。所以当我想写这些主厨知道而我不知道的事时，我就去了有好多这种事的地方——美国厨艺学院。与其他地方相比，这里大概是每平方米、厉害主厨聚集密度最高的地方了。

　　我进厨艺学校是为了写成为主厨必须知道的事。而那时正是美国空前关注大厨工作的时刻，我希望写出厨师意义何在的故事，包括：当你变成主厨，你该知道什么？会成为哪种人？我还希望能学到厨艺。我 9 岁那年曾是积极的厨子，用自己的方法试遍无数食谱，但我从来没有在食谱上看到mirepoix 这个词，也不知道这个词会招致我尊敬的主厨对我的轻蔑。还有什么是我不知道的？我想找出来。我进入美国厨艺学院去找 what（是什么）、why（为什么）及 how（为什么）。

而我办到了。我很幸运地分到通识厨房班，和很多喜欢问问题的美国年轻主厨一起上课。我尽可能地访问了每位大厨，在他们的厨房徘徊。我做他们做的食物，我一直在问问题。我专注于从未改变的事。食谱会变，它只是潮流，就像衣服。有些主厨的食物就像爱马仕般精致，有的则像李维斯（Levi's），是件舒适的旧T恤，但谁好谁坏也说不准，只是选择和性格使然。我可以以后再研究潮流，但要先知道那些像基石的东西，那些在料理工作中根深蒂固、无可撼动的东西。

那些主厨最后总是再回到的那件事上：基本功。

我在笔记上写着：

鲁迪·史密斯（Rudy Smith）主厨，介绍热食："烹饪基本功就是一切，其他的只是皮毛。这些基础功会领你走过整个料理事业，它就是每个阶段的基础功夫。"

乌韦·海斯纳（Uwe Hestnar）主厨，厨房技巧团队的领导者，之前给过我烹饪比例的讲义，也说："烹饪基本功不会改变。"

丹·图戎主厨，开设了美国邦提餐厅，说："如何正确烹煮四季豆，就是他们在这里要把你们真正塑造成的模样。它真的真的很重要。你看看那些顶尖厨神，其实他们只做了一件事，就是精熟这些基础烹饪技巧。他们对这些技术运用自如，一直在做，做到已经成了习惯，所以他们每次煮四季豆，就是完美的四季豆。"

厨神埃斯科菲耶创造了厨房团队，将他对备料的分门别类写入《现代烹饪艺术完全指南》（The Complete Guide to the Art of Modern Cooking），书中开宗明义就写基础备料和基本功的重要。"没有这些功夫，"他写道："也就没什么重要的东西可以尝试的了！"

我喜欢这句话。没有烹饪基本功，就没有，再没有什么重要的事可以做了。典型的大厨傲慢和真话。我把这些概念放在心里，也写了很多关于基本功的事，因为它们出自杰出的厨艺学校，但我怀疑，难道料理基础功夫就只是学校的事？难道它们只是教学工具？现实世界的餐厅主厨真的有用它们吗？从那时候开始，我花很多时间在各家餐厅厨房，但并没有听到有人谈论这些基本功。我看到高汤持续大滚，四季豆煮得很硬，再没有人歌颂基本功这套真言秘诀了，也许那只是理想世界里的情节。

在我完成关于厨艺学校的书后不久，有个意外的机会，我被邀请到"法国洗衣店餐厅"撰写托马斯·凯勒的第一本厨艺书。所有大厨里，他的名声无人能比。凯勒生于加州，在佛罗里达和马里兰长大，没有接受过正规训练，但就连法国人都对他大为惊叹。曾有法国人在我耳边偷偷告诉我："他是美国最棒的法式主厨。"

于是我来到加州纳帕谷的扬特维尔，发现凯勒还没有在那些放弃基本功，只求创新技巧和菜色的厨师间取得龙头地位。相反地，他深入钻研基本功，把它们发挥到淋漓尽致。当我们讨论厨艺时，他甚至还提到四季豆的煮法。

"你怎么煮四季豆？"他问，"你先准备适量的水，水中再放一些适量的盐，相对于水和盐的分量，再放入适量的四季豆。每个环节都很重要。"他倒了好大一壶水，用盐调成大西洋的咸度，让它煮到大滚，趁水还滚着，加入很少豆子。但如果是蚕豆，他不会直接煮，而是先剥皮（非常容易做）。他希望你先剥蚕豆（脖子会很痛），再去煮。他手下有个厨师花了一早上剥生蚕豆，然后就一股脑把蚕豆放入重盐水中，因为太多了，水不够，根本滚不动。凯勒恰巧经过炉台看到这情形，只对厨师说了句："丢了！重做。"

我并不建议家庭厨师也要如此吹毛求疵，明明是很棒的豆子，做不好，就丢了。我说这故事只是想凸显这个国家最棒、最值得尊敬的大厨是这样在做事的——并没有多么创新，却在料理基础上深入探究。"托马斯，那你是怎么煮豆子的？"我问，他回答："我喜欢我的四季豆完全熟透。"

我有本书在探讨基础比例，也就是食材变为成品的基本比例是什么？比方做松饼面糊而不是可丽饼面糊，材料都是蛋、牛奶和面粉，它们的比例是什么？写到这里，我要说，知道配方比例和基础技巧会让你在厨房运用自如。比例就像钥匙，转动钥匙，你需要技巧。如果你了解大量基础技法，就可以进入崭新的境地。

只有将厨艺大小事化繁为简到核心技法，我们才开始了解成就好东西和成就极致的无数细节。厨艺可以拆解成这几个事项，无论你的程度在哪里，是初学者还是精通的老手，只要照着做，就有无穷的用处。

附录：工具器皿

工欲善其事，必先利其器。烹饪是一门技艺，使用合适的工具十分重要。遗憾的是，我们往往把烹饪器具变成某种恋物，喜欢把那些只用过一次的便宜货塞满整个厨房抽屉。如果你曾经如此，那就到了该丢弃的时刻。我不建议买"唯一任务型工具"，也就是只有单一功能的厨房器具。也有例外，像咖啡机就是咖啡机，只有一个功能，但我每天使用；还有我喜欢的去核器，虽然偶尔才用，而且只用在为特殊餐点去核。虽然我有我的信念，但工具这回事，最终还是你自己很个人化的选择。我只要求你们想想工具的问题。

这里我列出各种工具，相信你一定都有，如果做料理已是每天的例行公事，我想你的工具对你来说一定是很好用的。

刀具

你只需要两把好刀，一把大的和一把小的。刀子好不好，品牌很重要。我用三叉（Wüsthof）的刀子，因为那盒刀具是我表妹在20年前送我的结婚礼物。旬（Shun）的刀具同样很流行。双立人（J. A. Henckels）的刀也很好。我用8寸（20厘米）的厨师刀和3寸（7.5厘米）的削皮刀，这么多年了，还是很好用。如果你打算一辈子都下厨，这两种刀子值得投资。

磨刀棒也很值得买，学习如何使用才能让你的刀子恢复锋利。但是，还是需要找个专业磨刀的店家，每年一两次把刀子送去磨。

面包刀的刀刃是锯齿状的，有一把也不错。因为要切面包或蛋糕，用厨师刀很容易切碎。

使用刀时，还需要砧板。请选择质量好又厚重的砧板。我偏好木头做的砧板，厚度要有4厘米，大小为46厘米×61厘米。你需要一个不会伤害刀具，也不会在工作台滑来滑去的砧板。如果你的空间不大，请在有限空间内选一个最大最重的。我喜欢木头砧板也因为它的质感和外观，强烈推荐它，但是塑料砧板也不错。

煎炒锅和深炸锅

煎炒锅的锅缘是斜的，就是我们最常放在炉台上做菜的那种锅子。你需要一个小型的煎炒锅煎炒尺寸较小或分量较少的东西，而大锅子就用来处理大分量的食物。买个高品质的锅子，我推荐All-Clad的不粘钢锅，如果你负担得起，还可以买铜锅，这种锅子比较好控制火候。

其他厂家也出好锅子，买你喜欢的，但要确定是厚重的锅子。还有一点很重要，炒锅的把手最好是金属做的，这样才可放入烤箱。有时候不粘锅也很好用，就像煎蛋或煎鱼，但不一定必备。你应该选择高质量的不粘锅，不然涂层破损，食物会粘锅。好的不粘锅需要好好对待，如此才能长久使用。如果你想买别的锅子，而且也负担得起，就去买吧。就像我无法没有铸铁锅，要是没有它我什么都不想做，它们全是我在跳蚤市场和古董店买来的。只要花几分钟工夫，好好清除生锈的表面，就会恢复原来的光泽。如果你要做饭给很多人吃，各种不同的锅具绝对必要。但通常你只需要两个好炒锅：一个大的和一个小的。

酱汁锅和荷兰锅

这里我也推荐要有一个大锅子和一个小锅子。

大汤锅的容量有5.7升到7.5升，用来煮意大利面和绿色蔬菜。小汤锅的容量是960毫升到2升，用来做酱汁、汤品、煮米和其他少量意大利面和谷类。严格地说，你只需要这两样，但如果你常常做菜，请客人数多于一两人，拥有各种汤锅就很有用。

如果你要做大量高汤，有个容量15升到19升的大锅就很方便，用来烫大量蔬菜或做龙虾时也很实用。

我最喜欢的料理器具是镶了搪瓷的铸铁锅，我简直离不开它。它保温良好，可以用在炉台上，也可以放进烤箱中，也防粘黏，但仍然可以让食物褐变得很好。要做炖烧菜，没有比这个锅子更好的。

重要的台面器具

桌上型搅拌机

所有台面工具中，桌上型搅拌机是最贵但也是最重要的。我用的是Kitchen-Aid搅拌机，比食物料理机还更常使用。如果你常常下厨，我强烈推荐这台机器。难道不能用手持搅拌棒或是食物料理机代替吗？可以，但你也放弃了很多便利和质量。就像面团用桌上型搅拌机准备最好，安上钩型揉面器后揉面正好。桌上型搅拌机有各种力道和速度，还附有搅拌盆，请确定你的搅拌盆至少有4.7升，这样就有较大空间处理分量大的备料。搅拌机附有其他器材，像是搅拌棒和磨碎器。

食物料理机

这是我第二常用的台面器具，想要改变食物质地，食物料理机是无价之宝。而Vita-Mix是目前最好的机器，因为它马达的力道、刀片的强度及各种变速的功能，但主要还是马力，可以将固体物质打成均匀纹理的菜泥。Vita-Mix很贵，如果可以选择，请先花钱买桌上型搅拌机，再买价格合理的料理机。不管质量如何，你都应该要有一台料理机。

食物处理机

粉碎固体和半固体食物时，食物处理机很好用。比如做面包粉、橄榄油醋汁、豆泥、坚果奶油、蒜味蛋黄酱、青酱和很多其他备料，是最好的工具。但是坦白说，如果你有了桌上型搅拌机和一台好的料理机，你用食物处理机的次数会少很多。

组合容器和工具

对于厨房该有的全部器具，我不想列出长长一条清单。很多东西很清楚，有些东西就很个性化。厨房该有什么工具，要看你烹饪的方法和你觉得什么东西用起来舒服。

我喜欢手边放着各种康宁百丽（Pyrex）系列碗盘。百丽系列的碗可以让你在事前准备时盛装各种食材。这种碗十分耐热，所以你可以把它们放在微滚的水中变成双层蒸锅，甚至可用它来烘焙。

我也是百丽量杯的忠实爱好者，建议2升以下，每种尺寸都拥有。大容量的量杯除了可以用来测量之外，还可以用来搅拌食材和储存食物。我也会用小型量杯把最后吃不完的食物装好放起来。

如果要确定肉或其他食材的熟度，我会用即显电子温度计。另外我也有糖浆／（油炸）温度计和为烤箱准备的温度计。

我会买三种不同大小的随手杯，1杯（240毫升）、2杯（480毫升）、4杯（960毫升），可用在事前准备或储放东西。它们的尺寸统一，容易叠放，很快就可收起来。

还有一些我不能没有的器具，包括：漏勺，用来炖烧和盛装的大型汤匙；一支又重又有弹性的橡皮刮刀；两根汤勺，容量分别是60毫升（1/4杯）和235毫升（1杯）；一支很好的酱汁搅拌棒；可以磨出细粉的胡椒研磨器。如果有人把我的扁嘴木勺拿走，我可是会大发脾气的，这是我在厨房最有用的工具之一。另外，我在工作台附近放了一副小型

磨钵和捣杵，要磨碎或敲碎东西，用它们一下就做好。还有一个Microplane磨皮器可磨柑橘皮。因为不喜欢厚重的隔热垫，所以我在炉子旁总会放条厚毛巾，方便抓起热锅子。炉子和砧板旁还有装着犹太盐的焗烤盅。

参考数据：选购食材

就寻找食材来说，我们生活在一个绝佳的时代。我甚至怀疑，连最不寻常的食材都能通过谷歌搜寻到，从网络上购买，还直接送到家门口，这页的信息要不了多久就不合时宜了。举个例子来说，要找炖羊膝食谱中提到的锅铲，我不仅能从厨艺权威保拉·沃尔费特（Paula Wolfert）的推荐清单中找到，也能从沃芙特自己为香料调味写的食谱中找到链接。

此外，在Ruhlman.com的网站，我会亲自为网友解惑。若您想知道常见问题的答案，想更了解我个人，或是和我通过电子邮件联络，不妨来我的网站逛逛。若是想找一些这本书里提到的工具来源，像是一把秤、温度计和削皮器，以及我自己常用工具组中的All-Strain过滤纱网，请参照Ruhlman.com/shop。

当然，网海无涯，为了找到最佳产品，我们的确需要一些指引。如果您正在寻找制作明虾玉米粥用的优良玉米粉，或是很好的玉米饼，是非基因改造的有机谷类食材，也可以上AnsonMills.com网站直接订购。

为了满足我的腌渍需要，我会去Butcher&Packer肉店，这家店的网址是Butcher-packer.com。在这里，您可以找到一整列制作香肠的产品，而他们家也卖DQCure#1这个牌子的亚硝酸钠，就属性类别来说，也就是一般所称的粉红盐。为了避免误食，它通常被染成粉红色，因为一旦误食过量，会对身体造成严重损害。亚硝酸钠是一种重要的腌渍用盐，也是一种抗菌剂，在腌猪肉这道菜里，它可以左右培根和火腿的风味。至于烧烤/碳烤料理中，烤过头焦掉的食物，会使粉红盐腌渍的食物温度飙到很高，这已经证实发现会产生亚硝胺类的致癌物质。不过只要按指示使用，用量适当，亚硝酸钠应不至于对健康造成威胁。

特殊用盐在成就许多菜色上，是无价的。莫顿盐和盐之花如今在特产店都很常见，而这些品牌的盐和其他更多种盐，有个很好的在线购物网站The Meadow可以一网打尽，网址是The Meadow.com。

做酸奶的乳酸菌在很多超市和健康饮食店都买得到。而leeners.com是网络上很好的店家，可以买到很多不同的菌株，适用各种不同的发酵制品。

有个主厨告诉我，主厨最惊奇的工具是网络，而它也是家庭厨师最好的朋友。

图书在版编目（CIP）数据

厨艺的常识：理论、方法与实践 /（美）迈克尔·鲁尔曼著；（美）唐娜·鲁尔曼摄影；潘昱均译.
-- 南昌：江西人民出版社，2017.7（2021.12重印）

ISBN 978-7-210-09286-5

Ⅰ.①厨… Ⅱ.①迈… ②唐… ③潘… Ⅲ.①烹饪—方法 Ⅳ.①TS972.11

中国版本图书馆CIP数据核字(2017)第068966号

本简体中文版翻译由台湾远足文化事业股份有限公司/奇光出版授权。

本书中文简体版由银杏树下（北京）图书有限责任公司出版发行。

版权登记号：14-2017-0178

厨艺的常识：理论、方法与实践

作者：[美]迈克尔·鲁尔曼　摄影：[美]唐娜·鲁尔曼

责任编辑：冯雪松　胡小丽　译者：潘昱均

出版发行：江西人民出版社　印刷：天津创先河普业印刷有限公司

720毫米×1030毫米　1/16　23印张　字数336千字

2017年7月第1版　2021年12月第8次印刷

ISBN 978-7-210-09286-5

定价：80.00元

赣版权登字 -01-2017-255